Daten-Teams

Ein einheitliches Managementmodell für erfolgreiche, datenorientierte Teams

Jesse Anderson

 Springer

Daten-Teams: Ein einheitliches Managementmodell für erfolgreiche, datenorientierte Teams

Jesse Anderson
Sintra, Portugal

ISBN 979-8-8688-0071-9   ISBN 979-8-8688-0072-6   (eBook)
https://doi.org/10.1007/979-8-8688-0072-6

Die Deutsche Nationalbibliothek verzeichnet diese Publikation in der Deutschen Nationalbibliografie; detaillierte bibliografische Daten sind im Internet über https://portal.dnb.de abrufbar.

Übersetzung der englischen Ausgabe: „Data Teams" von Jesse Anderson, © Jesse Anderson 2020. Veröffentlicht durch Apress. Alle Rechte vorbehalten.

Dieses Buch ist eine Übersetzung des Originals in Englisch „Data Teams" von Anderson, Jesse, publiziert durch APress Media, LLC im Jahr 2020. Die Übersetzung erfolgte mit Hilfe von künstlicher Intelligenz (maschinelle Übersetzung). Eine anschließende Überarbeitung im Satzbetrieb erfolgte vor allem in inhaltlicher Hinsicht, so dass sich das Buch stilistisch anders lesen wird als eine herkömmliche Übersetzung. Springer Nature arbeitet kontinuierlich an der Weiterentwicklung von Werkzeugen für die Produktion von Büchern und an den damit verbundenen Technologien zur Unterstützung der Autoren.

Planung/Lektorat: Susan McDermott
Springer ist ein Imprint der eingetragenen Gesellschaft APress Media, LLC und ist ein Teil von Springer Nature.
Die Anschrift der Gesellschaft ist: 1 New York Plaza, New York, NY 10004, U.S.A.

Das Papier dieses Produkts ist recyclebar.

Dieses Buch ist Sara, Ashley und Grace gewidmet.

Inhaltsverzeichnis

Über den Autor

Jesse Anderson dient in drei Rollen am Big Data Institute: Data Engineer, Kreativingenieur und Geschäftsführer. Er arbeitet mit Unternehmen, die von Start-ups bis zu 100 von Fortune gelisteten Firmen reichen, an Big Data. Seine Arbeit umfasst Schulungen zu Spitzentechnologien wie Apache's Kafka, Hadoop und Spark. Er hat über 30.000 Menschen die Fähigkeiten vermittelt, die sie benötigen, um Data Engineer zu werden.

Jesse wird allgemein als Experte auf seinem Gebiet und für seine innovativen Lehrmethoden anerkannt. Er hat für O'Reilly und Pragmatic Programmers veröffentlicht. Er wurde in renommierten Publikationen wie *The Wall Street Journal,* CNN, BBC, NPR, Engadget und *Wired* vorgestellt. Er hat mindestens die letzten sechs Jahre damit verbracht, Data Teams zu beobachten, zu betreuen und mit ihnen zu arbeiten. Er hat dieses Wissen, warum Teams erfolgreich sind oder scheitern, in diesem Buch zusammengefasst.

Über den technischen Gutachter

Harvinder Atwal ist ein Datenprofi mit einer umfangreichen Karriere, in der er Analysen verwendet hat, um das Kundenerlebnis zu verbessern und die Geschäftsleistung zu steigern. Er ist nicht nur von Algorithmen begeistert, sondern auch von den Menschen, Prozessen und technologischen Veränderungen, die notwendig sind, um Wert aus Daten zu liefern.

Er genießt den Austausch von Ideen und hat auf der O'Reilly-Strata-Data-Konferenz in London, der Open-Data-Science-Konferenz (ODSC) in London und dem Data Leaders Summit in Barcelona gesprochen.

Harvinder leitet derzeit die Gruppendatenfunktion, die für den gesamten Datenlebenszyklus verantwortlich ist, einschließlich Datenakquisition, Datenmanagement, Daten-Governance, Cloud- und On-Premises-Datenplattformmanagement, Data Engineering, Business Intelligence, Produktanalytik und Data Science bei der Moneysupermarket Group. Zuvor leitete er Analyseteams bei Dunnhumby, der Lloyds Banking Group und British Airways. Seine Ausbildung umfasst einen Bachelor-Abschluss vom University College London und einen Master-Abschluss in Betriebsforschung von der Birmingham University School of Engineering.

Danksagungen

Danke an alle, die an mich geglaubt haben. Dieses Buch war eine schwierige Geburt. An meine Frau und Kinder. An meinen ersten Redakteur Jared Richardson, möge er in Frieden ruhen. Ein großes Dankeschön an Andy Oram.

Vielen Dank an alle Mitwirkenden: Ted Malaska, Paco Nathan, Lars Albertsson, Dean Wampler und Ben Lorica. Vielen Dank an die Personen, die sich für Fallstudieninterviews zur Verfügung gestellt haben: Eric Colson, Brad Klingenberg, Dmitriy Ryaboy, Harvinder Atwal, Bas Geerdink und ein anonymer Mensch in Großbritannien.

Einführung

Willkommen zu meinem Buch. Ich hoffe, Sie sind hier, um Ihr aktuelles Team zu sortieren, oder Sie stehen kurz davor, ein großes Datenprojekt zu starten. Vor Ihnen liegt ein langer Prozess, um ein Team zu reparieren oder zu erstellen – eher wie drei Teams.

Wenn es Ihnen wie mir geht, lesen Sie als Erstes die Einleitung, um zu sehen, worum es geht. Diese Einleitung dient als kurze Zusammenfassung davon, was mir im Kopf durchgeht, während ich dieses Buch schreibe.

Dies ist nicht der Ort, um über die neuesten Technologien oder sogar alte Technologien zu lernen. Tatsächlich werde ich Technologien und ihre Diskussion darüber bewusst meiden. Sie ändern sich ständig, und das sollten Sie wissen. Wahrscheinlich werden Sie keine 10- bis 20-jährigen Lebenszyklen aus diesen verteilten Systemtechnologien erreichen. Sie ändern sich oft, und es gibt eine neue „beste" Technologie gleich um die Ecke, die versucht, den aktuellen Champion zu entthronen.

Im Zuge meiner Beratungstätigkeit konnte ich mit vielen Organisationen und Branchen auf der ganzen Welt zusammenarbeiten. Ich konnte die Muster und Gemeinsamkeiten sehen, weil ich Zugang zu einer größeren Datenmenge hatte und experimentieren konnte, was die besten Praktiken sein sollten. Wenn Sie das Buch lesen, bedenken Sie, dass jeder Gedanke und jede Idee keine akademische Theorie ist. Dies waren alles persönliche Erfahrungen und Wahrheiten, die ich manchmal auf die harte Tour gelernt habe. Ich werde nicht nur meine Geschichten und die Geschichte meines Unternehmens teilen, sondern die Geschichte aller Unternehmen, mit denen ich gearbeitet habe.

Ich schreibe dieses Buch hauptsächlich, um die besten Praktiken für die Erstellung von Data Teams zu etablieren und zu dokumentieren. Ich gehe seit vielen Jahren auf dieses quixotische Abenteuer. Ich war es leid, dass Organisationen keine Best Practices anwenden und bei ihren Datenprojekten scheitern. Ich begann zu erforschen, warum diese Misserfolge passierten. Während dieser Forschung stellte ich fest, dass nur wenige Menschen sich die Zeit oder Mühe genommen hatten, über ihre besten Praktiken zu sprechen. Es war nicht die Schuld des Managements, dass sie keine Best Practices befolgten, weil sie Stammeswissen waren! Um dies zu beheben, habe ich das Werk rund um Technologie und Management für Big Data erstellt. Ich hoffe, dass ich Menschen dabei helfen kann, einige der Misserfolge zu vermeiden.

Wenn Sie ein Buch oder einen Artikel schreiben, kommt manchmal der aufschlussreichste Dialog während der Feedbackphase von den Gutachtern. Die Gutachter werden ein Stück durchlesen und großartiges Feedback zu einem Konzept geben. Dieses Feedback kann sich zu einem Thread entwickeln, der genauso interessant ist wie das Stück, aber nicht veröffentlicht wird. Ich habe versucht, die Kommentare der Gutachter in das Buch und die Unterabschnitte einzubringen. Auf diese Weise können Sie sehen, was sie gesagt haben und ihre Standpunkte nachvollziehen. Einige dieser Abschnitte im Buch werden dem zustimmen und das, was ich gesagt habe, erweitern. Andere Abschnitte werden meinen Ideen widersprechen, und ich respektiere die Standpunkte der Gutachter. Es gibt nicht nur einen Weg zum Erfolg mit Data Teams.

Im Einklang mit meinem Wunsch nach vielen Stimmen und Meinungen habe ich Fallstudien in das Buch aufgenommen. Anstatt nur Fallstudien über Unternehmen zu machen, habe ich Fallstudien über Menschen gemacht. Ich habe Menschen durch den Jobwechsel begleitet und gesehen, was sie beibehielten oder änderten, als sie zu einem neuen Unternehmen wechselten. Dies ermöglichte es mir, Fragen darüber zu stellen, wie ihre einzigartigen Erfahrungen ihre Strategie veränderten, als sie einem neuen Unternehmen beitraten.

Für einige wird dieses Buch eine Bestätigung dessen sein, was sie in ihrer eigenen Organisation erleben, sehen und zu ändern versuchen. Sie werden nicht gehört oder ihre Meinungen werden nicht beachtet. Dieses Buch wird als externe Validierung ihrer Ansichten dienen. Wenn ich auf einer Konferenz spreche oder einen Beitrag schreibe, sagen die Leute oft, dass ich die Dinge schreibe, die sie nicht sagen können oder nicht die Worte haben, um sie zu sagen. Es ist mehr eine Gruppentherapie als ein Konferenzgespräch.

Gleichzeitig fragen sich andere Leute, warum der Rest der Welt die Wahrheiten in diesem Buch nicht kennt, weil sie offensichtlich scheinen. Der Grund ist, dass das Management von Data Teams relativ neu ist und die Unterschiede nicht offensichtlich sind. Das ist ein weiterer Grund, warum ich dieses Buch schreibe. Ich möchte das weitergeben, was für einige von uns offensichtlich ist, und einige unserer Meinungen, damit Sie sich Ihr eigenes Urteil bilden können.

In den letzten Jahren habe ich ausführlich über Data Teams geschrieben. Manchmal habe ich weit mehr über ein Thema geschrieben, als ich geplant hatte. Achten Sie auf diese Fußnoten, dort verweise ich Sie auf Links, um mehr über die Themen zu erfahren, die Sie interessieren.

Ich habe dies nicht geschrieben, um den endgültigen Leitfaden für die Erstellung von Data Teams zu erstellen. Dies ist der Anfang des Lernens, und ich versuche, so viele Unbekannte wie möglich zu beseitigen. Ich erwarte, dass Sie die Informationen nutzen und wissen, was als Nächstes kommt und einige der Überlegungen zu treffen sind, wenn Sie diese Entscheidungen treffen. Ich möchte die Fragen teilen, die Sie stellen sollten und die Antworten, die Sie suchen sollten.

Während ich mich auf verteilte Systeme und Big Data konzentriere, gelten die gleichen Arten von Prinzipien auch für Small Data. Bei kleinen Datengrößen wird die Komplexität sinken. Diese geringe Komplexität wird die technische Erfolgsschwelle auf ein leichter erreichbares Niveau verschieben.

Also lehnen Sie sich zurück, entspannen Sie sich und genießen Sie. Viel Glück auf Ihrer Reise!

Für weitere Informationen und Extras zum Buch gehen Sie bitte zu `www.datateams.io`.

TEIL I

Einführung in Daten-Teams

Bevor wir uns ausführlich mit den Details jedes Teils des Data Teams und der Interaktion mit diesen befassen, muss ich Ihnen eine allgemeine Einführung in Data Teams geben. Sobald Sie die Grundlagen jedes Teams verstehen, können wir anfangen, uns auf die Details zu konzentrieren.

KAPITEL 1

Data Teams

Oh, I get by with a little help of my friends

— „With a Little Help from My Friends" von The Beatles

Die Nutzung von Big Data ist eine Teamsportart. Es braucht verschiedene Arten von Mitarbeitern, um Dinge zu erledigen, und in allen, außer in den kleinsten Organisationen, sollten diese in mehrere Teams organisiert sein. Wenn Sie die Hilfe von diesen Freunden erhalten, können Sie einige großartige Dinge tun. Wenn Ihnen Ihre Freunde fehlen, scheitern Sie und bleiben unter Ihren Möglichkeiten.

Wer sind diese Freunde, was sollten sie tun und wie machen sie es? Dieses Buch beantwortet diese Fragen. Das Buch behandelt viele Aspekte der Bildung von Data Teams: Welche Arten von Fähigkeiten Sie bei Mitarbeitern suchen sollten, wie Sie Mitarbeiter einstellen oder befördern sollten, wie die Teams miteinander und mit der größeren Organisation interagieren sollten und wie Sie Probleme erkennen und abwenden können.

Big Data und Datenprodukte

Um sicherzustellen, dass dieses Buch für Sie geeignet ist – dass meine Themen dem entsprechen, woran Ihre Organisation arbeitet – werde ich mir etwas Zeit nehmen, um die Arten von Projekten zu erklären, die in diesen Seiten behandelt werden.

Wie könnten wir ein Buch über Big-Data-Management ohne eine Definition von Big Data beginnen? Was ich hier erreichen möchte, ist über Schlagworte hinauszugehen und zu einer Definition zu gelangen, die dem Management wirklich hilft.

© Der/die Autor(en), exklusiv lizenziert an APress Media, LLC, ein Teil von Springer Nature 2024
J. Anderson, *Daten-Teams*, https://doi.org/10.1007/979-8-8688-0072-6_1

Die schrecklichen 3er, 4er, 5er ...

Jeder akzeptiert, dass Big Data ein ziemlich abstraktes Konzept ist: Sie können nicht einfach sagen, dass Sie Big Data haben, weil die Größen Ihrer Datensätze bestimmte Metriken erreichen. Sie müssen qualitative Unterschiede zwischen kleinen und großen Daten finden. Das wird schwierig.

Einer der ursprünglichen Versuche von Gartner, Big Data zu definieren, führte zur Schaffung der 3 Vs. Ursprünglich waren die Vs variety, velocity und volume. Es ist schwierig für das Management, diese Definition zu verstehen. Sie war zu breit. Als Ergebnis sagte jedes Unternehmen, dass sein Produkt Big Data sei, und das Management verstand die Definition immer noch nicht.

Dies führte dazu, dass die Menschen ihre eigene Definition wählten. Wählen Sie eine Zahl zwischen 3 und 20. Das ist die Anzahl der Vs, die definiert wurde.

Anstatt Klarheit zu schaffen, haben diese Definitionen zur Verwirrung geführt. Die Leute suchten einfach im Wörterbuch nach Vs, die so klangen, als sollten sie passen. Manager lernten nichts, was ihnen half, moderne Datenprojekte zu managen.

Die „Kann-nicht"-Definition

Für das Management bevorzuge ich die *Kann-nicht*-Definition. Wenn man gebeten wird, eine Aufgabe mit Daten zu erledigen, sagt die Person oder das Team, dass sie/es es nicht tun kann, normalerweise aufgrund einer technischen Einschränkung. Zum Beispiel, wenn Sie Ihr Analyseteam um einen Bericht bitten und dieses daraufhin meint, dass dies nicht möglich ist, haben Sie wahrscheinlich ein Big-Data-Problem.

Es ist zwingend notwendig, dass das *Kann-nicht* aufgrund eines technischen Grundes und nicht aufgrund der Fähigkeiten des Personals erfolgt. Hören Sie auf die Gründe, warum das Team sagt, dass es die Aufgabe nicht erledigen kann. Dies sind einige Beispiele für technische Gründe für ein *Kann-nicht*:

- Die Aufgabe wird zu lange dauern.

- Die Aufgabe wird unsere Produktionsdatenbank herunterfahren oder verlangsamen.

- Die Aufgabe erfordert zu viele Schritte zur Fertigstellung.

- Die Daten sind an zu vielen Orten verstreut, um die Aufgabe auszuführen.

Offensichtlich werden Ihre technisch besser ausgebildeten Leute eine präzisere und technischere Definition anbieten. Ich schlage dringend vor, dass Sie überprüfen, ob Ihre Data Teams wirklich verstehen, was Big Data ist und was nicht. Wenn das nicht der Fall ist, verlassen Sie sich auf vielleicht Leute, die die Anforderungen nicht wirklich erfüllen.

Einige Organisationen sind kleiner oder Start-ups. Was sollten sie tun, da sie noch nicht „kann nicht" sagen. Die Frage sollte dann lauten: Wird die Organisation in der Zukunft Big Data haben? Auf dieses zukünftige Big Data konzentrieren sich viele Unternehmen. Es ist schwierig, viele Pipelines und Codes zurückzugehen und neu zu entwickeln, um einen anderen Technologie-Stack zu verwenden. Einige Organisationen ziehen es vor, diese Probleme von Anfang an zu lösen, anstatt zu warten.

Warum das Management die Definition von Big Data kennen muss

Es ist entscheidend für das Management, zu verstehen, was Big Data ausmacht, und sie sollten von technisch qualifizierten Personen geleitet werden. Dies liegt daran, dass die Diskrepanz zwischen großen und kleinen Datenproblemen die Produktivität und Wertschöpfung wirklich zunichtemachen kann.

Die Verwendung von Small-Data-Technologien für Big-Data-Probleme führt zu *Kann-nicht*. Die Verwendung von Big-Data-Technologien für Small-Data-Probleme ist auch ein Problem und nicht nur, weil es zu Überengineering führt – es verursacht große Kosten und Probleme.[1]

Nur weil viele Big-Data-Technologien Open Source sind, bedeutet das nicht, dass sie billig sind. Ihre Kosten werden für Infrastruktur und Gehälter steigen. Big-Data-Technologien neigen dazu, spitz und voller Dornen zu sein, während Small-Data-Technologien weniger Nuancen haben, mit denen Sie kämpfen müssen. Während Small Data es Ihnen ermöglicht, alle Ihre Prozesse auf ein paar Computern auszuführen, explodiert die Anzahl der Computer mit Big Data. Plötzlich sind Ihre Infrastrukturkosten viel höher. Mit Big Data könnten Ihre Antwortzeiten, Verarbeitungszeiten und End-to-End-Zeiten steigen. Big Data ist nicht unbedingt schneller; es ist nur schneller und effizienter als die Verwendung von Small-Data-Technologien für zu große Daten.

---

[1]Wenn Sie Small Data haben, nehmen Sie dies nicht als Herabsetzung Ihres Anwendungsfalls, Ihres Unternehmens oder Ihres Projekts. Vielmehr sollten Sie erleichtert sein, dass Sie dem Thema Big Data entkommen sind (siehe www.jesse-anderson.com/2018/07/saying-you-have-small-data-isnt-belittling-your-use-case/).

Das Management muss wissen, wann es gegen den Hype um Big Data vorgehen muss. Das Management sollte nicht zulassen, dass es von Ingenieuren überzeugt wird, etwas zu verwenden, das nicht das richtige Werkzeug für den Job ist. Dies könnte eine Aufpolierung des Lebenslaufs von der Ingenieursseite sein. Aber im Falle von „Kann-nicht" könnte Big Data der richtige Ansatz sein.

Wenn Sie es schließlich mit Small-Data-Technologien gerade so schaffen, werden Big-Data-Technologien noch schwieriger sein. Ich habe festgestellt, dass, wenn eine Organisation kaum in der Lage ist, Small-Data-Technologien zu nutzen oder zu produzieren, der signifikante Anstieg der Komplexität zu Misserfolgen oder unterdurchschnittlichen Projekten führt.

Warum ist Big Data so kompliziert?

Big Data ist 10- bis 15-mal komplizierter zu nutzen als kleine Daten.[2] Diese Komplexität erstreckt sich von technischen Problemen bis hin zu Managementproblemen. Ein Missverständnis, eine Unterschätzung oder Ignoranz dieser signifikanten Zunahme an Komplexität führt dazu, dass Organisationen scheitern.

Technisch gesehen beruht diese Komplexität auf der Notwendigkeit verteilter Systeme. Anstatt alles auf einem einzigen Computer zu erledigen, müssen Sie einen verteilten Code schreiben. Die verteilten Systeme selbst sind oft schwierig zu nutzen und müssen sorgfältig ausgewählt werden, da jedes spezifische Kompromisse hat.

Ein *verteiltes System* ist eine Aufgabe, die aufgeteilt und gleichzeitig auf mehreren Computern ausgeführt wird. Dies könnte auch bedeuten, dass Daten aufgeteilt und auf mehreren Computern gespeichert werden. Big-Data-Frameworks und -Technologien sind Beispiele für verteilte Systeme. Ich verwende diesen Begriff anstelle eines spezifischen Big-Data-Frameworks oder -Programms. Ehrlich gesagt kommen und gehen diese Big-Data-Frameworks leider.

Das Management wird auch komplexer, weil das Personal auf einer Ebene und mit einer Konsistenz über die Organisation hinweg erreichen muss, die es zuvor nie tun musste: verschiedene Abteilungen, Gruppen und Geschäftseinheiten. Zum Beispiel mussten Analyse- und Business-Intelligence-Teams nie die schieren Interaktionslevel

---

[2]Für eine vollständige Erklärung dieser Zunahme an Komplexität empfehle ich Ihnen, www.oreilly.com/learning/on-complexity-in-big-data/ zu lesen.

mit IT oder Engineering haben. Die IT-Organisation musste nie das Datenformat dem Operations Team erklären.

Sowohl aus technischer als auch aus Managementperspektive mussten Teams zuvor nicht mit einer so hohen Bandbreitenverbindung zusammenarbeiten. Es mag vorher ein gewisses Maß an Koordination gegeben haben, aber nicht so hoch.

Andere Organisationen stehen vor der Komplexität von Daten als Produkt anstelle von Software oder APIs als Produkt. Sie mussten noch nie für die in der Organisation verfügbaren Daten werben oder diese propagieren. Mit Data Pipelines wissen die Data Teams möglicherweise nicht einmal oder kontrollieren, wer Zugang zu den Datenprodukten hat.

Einige Teams sind sehr abgeschottet. Mit kleinen Daten konnten sie zurechtkommen. Es gab nie die Notwendigkeit, sich auszutauschen, zu koordinieren oder zu kooperieren. Die Zusammenarbeit mit diesen Maverick-Teams kann eine Herausforderung für sich sein. Hier ist das Management wirklich komplizierter.

Data Pipelines und Datenprodukte

Die Teams, über die wir in diesem Buch sprechen, befassen sich mit *Data Pipelines* und *Datenprodukten*. Kurz gesagt, eine Data Pipeline ist eine Möglichkeit, Daten verfügbar zu machen: Sie in eine Organisation zu bringen, sie an ein anderes Team zu übertragen und so weiter – aber in der Regel die Daten auf dem Weg zu transformieren, um sie nützlicher zu machen. Ein Datenprodukt nimmt einen Datensatz auf, organisiert die Daten auf eine Weise, die für andere konsumierbar ist, und stellt sie in einer Form zur Verfügung, die von anderen nutzbar ist.

Genauer gesagt ist eine Data Pipeline ein Prozess, um Rohdaten zu nehmen und sie so zu transformieren, dass sie vom nächsten Empfänger in der Organisation nutzbar sind. Um erfolgreich zu sein, müssen diese Daten von Technologien bereitgestellt werden, die die richtigen Werkzeuge für die Aufgabe sind, und die für die Anwendungsfälle korrekt sind. Die Daten selbst sind in Formaten verfügbar, die die sich verändernde Natur der Daten und die Unternehmensnachfrage danach widerspiegeln.[3]

---

[3]Es ist auch erwähnenswert, wie andere Leute Data Pipelines definieren und verwandte Fragen stellen (siehe www.jesse-anderson.com/2018/08/what-is-a-data-pipeline/).

Die Ausgabe dieser Data Pipelines sind Datenprodukte. Diese Datenprodukte sollten das Lebensblut der Organisation werden. Wenn dies nicht geschieht, ist die Organisation nicht datengetrieben und erntet nicht die Vorteile ihrer Investition in Daten.

Um robust zu sein, müssen Datenprodukte skalierbar und fehlertolerant sein, damit Endbenutzer sie zuverlässig in Produktion und kritischen Szenarien nutzen können. Die Datenprodukte sollten gut organisiert und katalogisiert sein, um sie leicht auffindbar und nutzbar zu machen. Sie sollten einer vereinbarten Struktur folgen, die sich ohne massive Neuschreibungen von Codes entwickeln kann, entweder in den Pipelines, die die Datenprodukte erstellen, oder bei den nachgelagerten Verbrauchern.

Datenprodukte sind in der Regel keine einmaligen oder Ad-hoc-Kreationen. Sie sind automatisiert und werden ständig aktualisiert und genutzt. Nur in bestimmten Fällen können Sie Abkürzungen nehmen, um kurzlebige oder Ad-hoc-Datenprodukte zu erstellen.

Die Wahrhaftigkeit und Qualität von Datenprodukten sind von entscheidender Bedeutung. Andernfalls werden die Teams, die die Datenprodukte verwenden, ihre Zeit mit der Datenbereinigung verbringen, anstatt die Datenprodukte zu nutzen. Durchgehend minderwertige Datenprodukte werden schließlich das Vertrauen in die Fähigkeiten des Data Teams untergraben.

Allgemeine Missverständnisse

Bevor wir uns darauf konzentrieren, wie man Big Data für sich arbeiten lassen kann, müssen wir einige Mythen ausräumen, die Manager daran hindern, die besonderen Anforderungen von Big Data zu erkennen, die richtigen Leute für den Umgang mit Big Data einzustellen und diese Leute effektiv zu managen.

„Es sind nur Daten"

Manchmal sagen Leute, es seien nur Daten. Sie versuchen zu sagen, dass es keinen Unterschied zwischen kleinen und großen Daten gibt. Diese Art von Denken ist besonders schlecht für das Management. Es vermittelt die Botschaft, dass das, was Data Teams tun, einfach und ersetzbar ist. Die Realität ist, dass es einen großen Unterschied zwischen kleinen und großen Daten gibt. Sie benötigen völlig unterschiedliche

Ingenieurmethoden, Algorithmen und Technologien. Ein Mangel an Wertschätzung für diese Unterschiede ist ein kultureller Beitrag zu Projektfehlern.

Es mag Gründe geben, warum Leute so denken. Sie könnten in einer Organisation mit guter Datenverarbeitung sein. Sie nehmen einfach die harte Arbeit der Data Teams als gegeben hin. Aus der Sicht dieser Person ist alles einfach. Dies ist eines der Kennzeichen eines erfolgreichen Datenverarbeitungsteams.

Ein weiterer Grund könnte sein, dass die Organisation keine großen Daten hat. Sie ist bisher ohne den Umgang mit dem Komplexitätssprung, der durch Big Data verursacht wird, ausgekommen.

„Ist das nicht nur etwas anders als ...?"

Ein häufiges Missverständnis bei Data Teams ist, dass sie nur geringfügig von einem traditionelleren bestehenden Team in der Organisation abweichen. Manager denken, wir übertreiben nur mit Jobtiteln und Teams, um die Dinge komplizierter zu machen. Diese Art von Denken trägt zum Scheitern bei, weil das falsche oder ungeeignete Team die Führung übernimmt.

Business Intelligence

Einige Leute glauben, dass Business Intelligence das Gleiche ist wie Data Science. Ja, beide Teams nutzen Mathematik und Statistik intensiv. Die meisten Business-Intelligence-Teams programmieren jedoch nicht. Wenn sie etwa Codes schreiben, verwenden sie keine komplexe Sprache. Einfach ausgedrückt, muss ein Data Scientist mehr als SQL kennen, um wirklich produktiv zu sein. Diese Teams müssen eine hochrangige und komplexe Sprache kennen, um ihre Ziele zu erreichen.

Data Warehousing

Andere denken, Data Engineering sei das Gleiche wie Data Warehousing. Ja, beide Teams nutzen Daten intensiv. Sie verwenden beide SQL als Mittel zur Arbeit mit Daten. Data Engineering erfordert jedoch auch mittlere bis expertenmäßige Kenntnisse in Programmierung und verteilten Systemen. Dieses zusätzliche Wissen trennt wirklich die zugrunde liegenden Fähigkeiten der beiden Teams.

Obwohl dieses Buch ein wenig über die fortlaufenden Rollen von Datenbankadministratoren (DBAs) und Data-Warehouse-Teams spricht, zähle ich ihre Arbeit nicht zu den in dem Buch diskutierten Data Teams. Die Datenprodukte, die sie erstellen können, sind einfach zu begrenzt für die Arten von Data Science und Analyse, die in dem Buch behandelt werden. Ja, einige Teams können einige wertvolle Produkte erstellen, aber sie können nicht eine Vielzahl von Datenprodukten erstellen, die die heutigen Organisationen benötigen.

Betrieb

Eine weitere Quelle der Verwirrung liegt auf der Betriebsseite. Dies führt auch wieder zu verteilten Systemen. Das Aufrechterhalten und korrekte Funktionieren von verteilten Systemen ist schwierig. Anstatt dass Daten und Verarbeitung auf einem einzigen Computer lokalisiert sind, sind sie auf mehrere Computer verteilt. Als direkte Folge werden diese Frameworks und Ihr eigener Code auf komplexe Weise versagen.

Die betrieblichen Probleme enden nicht nur mit der Software. Der Betrieb muss sich mit den Daten selbst auseinandersetzen. Manchmal kommen die betrieblichen Probleme von Problemen in den Daten: fehlerhafte Daten, Daten, die nicht innerhalb eines bestimmten Bereichs liegen, Daten, die nicht den erwarteten Typen entsprechen – die Liste geht weiter. Ihr Operations Team muss verstehen, wann ein Problem von den Daten, dem Framework oder beidem herrührt.

Softwareentwicklung

Schließlich sehen Softwareentwicklung und Data Engineering von außen betrachtet sehr ähnlich aus. Sie sehen vielleicht ein Muster hier, aber Daten und verteilte Systeme machen den Unterschied. Softwareentwicklung ist keine Ausnahme, und Software Engineers müssen sich spezialisieren, um Data Engineer zu werden.

Ich habe intensiv und weltweit mit Software Engineers gearbeitet. Die Fähigkeiten der Softwareentwicklung sind den Fähigkeiten der Datenverarbeitung nahe, aber nicht nahe genug. Der größte Teil der Karriere eines Software Engineers besteht aus der Datenbank, deren Datenstruktur und dem Speichermechanismus. Andere haben vielleicht noch nie einen Code schreiben müssen, der mehrprozessig, multithreaded oder auf irgendeine Weise verteilt ist. Die Mehrheit der Software Engineers hat nicht so tief oder so konzertiert mit dem Unternehmen zusammengearbeitet, wie es für die Datenverarbeitung benötigt wird.

Die verteilten Systeme, die Data Engineers erstellen müssen, sind komplex. Sie ändern sich auch ziemlich oft. Für die meisten Data Pipelines müssen Data Engineers 10 bis 30 Technologien verwenden, um eine Lösung zu erstellen, im Gegensatz zu den etwa drei Technologien, die für kleine Daten benötigt werden. Dies unterstreicht wirklich die Notwendigkeit der Spezialisierung.

Warum werden Data Teams für Big Data benötigt?

Vielleicht haben Sie dieses Buch in die Hand genommen, weil Sie Teil eines brandneuen Projekts sind oder eines, das bereits im Gange ist, und Sie haben etwas bemerkt, das nicht stimmt, können aber nicht genau sagen, was los ist. Ich stelle oft fest, dass dies der Fall ist, wenn jemand Probleme mit seinen Datenprojekten hat.

In diesem Buch sind Data Teams die Ersteller und Betreuer von Datenprodukten. Ich habe verschiedene Data Teams auf der ganzen Welt betreut, unterrichtet und beraten. Nachdem ich an Bord geholt wurde, bin ich immer wieder auf Teams in verschiedenen Stadien des Scheiterns und der Unterperformance gestoßen. Das Scheitern von Datenprojekten würde verhindern, dass das Unternehmen von ihren Big-Data-Investitionen profitiert oder eine Rendite erzielt. Irgendwann würden Organisationen einfach aufhören, in ihre Big-Data-Projekte zu investieren, weil sie zu einem schwarzen Loch wurden, das Geld aufsaugte, und so gut wie keinen Wert abgaben.

Auf die Gefahr hin, zu vereinfachen, werde ich den Begriff *kleine Daten* für die kleinskalige Arbeit verwenden, die Organisationen überall mit SQL, Data Warehouses, herkömmlicher Business Intelligence und anderen traditionellen Datenprojekten durchführen. Dieser Begriff steht im Gegensatz zu *Big Data*, einem Schlagwort, das wir im nächsten Kapitel betrachten werden. Die neuen Big-Data-Projekte scheinen vertraut und doch auch anders und seltsam. Es gibt einen ätherischen und schwer zu quantifizierenden Unterschied, der sich nicht so recht ausdrücken oder benennen lässt.

Dieser Unterschied, den Sie sehen, ist das fehlende Stück, das bestimmt, ob Datenprojekte erfolgreich sind oder nicht. Ohne dieses Verständnis, das Ihre Erstellung von Data Teams und Interaktion mit ihnen informiert, können Sie mit Big Data nicht erfolgreich sein. Der Schlüssel liegt darin, die richtige Balance von Menschen und Fähigkeiten zu finden – und sie dann effektiv zusammenarbeiten zu lassen.

11

Warum einige Teams scheitern und andere erfolgreich sind

Vor Jahren konnte ich nur erkennen, wann ein Team kurz vor dem Scheitern stand. Ich konnte nicht sagen, was es tun sollte, um die Dinge zu verändern, das Team zu verbessern oder ein Scheitern zu verhindern. Ich fühlte mich ziemlich machtlos. Ich sah einen Zug mit hoher Geschwindigkeit auf eine Betonwand zusteuern, und ich konnte den Passagieren nur sagen, sie sollten aussteigen, bevor er in die Wand krachte.

Ich wusste, dass das nicht genug war.

Herauszufinden, warum, was und wer bei diesen Misserfolgen beteiligt war, wurde für mich irgendwo zwischen einer Herausforderung, Besessenheit und einem quixotischen Abenteuer. Es wurde zu meinem Forschungsprojekt. Ich musste unbedingt herausfinden, warum nur sehr wenige Teams erfolgreich waren und warum so viele Teams, die am Anfang vielversprechend wirkten, letztendlich scheiterten.

Ich wurde zu einem Erfolgsjunkie, verrückt fokussiert auf Menschen und Organisationen, die erfolgreich waren oder behaupteten, sie seien erfolgreich. Als ich diese Leute fand, sahen sie sich einer Flut von spezifischen und anspruchsvollen Fragen gegenüber: Warum waren Sie erfolgreich? Wie sind Sie erfolgreich geworden? Was haben Sie anders gemacht, um erfolgreich zu werden? Warum glauben Sie, dass Sie erfolgreich waren? Selbst während ich dies schreibe, erinnere ich mich an die Gesichter der Menschen, als ich diese seltsamen Fragen stellte. Der einzige Weg, dieses Rätsel zu entschlüsseln, bestand darin, Fragen zu stellen und die Erfahrungen anderer Menschen zu verwerten.

Ich habe auch viel von den gescheiterten Projekten gelernt. Als ich auf ein Projekt stieß, das am Rande des Scheiterns stand, schaute ich auf die üblichen Verdächtigen, konnte aber nichts Offensichtliches finden. Haben die Leute hart gearbeitet? Ja. Waren sie klug? Ja. War die Technologie schuld? Nein – zumindest nicht immer. Ich musste tiefer schauen.

Es war einfach, die Technologien zu beschuldigen, und das taten die meisten Organisationen nach einem Misserfolg. Aber ich wusste, dass das eine totale Ausflucht war. Ja, es gibt Probleme und Einschränkungen mit den Technologien. Andere Organisationen konnten jedoch die gleichen Technologien in die Produktion bringen, mit den Problemen, die die Technologien hatten, umgehen und erfolgreich sein. Wir sprechen hauptsächlich von Projekten, die gescheitert sind, lange bevor das Projekt jemals in Produktion ging oder die erste Version veröffentlicht wurde.

Nein, diese Projekte scheiterten so früh im Zyklus, dass es einen anderen Schuldigen gab. Die meisten Male waren die Misserfolge immer wieder die gleichen. Und doch konnte man das Personal oder das Management nicht wirklich beschuldigen. Es gab keine Arbeit, die aussagte, warum oder was passierte.

Persönlich habe ich es mir zur Aufgabe gemacht, diese Arbeit für das Management zu erstellen. Ich wollte die Unwissenheit beseitigen, die zu all dieser Verschwendung führte. Dieses Buch ist eine Zusammenstellung dieser Bemühungen. Sie werden einige meiner verwandten Schriften zu diesem Thema als Fußnoten im gesamten Buch sehen.

Die drei Teams

Um Big Data richtig zu machen, brauchen Sie drei verschiedene Teams. Jedes Team hat eine sehr spezifische Aufgabe bei der Wertschöpfung aus Daten. Aus der 30.000-Fuß-Perspektive des Managements – und hier entsteht das Problem – sehen sie alle gleich aus. Sie alle transformieren Daten, sie alle programmieren und so weiter. Aber was von außen wie eine 90-prozentige Überschneidung aussehen kann, ist in Wirklichkeit nur etwa 10 %. Dieses Missverständnis ist es, was Teams und Projekte wirklich zerstört.

Jedes Team hat spezialisiertes Wissen, das die anderen Teams ergänzt. Jedes Team hat sowohl Stärken als auch Schwächen, die auf den Erfahrungen und Fähigkeiten des Personals beruhen. Ohne die anderen Teams geht alles den Bach runter.

Wir werden in Teil 2 tiefer auf jedes dieser Teams eingehen, aber ich möchte jedes hier kurz vorstellen. Wie in einer Datingshow lassen Sie uns unsere drei Junggesellen vorstellen!

Data Science

Junggeselle #1 mag es, Dinge zu zählen, Mathematik und Daten. Er hat ein wenig über Programmierung gelernt. Treffen Sie das Data-Science-Team!

Wenn die meisten Manager an Big Data denken oder davon hören, ist das im Kontext von Data Science. Die Realität ist, dass Data Science nur ein Teil des Puzzles ist.

Das Data-Science-Team nutzt Data Pipelines, um abgeleitete Daten zu erstellen. Mit anderen Worten, es nimmt zuvor erstellte Data Pipelines und erweitert sie auf verschiedene Weisen.

Manchmal besteht die Erweiterung aus fortgeschrittener Analytik, insbesondere dem maschinellen Lernen (ML), das heutzutage so angesagt ist. Die Mitglieder eines Data-Science-Teams haben in der Regel umfangreiches Hintergrundwissen in mathematischen Disziplinen wie Statistik. Mit genügend Hintergrund in Statistik, Mathematik und Daten können Sie ziemlich interessante Dinge tun. Das Ergebnis ist in der Regel ein *Modell*, das auf Ihren spezifischen Daten trainiert wurde und diese für Ihren Geschäftsfall analysiert. Aus Modellen können Sie fantastisch wertvolle Informationen wie Vorhersagen oder Anomalieerkennung erhalten.

Meine Ein-Satz-Definition eines Data Scientists lautet:

> Ein Data Scientist ist jemand, der seinen mathematischen und statistischen Hintergrund mit Programmierung erweitert hat, um Daten zu analysieren und angewandte mathematische Modelle zu erstellen.

An diesem anfänglichen Punkt gibt es einige Hauptpunkte, die man über Data Scientists wissen sollte:

- Sie haben einen mathematischen Hintergrund, aber nicht unbedingt einen Mathematikabschluss.

- Sie haben ein Verständnis für die Bedeutung und Nutzung von Daten.

- Sie haben in der Regel ein Anfängerverständnis für Big-Data-Tools.

- Sie haben in der Regel Anfängerkenntnisse in Programmier-Fähigkeiten.

Es ist wichtig, dieses Anfängerniveau zu verstehen. Wir werden später näher darauf eingehen – Sie sollen lediglich wissen, dass dies ein großer Grund ist, warum wir die anderen Teams brauchen.

Ein häufiger Fehler, den Organisationen machen, die gerade erst mit Big Data beginnen, besteht darin, nur Data Scientists einzustellen. Dies liegt daran, dass sie das sichtbarste Element von Big Data sind und das Gesicht der erstellten Analysen darstellen. Dieser Fehler ist so, als würde man versuchen, eine Band zusammenzustellen, die nur aus einem Leadsänger besteht. Das könnte funktionieren, wenn Sie *a cappella* singen wollen. Wenn Sie jedoch musikalische Begleitung möchten, benötigen Sie den Rest der Band. Ein großer Schwerpunkt dieses Buches besteht darin, Ihnen zu helfen, zu sehen und zu verstehen, warum jedes Team unerlässlich ist und wie jedes Team ein anderes ergänzt.

Data Engineering

Bachelor #2 baut gerne Modellflugzeuge, mag Programmieren, Daten und verteilte Systeme. Treffen Sie das Data-Engineering-Team!

Von der Data Science im Labor zur Data Science im großen Stil im Unternehmen zu wechseln, ist keine triviale Aufgabe. Sie benötigen Menschen, die wartbare und nachhaltige Datensysteme erstellen können, die von Nichtspezialisten genutzt werden können. Dafür braucht es eine Person mit einem Ingenieurhintergrund.

Das Data-Engineering-Team erstellt die Data Pipeline, die Daten an den Rest der Organisation, einschließlich der Data Scientists, liefert. Die Data Engineers müssen die Fähigkeiten haben, Datenprodukte zu erstellen, die folgende Eigenschaften haben:

- Sauber

- Gültig

- Wartbar

- Skalierbar

- Nachhaltig für Ergänzungen und Verbesserungen

Manchmal schreibt das Data-Engineering-Team den Code der Data Scientists um. Dies liegt daran, dass die Data Scientists auf ihre Forschung konzentriert sind und nicht die Zeit oder das Fachwissen haben, die Programmiersprache am effektivsten zu nutzen.

Die Data-Engineers sind auch verantwortlich für die Auswahl der Dateninfrastruktur, auf der sie laufen soll. Diese Infrastruktur kann von Projekt zu Projekt variieren und besteht in der Regel aus Open-Source-Projekten mit seltsamen Namen oder verwandten Tools, die von Cloud-Anbietern bereitgestellt werden. Hier stecken Data Teams oft fest, wählen das Falsche oder implementieren Dinge falsch und werden abgelenkt.

Meine Ein-Satz-Definition eines Data Engineers lautet:

> Ein Data Engineer ist jemand, der seine Fähigkeiten darauf
> spezialisiert hat, Softwarelösungen rund um Big Data zu erstellen.

Dieses Team ist entscheidend für Ihren Erfolg. Stellen Sie sicher, dass Sie die richtigen Leute mit den richtigen Ressourcen haben, um Sie effektiv zu führen. Zu diesem anfänglichen Zeitpunkt gibt es einige Hauptpunkte, die Sie über Data Engineers wissen sollten:

- Sie kommen aus einem Software-Engineering-Hintergrund.

- Sie haben sich auf Big Data spezialisiert.

- Ihre Programmierfähigkeiten sind mindestens mittelmäßig, idealerweise jedoch Experten.

- Sie könnten aufgefordert werden, eine gewisse Ingenieursdisziplin bei den Data Scientists durchzusetzen.

Diese Data Engineers sind im Herzen Software Engineers, mit allem Guten und Schlechten, das damit einhergeht. Sie benötigen auch andere, um ihre Schwächen auszugleichen. Daher interagiert das Data-Engineering-Team stark mit anderen Teams und ist selbst multidisziplinär. Obwohl es hauptsächlich aus Data Engineers besteht, kann es auch andere Jobtitel geben. Diese zusätzlichen Mitarbeiter werden eine Rolle oder Fähigkeit ausfüllen, die ein Data Engineer nicht hat, oder eine Aufgabe von geringerer Schwierigkeit, die in Zusammenarbeit mit einem Data Engineer erledigt werden kann.

Betrieb

Bachelor #3 mag Züge, die pünktlich fahren, Hardware, Software und Betriebssysteme. Treffen Sie das Operations Team!

Das Betreiben verteilter System-Frameworks in der Produktion reicht von grundsolide bis schwankend. Ihr Code wird wahrscheinlich das gleiche Verhaltensspektrum aufweisen. Wer ist verantwortlich für den reibungslosen Betrieb und die Wartung dieser Technologien? Sie benötigen ein Operations Team, um das Schiff in Bewegung zu halten und alles am Laufen zu halten.

Organisationen erreichen ihre betrieblichen Ziele auf zwei verschiedene Arten.

Die erste Möglichkeit ist ein traditionellerer Betriebsweg. Es gibt ein Team, das dafür verantwortlich ist, alles am Laufen zu halten. Dieses Team hat nicht wirklich etwas mit dem Code des Data Engineers zu tun. Es könnte sich mit Automatisierung beschäftigen, aber nicht mit dem Schreiben des Codes für Pipelines.

Die zweite Möglichkeit ist eher eine Praxis als ein Team. Diese Praxis vermischt Data Engineering und betriebliche Funktionen. Das gleiche Team ist sowohl für den Code der Data Pipeline als auch für dessen Betrieb verantwortlich. Diese Methode wird gewählt, um die typischen unlösbaren Probleme zu vermeiden, die lange Zeit zwischen Entwicklern und Betriebspersonal bestanden haben, wo Entwickler Codes von fragwürdiger Qualität erstellen, mit dem das Operations Team dann die Probleme lösen muss. Wenn die Entwickler für die Wartung ihres eigenen Codes in der Produktion verantwortlich sind, müssen sie ihn felsenfest machen, anstatt die Qualität als Problem anderer zu betrachten.

Ob ein separates Team oder eine Funktion des Engineerings, der Betrieb ist verantwortlich für den reibungslosen Ablauf. Diese Liste der „Dinge" ist ziemlich lang und unterstreicht die Notwendigkeit des Betriebs. Zu diesen Dingen gehören:

- Verantwortlich zu sein für den Betrieb in der Produktion der individuellen Software, die von Ihren Data Engineers und Data Scientists (und vielleicht auch anderen Personen) geschrieben wurde

- Das Netzwerk optimiert zu halten, weil Sie mit großen Datenmengen umgehen und der Großteil davon über das Netzwerk übertragen wird

- Feststellen von Hardwareproblemen, weil Festplatten und andere physische Hardware kaputt gehen werden (weniger häufig in der Cloud, aber dennoch gelegentlich Kenntnisse zur Fehlerbehebung erforderlich)

- Installation und Behebung der peripheren Software, die von Ihrem individuellen Code benötigt werden könnte

- Installation und Konfiguration der Betriebssysteme zur Optimierung ihrer Leistung

Diese Liste mag beliebig für jeden Betrieb klingen, aber lassen Sie mich die Dinge hinzufügen, die das Operations Team für große Datenmengen wirklich in Schwung bringen. Sie müssen:

- Verantwortlich sein für den reibungslosen Betrieb der Cluster-Software und anderer Technologien für große Datenmengen, die Sie operationalisiert haben

- Vertrauter sein mit dem ausgeführten Code als üblich und seine Ausgabelogs verstehen

- Vertraut sein mit der erwarteten Menge, der Art und des Formats der eingehenden Daten

Meine Ein-Satz-Definition eines Operation Engineers lautet:

Ein Operation Engineer ist jemand mit einer betrieblichen oder systemtechnischen Ausbildung, der seine Fähigkeiten auf den Betrieb großer Datenmengen spezialisiert hat, Daten versteht und etwas Programmierung gelernt hat.

Zu diesem ersten Zeitpunkt gibt es einige Hauptpunkte, die man über Operation Engineers wissen sollte:

- Sie kommen aus einem systemtechnischen oder betrieblichen Hintergrund.

- Sie haben sich auf große Datenmengen spezialisiert.

- Sie müssen die Daten verstehen, die von den verschiedenen Systemen gesendet oder abgerufen werden.

Es ist wichtig zu wissen, dass es wirklich eine andere Denkweise zwischen Data Engineer und Operations Engineer gibt. Ich habe es immer wieder gesehen. Es braucht wirklich eine andere Person, die den Wunsch hat, etwas am Laufen zu halten, anstatt etwas zu erschaffen oder das neueste Framework für große Datenmengen auszuprobieren.

Warum werden drei Teams benötigt?

Wir haben gerade den Kern aller drei Teams gesehen. Aber Sie haben vielleicht noch Fragen dazu, was jedes Team macht oder wie es sich unterscheidet. Wir werden tiefer auf die Unterschiede eingehen und sehen, wie sich die Teams einander unterstützen.

Für einige Personen oder Organisationen ist es schwierig, die Unterschiede zu quantifizieren, weil es einige Überschneidungen gibt. Es ist wichtig zu wissen, dass diese Überschneidungen ergänzend sind und nicht die Quelle von Revierkämpfen. Jedes dieser Teams spielt eine entscheidende Rolle bei großen Datenmengen.

Manchmal denken Manager, es sei einfacher, alle Fähigkeiten aller drei Teams in einer Person zu finden. Das ist wirklich schwierig, und nicht nur, weil es so viele spezialisierte Fähigkeiten gibt. Ich habe festgestellt, dass jedes Team eine andere Persönlichkeit und Denkweise repräsentiert. Die Denkweise der Wissenschaft unterscheidet sich von jener des Engineerings, die sich wiederum vom Betrieb unterscheidet. Es ist einfacher und weniger zeitaufwendig, mehrere Personen zu finden und sie zusammenarbeiten zu lassen.

Drei Teams für kleine Organisationen

Kleine Teams und kleine Organisationen stellen eine einzigartige Herausforderung dar. Sie haben nicht das Geld für ein 20-köpfiges Team. Stattdessen haben sie ein bis fünf Personen. Was sollten diese wirklich kleinen Teams und Organisationen tun?

Was natürlich passiert, ist, dass die Organisation bestimmtes Personal bittet, mehrere Funktionen zu übernehmen. Das ist ein schwieriger Weg. Sie müssen die Leute finden, die sowohl kompetent sind, die Funktionen zu übernehmen, als auch daran interessiert sind, dies zu tun. Diese Leute sind rar gesät. Außerdem sollten Sie wissen, dass diese Leute diese Rolle vielleicht nicht zu 100 % erfüllen. Sie können in einer Notlage eine Funktion übernehmen, aber sie sind nicht die langfristige Lösung. Sie müssen diese Lücken füllen, wenn die Größe Ihrer Organisation wächst.

Was passiert, wenn eine Organisation nicht richtig verwaltet?

Um diesen ersten Kapitelüberblick abzurunden, möchte ich die Auswirkungen aufzeigen, wenn einige Teams übersprungen werden oder die falschen Leute dort platziert werden. Einfach ausgedrückt, werden Organisationen dazu verurteilt, bei ihren Projekten für große Datenmengen zu scheitern oder stecken zu bleiben. Die Einzelheiten hängen von der Komplexität, dem Anwendungsfall und dem, was fehlt, ab. In jedem Fall führt es die Organisation auf einen traurigen Weg.

Ich sehe oft die zweiten oder dritten Auswirkungen eines fehlenden Teams. Ich kann anhand der Problemstellung erkennen, was im Team fehlt. Ich erkenne, was fehlt, weil ich andere Organisationen mit dem gleichen Problem gesehen habe. Die Wurzel des Problems fällt fast immer in eine von nur wenigen Kategorien. Manchmal gibt es mehrere Schichten zum Problem, und Sie müssen sie abziehen, bis Sie zu den Wurzeln des Problems gelangen. Nur dann können Sie wirklich das maximale Potenzial aus Ihren Data Teams schöpfen.

Dieses Buch wird Ihnen helfen, Ihre Organisation und Teams wieder auf den richtigen Weg zu bringen oder das zu beheben, was fehlt.

KAPITEL 2

Die guten, die schlechten und die hässlichen Data Teams

Erfolgreiche Data Teams

And the dreams that you dream of
Dreams really do come true

—„Over the Rainbow" gesungen von Israel Kamakawiwo'ole

Only 15 percent of businesses reported deploying their big data project *toproduction, effectively unchanged from last year (14 percent).[1]*

—Gartner Research

Dieses Zitat von Gartner zeigt, warum ich im vorherigen Kapitel so sehr auf Erfolg oder Misserfolg fokussiert habe. Die überwiegende Mehrheit der Big-Data-Projekte scheitert entweder völlig oder erbringt nicht die erwartete Leistung. Das Zitat spiegelt meine eigene Erfahrung im Umgang mit Teams und Projekten wider. Ich bin es wirklich leid, so viele Projekte scheitern zu sehen. Irgendwann werden Organisationen einfach aufhören, in ihre Big-Data-Initiativen und -Gruppen zu investieren, weil es keinen Nutzen bringt.

---

[1]Gartner Pressemitteilung, Stamford, CT, 4. Oktober 2016, „Gartner-Umfrage zeigt: Investitionen in Big Data steigen, aber weniger Organisationen planen zu investieren: Der Fokus hat sich von Big Data selbst auf spezifische Geschäftsprobleme verschoben, die es lösen kann: Analysten diskutieren Analytics Leadership auf dem Gartner Business Intelligence & Analytics Summit 2016, 10. bis 11. Oktober in München, Deutschland", http://tiny.bdi.io/gartnerfail.

Offensichtlich ist Ihr Ziel der Erfolg, und Sie lesen dieses Buch, um ein Scheitern zu verhindern oder umzukehren.

Als Geschäftsleute führen wir Fallstudien über Unternehmen durch, um zu sehen, warum sie erfolgreich waren oder gescheitert sind. Es gibt eine Fülle von Büchern zu diesem Thema. Bei Big Data machen wir das jedoch nicht. Es gibt eine Tendenz, Misserfolge zu verbergen und nie darüber zu sprechen. Dieses Fehlen eines Rückblicks auf die gescheiterten Projekte verstärkt nur das Problem und verursacht den nächsten Misserfolg. Bis wir aus unseren Fehlern lernen, sind wir dazu verdammt, sie zu wiederholen.

Wenn Sie versuchen, eine scheiternde oder unterdurchschnittlich leistende Organisation zu retten, werden Sie auf die vorgefasste Meinung stoßen, dass nichts getan wird und sich nichts zum Besseren ändern wird. Es liegt an Ihnen, die notwendigen Änderungen vorzunehmen. Um Ihnen zu helfen, zu sehen oder zu zeigen, was getan werden könnte, möchte ich einige Beispiele dafür geben, wie Sie Wert aus Ihren Data Teams und -projekten ziehen können.

Wie Erfolg mit Big Data aussieht

Einfach ausgedrückt, kommt der Erfolg mit Big Data zustande, wenn Wert aus Ihren Daten geschaffen wird. Das bedeutet, dass das Projekt in Produktion ist, ein Geschäftsbedürfnis erfüllt und konstant läuft. Jeder Teil dieses vorherigen Satzes ist tatsächlich eine große Leistung. Lassen Sie uns ein wenig über jeden Einzelnen sprechen.

Die Produktion zu erreichen, ist eine große Sache. Das bedeutet, dass das Team genug Codes geschrieben hat, eine Architektur erstellt hat und Dinge richtig implementiert hat. Es kommt wirklich darauf an, das richtige, qualifizierte Team zu haben.

Ein Geschäftsbedürfnis zu erfüllen, ist ebenfalls entscheidend. Das bedeutet, dass das Team mit dem Unternehmen zusammengearbeitet hat, um einen Anwendungsfall zu identifizieren und tatsächlich einen Wert dafür zu schaffen. Das bedeutet, dass das obere Management beteiligt blieb, um sicherzustellen, dass die Data Teams und das Unternehmen richtig zusammenarbeiteten.

All diese Arbeit ist umsonst, wenn die Dinge nicht konstant laufen. Erfolg in diesem Aspekt des Projekts bedeutet, dass jedes Team einen Code geschrieben hat, der von hoher genug Qualität war, um in Produktion zu laufen. Im Umkehrschluss bedeutet das, dass der Code unitgetestet und validiert wurde, um zusammenzuarbeiten. Schließlich hat das Operations Team alle beweglichen Teile am Laufen gehalten.

Unternehmen, die in diesen drei Aspekten von Big Data erfolgreich sind, ziehen wirklich davon. Um Erfolg zu erkennen, schauen Sie sich ein Unternehmen an, das seine Daten nutzt, und ein anderes, das dies nicht tut. Sie sollten einen quantifizierbaren Unterschied in Umsatz, Kundenzufriedenheit – sowohl intern als auch extern – Entscheidungsfindung und Strategie sehen. Ein erfolgreiches Datenprojekt verbessert und treibt die Organisation spürbar voran.

Der tatsächlich geschaffene Wert wird je nach Branche und Unternehmensgröße variieren. Es ist schwierig, einen festen Betrag oder ein nicht branchenspezifisches Beispiel zu geben. Außerdem ist dieses Buch kein Geschäftsfallstudienbuch.

Wie ein Scheitern von Big Data aussieht

Ein Scheitern ist einfacher zu quantifizieren und zu sehen als ein Erfolg. Projekte kommen nie in die Produktion oder scheitern in der Produktion. Nichts wird besser. Fristen kommen und gehen, ohne tatsächlich das Lieferergebnis zu erstellen.

Es gibt einige konstante Manifestationen des Scheiterns. Die häufigste ist, dass das Team hart arbeitet. Sie schlagen sich die Nächte um die Ohren, aber sie kommen nicht voran. Egal wie viel Zeit oder Mühe es investiert, das Team kommt auf keinen grünen Zweig. Das ist einfach nicht fair – für niemanden.

Eine weitere Manifestation des Scheiterns ist die völlige Unfähigkeit zur Ausführung. Das Unternehmen kommt mit einer Idee oder Anforderung zum Team. Das Team antwortet, dass es unmöglich oder zu schwer zu implementieren ist. Die Projekte sind Geschichte, bevor sie überhaupt angefangen haben. Als direktes Ergebnis erhalten nur die leichtesten und einfachsten Projekte Aufmerksamkeit, und selbst diese Projekte schaffen es nicht in die Produktion.

Einige Teams zeigen ihr Scheitern, indem sie Datenprodukte erstellen, die für die Organisation keinen Wert haben. Um dieses Szenario zu erkennen, stellen Sie sich vor, Ihr Big-Data-Projekt würde verschwinden. Würde es jemanden kümmern? Hat jemand tatsächlich die Daten genutzt, oder hat der Cluster sich erweitert, um den Bedürfnissen des expandierenden Clusters gerecht zu werden?[2] Wenn die Big-Data-Initiative gestoppt

---

[2]Fans der Zivilisation werden dies als Anspielung auf das Oscar-Wilde-Zitat erkennen: „Die Bürokratie erweitert sich, um den Bedürfnissen der expandierenden Bürokratie gerecht zu werden."

werden kann und dies wenig bis keinen Einfluss hätte, ist das ein Signal dafür, dass die Big-Data-Initiative keinen Wert schafft.

Wie unterdurchschnittliche Projekte aussehen

Unterdurchschnittliche Organisationen sind von innen schwerer zu erkennen. Für Außenstehende ist es klar, wenn ein Team feststeckt. Die Teams haben nur Allerweltsprojekte oder inhaltslose, einfache Projekte in Produktion. Alles, was etwas schwieriger ist, schafft es nie in die Produktion.

Oft sind sich diese Teams nicht bewusst, dass sie unterdurchschnittlich sind. In meinen Interaktionen mit diesen Teams denken sie, dass sie wirklich gut oder sogar besser als andere Teams abschneiden. Nach genauerem Hinsehen ist jedoch klar, dass sie unterdurchschnittlich sind.

Unterdurchschnittliche und scheiternde Teams können auf verschiedene Weisen quantifiziert werden. Wie viele Datenprodukte sind in Produktion? Wie viele davon erfüllen genug Geschäftsanforderungen, um genutzt zu werden? Wie lange dauert es, etwas in Produktion zu bringen? Wann hat das Big-Data-Projekt begonnen und wie lange hat es gedauert, bis die ersten Datenprodukte veröffentlicht wurden? Teams, die Jahre brauchen, sind in der Regel unterdurchschnittlich. Teams, die nie etwas in Produktion bringen, scheitern.

Eine weitere Manifestation von Unterperformance ist ein Stopp beim Hinzufügen von neuen Technologien. Obwohl wir nicht mehr Technologien zum Zwecke des Lebenslaufaufbaus hinzufügen, werden sie häufig in gesunden Projekten benötigt, um den Wert zu steigern oder neue Anwendungsfälle zu bewältigen. Teams müssen diese neuen Technologien hinzufügen, weil sie ihre Fähigkeit zur Zielerreichung verbessern oder erweitern. Wenn Sie keine neuen Technologien hinzufügen, treten Sie wahrscheinlich auf der Stelle. Wenn Sie viele neue Projekte mit alten Technologien starten, machen Sie wahrscheinlich keinen effektiven Gebrauch von Ressourcen.

Eine weitere Manifestation von Unterperformance sind Beschwerden aus dem Geschäftsbereich, dass sie keinen Wert aus den Daten ziehen. Erfolgreiche Organisationen schöpfen den maximalen Wert aus ihren Daten, während unterdurchschnittliche Organisationen minimalen bis keinen Wert erzielen. Sie werden diese Beschwerde vom Unternehmen hören, weil dieses Kriterium am Ende zählt.

Schauen Sie schließlich, wie viel Sie für die Data Teams und die Hardware ausgeben. Wie viel ROI erhalten Sie tatsächlich aus Ihren Daten, Analysen und Erkenntnissen? Wenn Sie nicht einmal die Gewinnschwelle erreichen oder sogar Opportunitätskosten treffen, gibt es ein großes Problem. Höchstwahrscheinlich ist das Team im Verhältnis zu den ausgegebenen Geldern unterdurchschnittlich.

Was passiert, wenn ein Team fehlt

Um den Menschen zu helfen, den Beitrag jedes Teams unter dem Dach des Data Teams zu schätzen, bitte ich die Leute, sich vorzustellen, wie Data Teams aussehen würden, wenn dieses Team fehlte. Für Organisationen, die bereits ein Data Team gebildet haben, dem eines oder mehrere der von mir als entscheidend erachteten Teams fehlen, handelt es sich nicht um eine hypothetische Diskussion; das sind die Probleme, mit denen sie täglich konfrontiert sind.

- Wenn das Data-Engineering-Team fehlt, gibt es niemanden, der den Standpunkt eines Ingenieurs zur Erstellung von Datenprodukten einbringen kann. Im Grunde genommen machen die Data Scientists die gesamte Data-Engineering-Arbeit. Das Fehlen eines Data-Engineering-Teams bedeutet nicht, dass keine Data-Engineering-Arbeit geleistet wird. Die Last geht einfach auf die Data Scientists über, die dazu nicht so fähig sind, dies zu tun. Dies führt zu einem Berg von technischen Schulden, der behoben werden muss, wenn das Datenprodukt in den Produktionsgebrauch geht, und das ist teuer zu beheben. Das Fehlen des Data-Engineering-Teams hemmt die Erstellung von Datenprodukten, die den Anforderungen des Unternehmens gerecht werden. Es dauert ewig, bis Ergebnisse aus Datenprodukten vorliegen.

- Wenn das Data-Science-Team fehlt, ist die Fähigkeit der Organisation, Analysen zu erstellen, stark eingeschränkt: Analysen sind nur das, was ein Data Engineer, Business Intelligence oder Data Analyst aufbringen kann. Nur Data Scientists können fortgeschrittene Analysen wie maschinelles Lernen durchführen.

Ohne das Data-Science-Team kann die Organisation wahrscheinlich keine Analysen erstellen, die komplex genug sind, um eine Programmierung zu erfordern.

- Wenn das Operations Team fehlt, kann sich niemand auf die erstellten Datenprodukte verlassen. Heute funktionieren die Infrastruktur und Datenprodukte, und morgen nicht mehr. Nachdem sie vergeblich lange auf ein zuverlässiges Datenprodukt gewartet haben, werden die Verbraucher es einfach aufhören zu nutzen, weil sie sich nicht darauf verlassen können. Eine Organisation kann Entscheidungen nicht auf unzuverlässigen Datenprodukten basieren, die auf einer unzuverlässigen Infrastruktur laufen.

Nur mit allen drei Teams an Bord können Organisationen wirklich anfangen, Wert für das Unternehmen zu schaffen.

Den erzeugten Wert herausfinden

Es kann schwierig sein, den Wert zu ermitteln, der von Datenprodukten oder Data Teams erzeugt wird. Wenn ich versuche, diesen Wert zu messen, frage ich nicht die Data Teams selbst. Ich stelle fest, dass Data Teams eine rosigere Sicht auf den Wert haben, den sie erzeugen, als es gerechtfertigt ist. Für eine bessere und genauere Sichtweise stelle ich dem Unternehmen einige Fragen. Ich bitte sie, sich vorzustellen, dass wir das gesamte Datenprojekt abbrechen und die Data Teams entlassen. Mit diesen neu vernichteten Datenprodukten und Teams frage ich sie nach ihren Reaktionen. Als Antwort bekomme ich in der Regel eine von vier allgemeinen Antworten:

1. Das erste Szenario ist tatsächlich eines, in dem das Data Team den größten Wert schafft. Die Geschäftsführer werden ein vehementes „Auf keinen Fall!" geben. Das Unternehmen ist so sehr dagegen, Änderungen an dieser Lebensader von Daten vorzunehmen, die einen unglaublichen Geschäftswert schafft. Eine geringfügige Änderung oder die vollständige Entfernung der Teams würde ihre tägliche Nutzung von Datenprodukten und idealerweise die Entscheidungsfindung beeinflussen. Diese Projekte und Teams schaffen extremen Wert für das Geschäft.

2. Das zweite Szenario zeigt ein Projekt, das minimalen Wert schafft. Die Reaktion des Geschäftsführers ist „bäh". Seine Gleichgültigkeit zeigt, dass das Unternehmen die Datenprodukte nicht wirklich täglich nutzt.

3. Das dritte Szenario zeigt ein stagniertes Projekt, das keinen Wert schafft. Die Reaktion des Unternehmens auf eine vorgeschlagene Stornierung ist ein spöttisches oder schmerzhaftes „Welches Projekt?". In solchen Fällen haben die Manager dem Unternehmen versprochen, dass sie Daten nutzen könnten, um bessere Entscheidungen zu treffen, aber die Data Teams haben diesen Traum völlig unrealisiert gelassen. Das Unternehmen hat nie etwas in die Hand bekommen und konnte nie einen Wert erzielen.

4. Das vierte Szenario ist, wenn ein Projekt in der Planungsphase ist. Dem Unternehmen wurden neue Funktionen, Analysen und die Behebung von bisherigen Unmöglichkeiten versprochen. Es gibt eine große Erwartungshaltung vom Unternehmen, endlich das zu bekommen, was sie gefordert haben. Jetzt ist es an der Zeit, dass die Data Teams diese Versprechen einlösen

Indem ich mir die Reaktionen des Unternehmens ansehe, kann ich einen klareren Blick auf den Geschäftswert werfen ohne die Realitätsverzerrung, die entsteht, wenn man die Data Teams selbst fragt. Jedes Team sollte danach streben, den Wert der ersten Szenarioebene zu generieren. Wenn Ihr Team auf der zweiten oder dritten Ebene ist, ist dies ein Warnzeichen, dass das Team, die Kompetenzen oder ein anderer Teil bearbeitet werden müssen. Im vierten Szenario muss das Team sein Potenzial ausschöpfen und das Niveau des ersten Szenarios erreichen.

Probleme mit der Skalierung in Data Science

Ein Teil dessen, was die Wissenschaft von anderen Analysefunktionen unterscheidet, ist die Skalierung, mit der sie arbeiten. Diese Skalierung kann für ein Data-Science-Team verschiedene Dinge bedeuten. Es könnte bedeuten, dass ein Data Scientist sein Modell trainieren oder eine Entdeckung auf 1-PB-Daten durchführen muss. Es könnte bedeuten, dass die Modellbewertung skalieren muss, um an Hunderttausenden von Ereignissen pro Sekunde zu arbeiten. Diese Skalierung erfordert, dass Data Scientists die kleinen Datensysteme oder Technologien, an die sie möglicherweise gewöhnt sind, nicht verwenden können. Manchmal bedeutet es, dass ihre Algorithmen von einem, der nicht skaliert, zu einem wechseln müssen, der skaliert.

Die schiere Menge an Daten bringt Probleme mit sich, auf die man bei kleinen Skalen nicht stößt. In 1-PB-Daten ist es möglich – und sogar wahrscheinlich – dass es schlechte Daten gibt, Daten, die sich nicht an Grenzen halten, oder die völlig fehlgeformt sind. Dies stellt den Code des Data Scientists in den Mittelpunkt, da er das Gute von den falschen Daten aussortieren muss. Sie wollen nicht, dass ein Job, der 10 Stunden gelaufen ist, aufhört, weil der Data Scientist eine Überprüfung vergessen hat oder nicht defensiv genug programmiert hat.

Diese Skalierung ist es, die verteilte Systeme überhaupt erst ins Spiel bringt. Wenn wir bei einer bescheideneren Skalierung geblieben wären, könnten wir die kleinen Datentechnologien und Algorithmen verwenden, die wir schon immer verwendet haben. Diese Erkenntnis basiert auf der Definition von Big Data in Kapitel 1, die für das Management von entscheidender Bedeutung ist.

Automatisieren Sie so viel wie möglich

Wenn Ihre Organisation mäßige bis umfangreiche Datenmanipulationen manuell durchführt, kann dies ein Symptom dafür sein, dass den Data Engineers Programmierkenntnisse fehlen oder ein Werkzeug in der Data Pipeline fehlt. Wenn eine Aufgabe mehr als zweimal manuell durchgeführt wird, sollten Sie wirklich darüber nachdenken, wie Sie sie automatisieren können. Im Allgemeinen sollten Sie nach jeder Möglichkeit suchen, die Menschen aus der Schleife zu entfernen. Die Automatisierung wird die Reproduzierbarkeit der Ergebnisse und der Infrastruktureinrichtung erhöhen. Aufgrund eines Mangels an Werkzeugen und Programmierkenntnissen ist es möglich, dass ein Datenmanipulator diese Anforderung nicht erfüllen kann.

Wenn Sie die richtigen Schritte in Ihrem Unternehmen setzen, aber feststellen, dass die Teams immer noch manuelle Datenmanipulationen oder andere Schritte durchführen, müssen Sie möglicherweise zur Datenquelle zurückkehren und Druck ausüben, um die ursprünglichen Rohdaten oder die Bereitstellung des Datenprodukts zu verbessern. Dieses Problem könnte auftreten, wenn ein Datenanbieter, mit dem Sie zusammenarbeiten, kein Data-Engineering-Team hat, um eine ordnungsgemäße Data

Pipeline bereitzustellen. Ein anderes Mal könnten schlecht ausgesetzte Datenprodukte ein Problem mit einem internen Data-Engineering-Team sein, das behoben werden muss. Während einige Einzelanfertigungen für manuelle Schritte normal sind, sind zu viele Einzelanfragen für die gleichen manuellen Schritte ein Zeichen dafür, dass das Data-Engineering-Team nicht die Datenprodukte erstellt, die Ihr Unternehmen möchte oder benötigt. Dies könnte eine Lücke in Ihrem Datenproduktverbrauch aufdecken, die Sie füllen müssen. Anstelle von manuellen Einzelanfertigungen sollte ein ausreichend technisches Team in der Lage sein, seine eigenen Daten aus einem ordnungsgemäß ausgesetzten Datenprodukt selbst zu bedienen.

TEIL II

Ihr Data-Team aufbauen

Die erste Managementaufgabe in der Datenanalyse besteht darin, Personen mit den richtigen Fähigkeiten, sowohl technischen als auch organisatorischen, zu finden. Teams benötigen eine Vielzahl von Personen mit unterschiedlichen Fähigkeiten—von niemand kann erwartet werden, alles zu tun. Dieser Teil des Buches erklärt, wen Sie einstellen müssen.

Viele Organisationen halten an der Vorstellung einer Full-Stack-Person fest, die alles kann: maschinelles Lernen, Programmieren und das Aufrechterhalten des Betriebs in der Produktion. Diese Full-Stack-Personen gibt es, aber sie sind selten. Sie können viel Zeit damit verbringen, diese Personen zu suchen, und ihre Gehälter werden hoch sein.

Es gibt auch einen großen Unterschied zwischen Alles-zu-tun und Alles-*gut*-zu-tun. Einige Full-Stack-Personen können sich bei einem Problem durchschlagen, jedoch nur, indem sie Abstriche bei der Robustheit, Wartbarkeit oder Eignung für die Geschäftsanforderungen machen. Es ist schwierig für diese Leute, die blinden Flecken in ihren eigenen Fähigkeiten und Fertigkeiten zu sehen.

Manchmal kommt dieser Wunsch nach einer einzigen Person aus reinen Budgetgründen: Eine kleine Organisation kann entscheiden, dass sie sich nur eine hochqualifizierte Person leisten kann. Der Manager ist gezwungen, die eine Person auszuwählen, von der er glaubt, dass sie den größten Einfluss im Verhältnis zum Gehalt haben wird. Das Ergebnis ist in der Regel die Einstellung eines Data Scientists, von dem erwartet wird, dass er alles bewältigt.

Manchmal resultiert die Zurückhaltung, das Personal zu diversifizieren, aus dem Wunsch, die Schwierigkeiten bei der Koordination mehrerer Personen oder Teams zu vermeiden. Aber sich auf eine einzige Person zu verlassen, führt zu Problemen und Verzögerungen in den schwierigen Managementbereichen von Data Teams, die später bewältigt werden müssen. Die Bildung von Data Teams ist harte Arbeit. Die Politik, ein Team zu vermeiden, ist nicht skalierbar. Die Lösungen zur Bildung von Data Teams finden Sie auf den folgenden Seiten.

KAPITEL 3

Das Data-Science-Team

And all this science I don't understand
It's just my job five days a week

—„Rocket Man" von Elton John

Von den drei Teams, die ein modernes Data Team ausmachen, beginnen wir mit den Data Scientists, weil sie die Ergebnisse liefern, die ihre Organisationen zur Entscheidungsfindung nutzen. Die anderen beiden Teams existieren hauptsächlich, um mit den Data Scientists und sekundär mit anderen Teilen der Organisation zu arbeiten.

Das Ziel des Data-Science-Teams besteht darin, fortgeschrittene Analysen zu erstellen. Am oberen Ende des Spektrums könnten diese durch künstliche Intelligenz (KI) erzeugt werden, wobei maschinelles Lernen (ML) derzeit die gebräuchlichste Technik ist. Am unteren Ende werden diese Analysen aus fortgeschrittener Statistik und Mathematik erstellt. Andere Mitglieder des Data Teams können auch Statistik und Mathematik kennen, aber nicht auf dem anspruchsvollen Niveau, das für Data Science erforderlich ist.

Ein Data Scientist kombiniert daher ein fortgeschrittenes mathematisches und statistisches Hintergrundwissen mit Programmierkenntnissen, Fachwissen und Kommunikationsfähigkeiten, um Daten zu analysieren, angewandte mathematische Modelle zu erstellen und Ergebnisse in einer für die Organisation nützlichen Form zu präsentieren.

Einige Manager denken, dass Data Scientists die gesamte Wertschöpfungskette nützlicher Daten erstellen können, aber so funktionieren Big-Data-Pipelines nicht. Daten kommen roh aus vielen Quellen, wie Webserver-Logs, Sensoren und Verkaufsbelegen. Die Data Engineers sammeln und ordnen diese Daten in einer Form, die für Analysen nützlich ist, und Data Scientists erstellen die Modelle und Analysen, die Erkenntnisse liefern.

In diesem Kapitel werden wir darüber sprechen, was ein Data Scientist ist, welche Fähigkeiten er benötigt und tiefer in die Unterschiede zwischen Data Scientist und Data Engineer eintauchen. Wir werden auch diskutieren, wie Unternehmen Data Scientists rekrutieren und schulen können. Schließlich werden wir erklären, warum ein Data Scientist in der Lage sein muss, mit Unsicherheit umzugehen.

Außerdem sollte das Data-Science-Team nicht gebeten werden, die Dateninfrastruktur oder Software-Architekturen zu erstellen, die sie zur Erstellung der Datenprodukte, zur Entdeckung, zum Training der Modelle oder zur Bereitstellung dieser Modelle verwenden. Dies ist eher im Bereich des Data-Engineering-Teams. Darüber hinaus sind Data Scientists eine Rarität, die neben der Erstellung von Infrastrukturen noch viel zu tun haben. Daher sollte das Data-Science-Team auf die von dem Data-Engineering-Team erstellte Dateninfrastruktur und Software-Architektur angewiesen sein.

Dieses Kapitel basiert auf der Arbeit von Paco Nathan zum Aufbau von Data-Science-Teams.[1]

Welche Fähigkeiten werden benötigt?

Die Fähigkeiten, die in einem Data-Science-Team benötigt werden, sind:

- Mathematik
- Programmierung
- Verteilte Systeme
- Kommunikation
- Fachwissen

Dies sind sehr allgemeine Begriffe. Wir werden in den folgenden Unterabschnitten genauer betrachten, was sie speziell für einen Data Scientist bedeuten und warum sie wichtig sind.

Wir werden in den folgenden zwei Kapiteln sehen, dass das Data-Engineering-Team und die Operations Teams multidisziplinär sind. Es kann mehrere

---

[1]Sie können Building-Data-Science-Teams aus seiner Sichtweise ansehen: https://learning. oreilly.com/videos/building-data-science/9781491940983.

Stellenbeschreibungen geben. Im Gegensatz dazu besteht das Data-Science-Team nur aus Personen mit der Berufsbezeichnung Data Scientist – obwohl sie Fähigkeiten aufteilen und unterschiedliche Fähigkeitsniveaus haben können. Einige Organisationen erwarten, dass sie ihre Data Analysten und Business-Intelligence-Nutzer in das Data-Science-Team einbinden, aber das ist keine effektive Kombination. Die Data Analysten und Business-Intelligence-Nutzer sind Verbraucher der von den Data-Science- und Data-Engineering-Teams erstellten Datenprodukte.

DATA ANALYSTEN UND DATA SCIENCE

Nicht jedes Problem erfordert das anspruchsvolle technische Niveau und maschinelles Lernen, das ein Data Scientist bietet. In diesen Situationen kann die Zeit eines Data Scientists übertrieben sein. Es besteht jedoch immer noch ein Bedarf an beschreibender und diagnostischer Analytik, und Data Analysten können Big-Data-Technologien verwenden, um diese Fragen zu beantworten. Indem wir Data Analysten für diese Probleme einsetzen, können wir die Einschränkungen beseitigen, die durch die geringe Anzahl von Data Scientists entstehen, und die verfügbaren Data Analysten nutzen.

Wo passen Data Analysten in dieses neue Data-Teams-Organisationsmodell? Bei Moneysupermarket kombinieren wir tatsächlich Data Scientists und Data Analysten in funktionsübergreifenden Teams. Die Teams können viel mehr liefern ohne Hilfe von anderen Teams für ihren Bereich. Dies funktioniert sehr gut, um die Lieferung zu beschleunigen, Wissen zu verbreiten und zu schulen. Diese Interaktion zwischen Data Scientists und Data Analysten verbessert die technischen und analytischen Fähigkeiten des Data Analysten. Wir haben den Wechsel vom Data Analysten zum Data Scientist als Beförderungsweg gesehen, wenn Data Analysten ihre Programmier- und maschinellen Lernfähigkeiten verbessern.

—Harvinder Atwal, Autor, Technischer Gutachter und Chief Data Officer, Moneysupermarket

---

Mathematik

Ein Data Scientist sollte zumindest Algebra 2 oder die höchste mathematische Qualifikation auf internationalem Niveau abgeschlossen haben. Dieses Niveau der Mathematik würde die sehr grundlegenden mathematischen Fähigkeiten liefern. Am oberen Ende hätte ein Data Scientist einen Doktortitel in Statistik, Mathematik oder einem Fachgebiet mit umfangreichen mathematischen Hintergründen. Die Mehrheit der Data Scientists, mit denen ich interagiert habe, haben Doktortitel. Das bedeutet nicht, dass Nicht-Doktoranden keine Data Scientists sein können – aber sie müssen wirklich ihre mathematischen Fähigkeiten verbessern.

Da Universitätsprogramme, die sich auf Data Science konzentrieren, relativ jung sind, kommen viele Data Scientists aus anderen technischen Hintergründen, die stark in Mathematik und Statistik sind. Einige Disziplinen, die ich gesehen habe, bringen erfolgreiche Data Scientists hervor, wie Ökonomen, Physiker, Astronomen, Raketentechniker, und beinhalten biologische oder physische Wissenschaften wie Neurowissenschaften oder Chemie.

Wenn ein gesamtes Data-Science-Team nur Algebra 2 als höchstes Niveau der Mathematik abgeschlossen hat, wird das Data-Science-Team eingeschränkt sein. Das Team wird ein grundlegendes Verständnis der mathematischen Anforderungen haben, wird aber nicht in der Lage sein, auf das nächste Niveau des maschinellen Lernens vorzudringen, das eine eingehende mathematische Ausbildung erfordert.

Programmierung

Die meisten Data Scientists haben Anfänger- bis Mittelstufenprogrammierkenntnisse. Programmierfähigkeiten und -sprachen sind sehr unterschiedlich. Im Allgemeinen programmieren Data Scientists in Python und in geringerem Maße in Scala. Schließlich programmieren einige Data Scientists in R (dies ist schwieriger im großen Maßstab in der Produktion zu verwenden).

Ich habe festgestellt, dass die Mehrheit der Data Scientists sich das Programmieren selbst beigebracht hat. Wenn sie einen Programmierkurs besucht haben, dann war es ein Einführungskurs. Es ist ziemlich selten, dass ein Data Scientist einen profunden Informatik- oder Software-Entwicklungshintergrund hat. Vielmehr haben sie das Programmieren als Mittel zum Zweck erlernt, eine Ad-hoc-Methode, um eine Aufgabe zu erledigen, die der angehende Data Scientist sonst nicht hätte erledigen können.

Ein häufiger Grund für das informelle Erlernen der Programmierung ist, dass sie während ihrer Doktorarbeit etwas programmieren müssen. Dies erforderte einen Vorstoß in die Programmierung, den sie nutzten, und sie begannen, noch tiefer zu gehen. Bevor Sie es wissen, vermarkten sie sich als Data Scientists.

In diesem Zusammenhang hatten einige Leute eine Aufgabe, die die Verarbeitung eines riesigen Datensatzes erforderte. Auch hier war das Lernen ein Mittel zum Zweck. Wie könnten sie diesen großen Datensatz verarbeiten, um ihr Ziel zu erreichen? Sie werden einige Zeit damit verbringen, zu lernen, wie man ein verteiltes System verwendet. Einige haben diese Verarbeitung genossen und sind noch tiefer eingetaucht.

Ein Data Scientist kann sich in verschiedenen Stadien seiner technischen Karriere befinden. Er könnte am Anfang stehen, das Programmieren zu lernen, genug Codes geschrieben haben, um seine These zu vervollständigen, oder in einem Softwareentwicklungsteam bzw. mit einem Software Engineer (zusammen)gearbeitet haben. Dieses Stadium oder Niveau Ihrer Data Scientists zu kennen, ist entscheidend für Ihren Erfolg.

Verteilte Systeme

Einige Data Scientists wissen nichts über die Fähigkeiten, die erforderlich sind, um mit verteilten Systemen (wie Clustern) zu arbeiten, während andere bestenfalls mittlere Fähigkeiten haben. Verteilte Systeme und ihre Verwendung zur Erstellung von Analyse-Systemen sind der Punkt, an dem die Dinge wirklich kompliziert werden – meiner Schätzung nach 10- bis 15-mal komplexer als die Arbeit mit kleinen Daten.

Data Scientists müssen also genug über verteilte Systeme wissen, um ihre Arbeit zu erledigen. Dies ist der Bereich, in dem sie wahrscheinlich die meiste Hilfe von den Data Engineers benötigen werden. Das tatsächliche Niveau, auf dem Data Scientists verteilte Systeme verstehen müssen, hängt davon ab, wie gut die Data Engineers diese Komplexität für die Benutzer vereinfacht haben, und von der tatsächlichen Schwierigkeit des abgeleiteten Datenprodukts, das die Data Scientists erstellen.

Kommunikation

Data Scientists müssen in der Lage sein, ihre Ergebnisse mündlich mit dem Rest der Organisation und dem Team zu kommunizieren. Sie werden oft damit beauftragt, einem Geschäftskunden ihres Modells zu erklären, was es bedeutet, wie sie zu dieser Schlussfolgerung gekommen sind und ob sie glauben, dass ihre Schlussfolgerung mathematisch oder statistisch korrekt ist.

Unterschätzen Sie nicht die Bedeutung dieser Fähigkeit. Sie bestimmt letztendlich die Akzeptanz und Einführung der Modelle des Data-Science-Teams. Schlechte mündliche Kommunikation führt dazu, dass die Modelle als Black Boxes oder Magie angesehen werden. Hervorragende mündliche Kommunikation hilft den Menschen, die Algorithmen und das Denken auf hohem Niveau zu verstehen. Wirklich effektive Kommunikation vonseiten des Data Scientists schafft Vertrauen in die Datenprodukte und das erhöht die Akzeptanz.

Visuelle Kommunikation – wie Grafiken und Dashboards – ist auch ein wichtiger Teil der Vermittlung eines Punktes. Das Data-Engineering-Team schreibt normalerweise den Code oder erstellt diese Grafiken und Dashboards, aber der Data Scientist sollte ein Gefühl dafür haben, ob dies die wichtigen Punkte hervorhebt: zum Beispiel, ob man eine Skala bei null beginnen oder sich auf eine schmale Bandbreite konzentrieren sollte, um Daten hervorzuheben, und wie man die Schlüsseldimension hervorhebt, die die Organisation verfolgen sollte. Der Data Scientist kann diese Kriterien dem Designer oder Front-End-Ingenieur im Data-Engineering-Team erklären.

Domänenwissen

Ein Data Scientist kann keine Modelle für Geschäftsprobleme erstellen, die er nicht versteht. Sie werden es nicht auf dem Niveau eines Wirtschaftsexperten verstehen, aber sie müssen so viel wie möglich nachvollziehen.

Zum Domänenwissen gehören unter anderem folgende Fragestellungen:

Was kennzeichnet das Problem?

Zum Beispiel versuchen wir nur, Defekte in einigen Teilen unseres Produkts zu reduzieren? Oder ist die Reduzierung von Defekten Teil eines größeren Ziels, das wir auf andere Weise erreichen könnten?

Wie geeignet sind die Daten?

Angenommen, wir haben sechs Millionen Zeilen Kundendaten – wunderbar! Aber spiegeln sie wirklich unsere Kunden wider? Vielleicht schließt die Art und Weise, wie wir unsere Daten gesammelt haben, wie zum Beispiel durch Webbesuche, ältere oder einkommensschwächere Kunden aus, die einen wichtigen Teil unserer Kundschaft ausmachen.

Welche anderen Daten benötigen wir?

Dank Verbesserungen sowohl in der Hardware als auch in der Software, die Daten sammeln, kommen ständig neue Datenquellen online. Welche dieser potenziellen neuen Quellen können uns neue Erkenntnisse liefern?

Je besser das Domänenwissen, desto wahrscheinlicher ist es, dass das Modell das Geschäftsziel oder das Problem löst. Dieses Domänenwissen umfasst sowohl die Geschäftsseite als auch die Datenseite. Der Data Scientist muss die Daten und deren Beziehung zum Geschäftsdomänenwissen verstehen.

Technische Schulden in Data-Science-Teams

Data Teams, die an verteilten Systemen arbeiten, erzeugen fast unvermeidlich technische Schulden: ein allgemeines Konzept, das einen bestimmten Aufwand oder eine bestimmte Zeit angibt, die das Team später aufwenden muss, um das System auf die „richtige" Weise neu zu schreiben oder zu erstellen. Technische Schulden sind das Versprechen, dass „wir später zurückkehren und es richtig machen werden", aber allzu oft sind die Leute mit neuen Funktionen beschäftigt und kehren nie zurück. Technische Schulden können auch aus einer Amateurimplementierung oder -nutzung resultieren, die niemand als falsch oder suboptimal erkennt.

Wir haben gesehen, dass die meisten Data Scientists einen Anfängeransatz zur Programmierung haben. Damit einher geht eine Schwierigkeit, die Feinheiten der Softwareentwicklung zu verstehen und einzuhalten. Oft schreibt ein Data Scientist seinen Code, als ob er eine Gleichung ausdrücken würde. Das unterscheidet sich von der Art und Weise, wie Software Engineers Codes schreiben. Letztendlich verursachen Data Scientists mit Anfängerprogrammierkenntnissen und ohne Kenntnisse der Softwareentwicklung viele Probleme. Wir werden diese Probleme im Laufe dieses Kapitels und des Buches behandeln.

Die Schwächen in der Softwareentwicklung, unter denen die meisten Data Scientists leiden, äußern sich auf verschiedene Weisen. Einige Data Scientists unterliegen der „Oneitis" – das heißt, sie versuchen, jedes technische Problem mit der gleichen Technologie zu lösen, egal was passiert. Data Scientists neigen dazu, nicht zu wissen oder zu verstehen, welche Technologie für jede Aufgabe am besten geeignet ist. Zum Beispiel werden sie dasselbe verteilte System verwenden, auch wenn es für ihr Problem wirklich falsch oder suboptimal ist. Diese Schwäche wird auch durch die bekannte Metapher ausgedrückt, dass wenn man einen Hammer besitzt, alles wie einen Nagel behandelt.

Während der Entdeckungsphase müssen Data Scientists iterieren – und schnell. Wenn ein Data Scientist das falsche Werkzeug verwendet, wird er seine Fähigkeit, schnell zu iterieren, erheblich beeinträchtigen. Ich habe gesehen, wie Data Scientists die falschen Werkzeuge anwenden und sich selbst die Möglichkeit lassen, nur 20 Experimente pro Tag durchzuführen, wenn sie Tausende durchführen sollten. Als Ergebnis müssen sie entweder mit einer suboptimalen Lösung aufhören oder enorme Mengen an Zeit verschwenden.

Ehrlich gesagt, ist dies nicht die Schuld des Data Scientists. Es resultiert aus einem Missverständnis des Managements darüber, was ein Data Scientist ist und was er tun kann. Hier müssen die Data Scientists wirklich mit den Datenentwicklungsteams interagieren und sicherstellen, dass die Datenprodukte auf die Weise bereitgestellt werden, die die Data Scientists benötigen. Wenn Sie kein Datenentwicklungsteam haben, hat das Management niemanden zu beschuldigen als sich selbst.

Es gibt eine massive Diskrepanz zwischen dem, was ein Data Scientist denkt, dass er tun wird, und dem, was er tatsächlich tut. Dies wird exponentiell schlimmer, wenn Sie in der Organisation kein Datenentwicklungsteam haben. Der Data Scientist kommt mit dem Gedanken, dass er 99 % seiner Zeit mit der Arbeit an Data Science verbringen wird. Die harte Realität ist, dass Data Scientists weniger Zeit – manchmal viel weniger Zeit – mit dem verbringen, was sie wirklich tun wollen: Data Science.

Google hat ein Paper geschrieben, das die Diskrepanz hervorhebt[2], dass der überwiegende Teil der Zeit, des Aufwands und der Probleme vor allem mit den Umständen des maschinellen Lernmodells zu tun hat – nicht mit dem maschinellen Lernmodell selbst. Aus den Labels können Sie sehen, dass dies Aufgaben der Datenentwicklung sind, oder in einigen Organisationen eine Kombination zwischen den beiden Teams.

---

[2]Lesen Sie Googles vollständiges Papier unter https://papers.nips.cc/paper/5656-hidden-technical-debt-in-machine-learning-systems.pdf.

Dieser verborgene Fokus auf solide Softwareentwicklung ist oft sowohl für Data Scientists als auch für das Management eine Überraschung. Nach meiner Erfahrung verbergen Data-Science-Teams etwas oder sind sich der massiven Mengen an technischen Schulden, die sie geschaffen haben, nicht bewusst. Diese technischen Schulden resultieren aus wenig bis gar keinen Ingenieurkenntnissen von Data Scientists, die Systeme erstellen, die selbst für Software Engineers schwierig sind – aber im Bereich und Zuständigkeitsbereich von Datenentwicklern und den Systemen, die sie erstellen sollten. Diese technischen Schulden manifestieren sich als schreckliche Hacks und Workarounds. Diese Hacks gelangen in die Produktion und verursachen noch mehr Probleme.

Meine Diskussion über die Reise eines Data Scientists im Abschnitt „Programmierung" dieses Kapitels wiederholte mehrmals den Ausdruck „ein Mittel zum Zweck". Ich betonte diese Idee, weil das Erlernen der Programmierung oder das Einrichten eines verteilten Systems nicht der primäre Fokus der Data Scientists war. Ihr Hauptaugenmerk lag auf dem Gebiet der Mathematik. Die Programmier- und verteilten Systemkenntnisse dienten ihnen als Mittel, um ihr Ziel zu erreichen.

Es gibt einen signifikanten Unterschied zwischen jemandem mit oberflächlichen Kenntnissen oder gerade genug Kenntnissen und jemandem mit Expertenwissen. Dies gilt insbesondere für verteilte Systeme. Wenn ein Data Scientist Anfängersysteme oder -codes in die Produktion bringt, führt dies zu erheblichen Problemen. Unternehmen finden dies auf die harte Tour heraus.

Also ist Ihr Datenentwicklungsteam teilweise da, um dem Data-Science-Team bei den verteilten Systemen und der Programmierung zu helfen, die sie nicht so gut beherrschen. Eine tiefergehende Behandlung dieses Themas würde den Rahmen des Buchs sprengen. Wenn Sie mehr über die Unterschiede zwischen Data Scientists und Datenentwicklern erfahren möchten, lesen Sie meinen ausführlichen Aufsatz zu diesem Thema.[3]

Einstellung und Ausbildung von Data Scientists

Da die meisten Unternehmen Mitarbeiter haben, die einige der für einen Data Scientist erforderlichen Fähigkeiten besitzen, ist es verlockend, sie für Data-Science-Projekte einzusetzen. Aber denken Sie sorgfältig nach, bevor Sie dies tun.

---

[3]www.oreilly.com/content/why-a-data-scientist-is-not-a-data-engineer/

Die Hindernisse bei der Umschulung

Die Anreize für Umschulung sind zweifach. Erstens sind ausgebildete Data Scientists selten und die besten werden von Unternehmen, die sich auf Analysen spezialisiert haben, aufgeschnappt. Aus dem gleichen Grund sind sie auch teuer.

Der zweite Anreiz ist, dass viele Data Analysten, Datenbankadministratoren (DBAs) und Programmierer gerne in den Bereich der Data Science einsteigen würden. Sie sehen möglicherweise ihre alten Rollen schrumpfen und sind hochmotiviert, die neuen Fähigkeiten zu erlernen, die Sie benötigen.

Es scheint also eine Win-win-Situation zu sein, die Fähigkeiten Ihres bestehenden Personals zu verbessern. Leider habe ich festgestellt, dass dies schwer zu erreichen ist und oft scheitert. Die neuen erforderlichen Fähigkeiten unterscheiden sich einfach zu stark von den bestehenden, die das Personal in der Regel kennt. Je nach Team und dessen Grundfähigkeiten kann die Umschulung teuer sein und viel Zeit in Anspruch nehmen. Das Management muss sorgfältig abwägen, ob es ein ganzes Team bzw. einzelne Teammitglieder umschult oder sich für einen anderen Weg der Auslagerung entscheidet.

Ein typischer Beförderungsweg zum Data Scientist besteht darin, Data Analysten oder Mitarbeiter im Bereich Business Intelligence umzuschulen. Dies liegt daran, dass die Data Analysten über die mathematischen und statistischen Kenntnisse verfügen, um zu beginnen. Auf der Plusseite sollten diese Teams bereits ein Verständnis für den Geschäftsbereich und die Analyseprobleme haben, mit denen die Organisation konfrontiert ist. Allerdings wird nicht jedem in diesen Teams der Übergang von der bisherigen Berufsbezeichnung zu einem Data Scientist gelingen.

Diesen Teams fehlen vorwiegend die Programmierkenntnisse und sie haben selten Kenntnisse in verteilten Systemen. Es wird erhebliche Zeit und Mühe kosten, diese Fähigkeiten zu erlernen. Ich habe festgestellt, dass ein Mathematiker das Programmieren sehr anders sieht als ein Software Engineer oder ein Data Engineer. Sehr mathematikorientierte Menschen, die das Programmieren lernen, schreiben einen Code, der mathematische Probleme ausführt. Dies ist nicht der beste oder am besten wartbare Code.

Schließlich haben diese Teams oft keine maschinellen Lernmodelle erstellt. Den Teams muss beigebracht werden, wie man die Tools und Techniken zur Entwicklung und Bereitstellung von Modellen verwendet. Dies erfordert auch einen erheblichen Aufwand.

Einige Organisationen suchen in ihren Datenlager- oder DBA-Teams nach potenziellen Data Scientists, da diese Hintergründe in Daten und Analysen haben. Für DBAs bildet der Mangel an Programmierkenntnissen (außer SQL) und Software-Engineering-Fähigkeiten eine unüberwindlich hohe Barriere. Und die von Data Scientists verwendeten Tools, wie Spark für Streaming-Daten und Kubernetes für die Ressourcenzuweisung, sehen den von ihnen verwendeten Tools überhaupt nicht ähnlich.

Für Programmierer sind Mathematik und Statistik hohe Hürden.

So schwer es auch sein mag, es Ihrem bestehenden Personal zu erklären, Data Scientists sollten unter jenen eingestellt werden, die bereits mindestens eine mäßig starke Kombination der in dem Abschnitt „Welche Fähigkeiten werden benötigt?" dieses Kapitels aufgeführten Fähigkeiten besitzen.

Der schlimmste Fehler ist es, die Einstellung neuer Ressourcen zu überspringen, um sich auf das bestehende Team zu verlassen. Nur ein Team umzubenennen, das tatsächlich nicht als Data-Science-Team qualifiziert ist, täuscht niemanden. Es stellt Ihre Organisation und Ihr Team auf einen Misserfolg ein.

Verbesserung der Fähigkeiten von Data Scientists

Andererseits helfen Organisationen oft ihren Data Scientists, ihre Fähigkeiten zu verbessern. Im Allgemeinen erstreckt sich diese Verbesserung auf die primären Fähigkeiten, die absolut notwendig sind, aber oft fehlen oder unzureichend sind.

Um ihre mathematischen und maschinellen Lernfähigkeiten zu verbessern, sollten Data Scientists Forschungsarbeiten lesen. Viele Data Scientists tun dies bereits, aber das Management sollte den Wert davon erkennen und Zeit für Data Scientists einplanen, um dies zu tun.

Ähnlich hilfreich ist tatsächlich der Besuch von Konferenzen. Es gibt spezielle Konferenzen für Data Scientists oder Themen der Data Science. Diese Konferenzen geben Beispiele für den realen Einsatz von maschinellem Lernen, während Forschungsarbeiten einen eher akademischen Blick auf das Neue bieten. Data Scientists sollten diese Konferenzen nutzen, um aus den Erfahrungen anderer zu lernen und innovativere Lösungen für die Probleme ihrer eigenen Organisation zu finden.

Normalerweise sind die Bereiche, in denen Data Scientists am meisten fehlen, die Programmierung und verteilte Systeme. Sie in diesen Bereichen zu schulen, kann die größte Verbesserung ihrer Produktivität bringen, führt aber auch zum Risiko

abnehmender Erträge. Es gibt definitiv ein glückliches Mittelmaß für diese
Verbesserung.

Anders ausgedrückt, wenn ein Data Scientist ein absoluter Anfänger in verteilten
Systemen ist, gibt es einen Wert – wahrscheinlich einen erheblichen – für die
Verbesserung ihrer Kenntnisse dort. Es hilft dem Data Scientist, selbstständiger zu sein
und das Data-Engineering-Team in Ruhe zu lassen. Andererseits, wenn ein Data
Scientist bereits ziemlich geschickt mit verteilten Systemen umgehen kann, bringt das
weitere Lernen eines verteilten Systems möglicherweise keinen Nutzen. Weitere
Schulungen könnten ihnen nur fortgeschrittene Konzepte oder Anwendungsfälle
beibringen, die sie nie umsetzen oder ausführen können.

Finden von Data Scientists

Die meisten Unternehmen müssen Data Scientists rekrutieren, entweder um ein neues
Team zu gründen oder um die Größe eines bestehenden Teams zu erhöhen.

Es gibt nicht viele Programme für Data Scientists an Universitäten. Und oft sind diese
Universitätsprogramme in ihrem Umfang begrenzt und akademisch ausgerichtet statt
auf die Industrie, sodass sie das wirkliche Alltagsleben eines Data Scientists nicht
widerspiegeln.

Es gibt auch kommerzielle und Bootcamp-Programme. Die Leute, die aus diesen
Programmen kommen, variieren in ihrer Fähigkeit, in einem Team produktiv zu sein.
Denken Sie bei der Einstellung daran, dass Sie, selbst wenn Sie jemanden finden, ihm
möglicherweise viel beibringen müssen und Geduld aufbringen müssen.

Die meisten dieser Programme können also nicht alles abdecken, was für die
tägliche Arbeit eines Data Scientists wirklich erforderlich ist. Die Einstellung aus diesen
Programmen ist eher eine Investition, bei der Sie darauf vertrauen, dass die Person, die
Sie ausgewählt haben, wachsen kann und das Potenzial hat, die nächste Stufe zu
erreichen.

Die Rekrutierung von externen und internen Talenten wird schwierig sein. Es besteht
eine große Nachfrage nach Data Scientists aller Erfahrungsstufen. Stellen Sie sicher, dass
Sie mit der Rekrutierung beginnen, lange bevor Sie die Person tatsächlich benötigen. Sie
benötigen möglicherweise eine Vorlaufzeit von 6 bis 12 Monaten, um jemanden
einzustellen. Oft haben die Kandidaten mehrere Angebote und eine Stellenzusage
bedeutet nicht, dass die Person der Organisation beitreten wird.

Denken Sie daran, dass nicht jeder, der ein möglicher Data Scientist ist, diesen Titel hat, einen Abschluss in Mathematik hat oder aus einem spezifischen mathematikorientierten Hintergrund kommt. Einige dieser Data Scientists werden aus der Welt der Naturwissenschaften kommen.

Viele meiner Kunden und andere Unternehmen hatten Erfolg mit Absolventen der Naturwissenschaften. Sie sind Menschen, die programmieren und einige verteilte Systeme lernen mussten, um ihre berufliche Arbeit oder akademische These zu erledigen. Ein Großteil dieser Arbeit bestand darin, Daten zu beschaffen, Daten zu analysieren und Entscheidungen auf der Grundlage von Daten zu treffen. Dies ist genau die Art von Arbeit und Datenverarbeitung, die Data Scientists tun.

Die Bedürfnisse von Data Scientists erfüllen

Das Management von Data Scientists bringt einige einzigartige und herausfordernde Veränderungen für Data Teams mit sich. Dies resultiert hauptsächlich aus einer Disziplin, die vergleichsweise neu ist und nicht vollständig in eine Kategorie oder eine andere fällt. In gewisser Weise fällt Data Science in eine eigene Kategorie, übernimmt aber dennoch Ideen und Techniken aus anderen Disziplinen. Dieses Ausleihen macht die Verwaltung eines Data-Science-Teams schwierig. Hier sind einige Dinge, die Sie wissen sollten:

- Die Mehrheit der Data Scientists hat noch nie große Programme geschrieben, gemessen entweder in Codezeilen oder in systemischer Komplexität.

- Data Scientists haben möglicherweise noch nie in einem Unternehmen oder einer großen Organisation gearbeitet und kennen nicht alle Probleme, die mit der Arbeit in einer großen Organisation einhergehen.

- Viele Data Scientists kommen aus dem akademischen Bereich, haben gerade erst einen Doktortitel erworben oder in der Wissenschaft gearbeitet, und dies ist ihre erste nicht akademische Stelle.

- Viele Data Scientists haben sich das Programmieren selbst beigebracht, haben aber noch nie in oder mit einem professionellen Softwareentwicklungsteam gearbeitet.

- Einige Data Scientists überschätzen ihre Fähigkeiten in der Technik und Programmierung.

- Einige Data Scientists unterschätzen die Schwierigkeit der Datenverarbeitung, insbesondere in Bezug auf die Komplexität, die mit verteilten Systemen verbunden ist.

- Einige Data Scientists haben noch nie mit den unordentlichen und unvollkommenen Datensätzen der realen Welt gearbeitet.

In Anbetracht dessen, dass Data Scientists nicht in die vorgefertigten Kategorien einer Organisation passen, muss das Management für Data Teams Zugeständnisse machen und Überlegungen anstellen.

Einführung von Software-Engineering-Praktiken

Manchmal betrachten sich Data Scientists fälschlicherweise als Programmierer oder Data Engineers. Schließlich erstellen Data Scientists Software. Obwohl ein Data Scientist gelegentlich die Regeln und Best Practices des Software Engineerings lernt, die mit der Erstellung von Codes einhergehen, verstehen die meisten Data Scientists nicht, was benötigt wird.

Einige Engineering-Best-Practices sind absolute Mindestanforderungen, während andere gut zu haben, aber entbehrlich sind. Um ein Beispiel zu nennen, betrachte ich die Quellcodekontrolle als absolute Mindestanforderung für ein Data Science Team. Sie benötigen eine Quellcodekontrolle, um nachzuvollziehen, wie sich der Code ändert, wenn Sie einen Fehler einführen, um einen sicheren Ort für den Quellcode zu bieten, um die Codeüberprüfung zu ermöglichen und um mehreren Personen die Arbeit am Code mit minimaler Reibung zu ermöglichen.

Auf der anderen Seite betrachte ich kontinuierliche Integration und kontinuierliche Bereitstellung nur als einen schönen Prozess, den man erfahren kann. Einige Data-Science-Teams haben dies implementiert, und es hilft definitiv. Es ist auch etwas, das die Mehrheit der Data Scientists nicht weiß, wie man es einrichtet oder betreibt. Dies wäre ein Bereich, in dem das Data-Engineering-Team nützlich sein kann, um den Prozess einzurichten und den Data Scientists zu zeigen, wie man ihn verwendet.

Im Allgemeinen lieben Software Engineers und Data Engineers Regeln und Ordnung. Data Scientists haben das Gefühl, dass Data Engineers dazu neigen, Dinge zu verkomplizieren und zu überkonstruieren. Diese Wahrnehmung führt dazu, dass Data Scientists sich gegen das wehren, was sie als Regeln wahrnehmen, die sie verlangsamen und die Experimentierung verhindern. Es gibt wirklich einen quantifizierbaren Unterschied in der Persönlichkeit zwischen Data Scientists und Data Engineers. Aufgrund dieses Unterschieds muss das Management wissen, dass es sich entscheiden muss, welche Best Practices zu fordern sind. Die Durchsetzung jeder Best Practice wird dazu führen, dass die Data Scientists Widerstand leisten.

Zu viel Prozess hemmt den Fortschritt

Es ist schwierig, etwas wie Data Science in eine Schublade zu stecken, weil es wirklich Disziplinen umfasst. Data Science liegt irgendwo zwischen Wissenschaft und Software Engineering. Darüber hinaus ist Data Science ein inhärent kreativer Prozess. Eine zu starke Prozessorientierung wird die Kreativität der Data Scientists hemmen. Andererseits könnte ein Mangel an Prozessen das Data-Science-Team zu einem unverantwortlichen Freifahrtschein machen.

Die Aufgabe des Managements besteht darin, das goldene Mittelmaß mit gerade genug Prozess zu finden. Sie müssen herausfinden, welche Methoden ausreichen, um das Chaos in Schach zu halten. Denken Sie daran, dass nicht jedes auftretende Problem eine schwergewichtige Regel benötigt, um zu verhindern, dass es jemals wieder passiert.

Manchmal bitten Manager ein Team, Prozesse von anderen Teams zu kopieren oder erlassen eine organisationsweite Anordnung, eine bestimmte Methode zu verwenden. Diese Art von rigorosen Software-Engineering-Prozessen kann gut für das Data Engineering funktionieren, aber nicht so gut für das Data-Science-Team. Es ist wichtig zu verstehen, wie sich Data-Science-Projekte von Software Engineering unterscheiden.

In Engineering-Prozesse wird auf präzise Ergebnisse gesetzt, die immer in einem spezifischen Artefakt resultieren, sei es ein ganz neues Produkt, eine Fehlerbehebung oder ein neues Produktmerkmal. Aber Data-Science-Projekte sind offen. Es gibt mehrere mögliche Ergebnisse für ein Data-Science-Projekt, die eher Forschung als Engineering ähneln. Als Ergebnis gleichen die Erkenntnisse jenen der Forschung. Ein völlig machbares Ergebnis für ein Data-Science-Projekt ist es, die Hypothese zu widerlegen. In dieser Situation gibt es kein tatsächliches Artefakt oder Lieferergebnis, und die Data Scientists selbst haben nicht versagt. Sie haben einfach bewiesen, dass ein Vorschlag nicht funktioniert.

Als weiteres Beispiel für ein Problem ist, dass einige Organisationen versuchen, ihren Data Scientists ein Scrum-Projektmanagement-Framework aufzuzwingen. Dies erfordert von einem Data Scientist die Verwendung eines Frameworks, das nicht dafür ausgelegt ist, seine Art von Arbeit zu bewältigen.

In den meisten Fällen möchten Manager einfach nur den Status eines Projekts oder wissen, woran der Data Scientist arbeitet. Organisationen können oft gedeihen, indem sie nur genug Prozesse erlassen, um Ergebnisse oder Status zu verstehen und zu berichten.

Dieses Gleichgewicht zu finden, könnte bedeuten, andere Manager und Teile der Organisation über die Natur der Data Science aufzuklären. Sie könnten erwarten, dass Data Science näher an einer Business-Intelligence-Funktion arbeitet, wo Daten hereinkommen und Berichte herausgehen. Sie könnten erwarten, dass Data Science wie ein Software-Engineering-Team funktioniert, bei dem kontinuierlich an Software gearbeitet wird und (zumindest theoretisch) mit konsistenten Software Releases. Stattdessen müssen Organisationen möglicherweise verstehen, dass das Data-Science-Team eher wie in der Forschung arbeitet, mit Zeit- und Datenangabe sowie einem unbekannten Ergebnis, das sich in einem unbekannten Zeitrahmen ergibt. Um Forschungsprojekte zu bekämpfen, die ewig dauern könnten, setzen einige Organisationen ihre Forschung zeitlich fest. Mit einer Zeitbegrenzung wird der Forscher nach einem bestimmten Maß an unproduktiver Zeit zu etwas anderem übergehen.

KAPITEL 4

Das Data-Engineering-Team

Looking for a man with a focus and a temper
Who can open up a map and see between one and two

—„Teen Age Riot" von Sonic Youth

Ein Data-Engineering-Team ist verantwortlich für die Erstellung von Datenprodukten und der Architektur zur Erstellung von Datenprodukten. Diese Datenprodukte sind tatsächlich das Lebensblut des restlichen Unternehmens. Der Rest der Organisation konsumiert entweder diese Datenprodukte – sie leiten Erkenntnisse ab, die die Planung vorantreiben – oder sie erstellt derivative Datenprodukte für die weitere Verwendung.

Auf der Architekturseite liegt es am Data-Engineering-Team, Data Pipelineszu erstellen. Eine Data Pipeline ist ein Prozess, um Rohdaten zu erfassen und sie so zu transformieren, dass sie von der gesamten Organisation nutzbar werden. Um diese Aufgabe zu erfüllen, muss das Data-Engineering-Team die richtigen Technologien für die Daten und die Anwendungsfälle auswählen: zum Beispiel, in welchem der vielen verfügbaren Datenspeicher die Daten abgelegt werden sollen, welches Nachrichtenwarteschlangensystem zur Datenweitergabe verwendet werden soll und so weiter.

Der Data Engineer muss auch die Daten in nutzbaren Formaten pflegen, wobei er die Tendenz sowohl zur Veränderung der Datenform als auch zur Unternehmensnachfrage nach diesen Daten berücksichtigen muss.[1] Data Pipelines benötigen auch Systeme, auf denen sie laufen können, entweder vor Ort oder in der Cloud, und diese Systeme müssen stark skalierbar sein.

---

[1]Lesen Sie meine und andere Ansichten zu Data Pipelines in meinem Blogbeitrag „Was ist eine Data Pipeline?" (www.jesse-anderson.com/2018/08/was-ist-eine-datenpipeline/).

Data Pipelines werden mit den APIs der verschiedenen Tools, die sie aufrufen, codiert. Daher ist auch das Schreiben und Testen dieses Codes Aufgabe des Data-Engineering-Teams. Es liegt in der Verantwortung des Data Engineers, die notwendige Programmierung zu beherrschen und die verteilten Systeme zu verstehen, mit denen er umgeht. Das Data-Engineering-Team ist verantwortlich für die Validierung der von seiner erstellten Architektur und dafür, den Benutzern zu versichern, dass sie angemessen skaliert wird. Daher sind robuste Software-Engineering-Techniken wie Continuous Integration und Continuous Delivery (CI/CD) ebenfalls Teil des Fähigkeiten-Sets. Ohne eine robuste Architektur und Dateninfrastruktur wird das Projekt unterdurchschnittlich abschneiden oder ohne Erfolg sein.

Das Team besteht nicht nur aus Data Engineers. Im Gegensatz zum Data-Science-Team im vorherigen Kapitel ist das Data-Engineering-Team funktionsübergreifend, und es werden andere Berufsbezeichnungen im Team in Verwendung sein. Data Engineers werden dominieren, aber andere Personen, wie Front-End-Ingenieure oder Grafikdesigner, werden sie ergänzen.

Ein Data Engineer ist also ein Software Engineer mit spezialisierten Fähigkeiten in der Erstellung von skalierbaren, produktionserprobten Lösungen rund um Big Data.

In diesem Kapitel werden wir uns ansehen, was ein Data Engineer ist und welche Fähigkeiten er benötigt. Wir werden auch mehr über die multidisziplinäre Zusammensetzung dieses Teams sprechen und Ratschläge geben, was zu tun ist, wenn Sie bestehendes Nicht-Data-Ingineering-Personal in ein Data-Engineering-Team einbringen müssen. Wir werden auch Missverständnisse über die Beziehungen zwischen Data Engineering und Data Warehousing und zwischen Data Engineering und Data Wrangling klären.

Welche Fähigkeiten werden benötigt?

Ein Hintergrund in der Softwareentwicklung wird für einen Data Engineer dringend empfohlen. Softwareentwicklung ist eine grundlegende Disziplin für diese Rolle, und jemand, der nicht in der Gestaltung großer Softwaresysteme ausgebildet wurde, wird wahrscheinlich fragile und schwer zu wartende Lösungen erstellen.

Data Engineers haben ihre Softwareentwicklung weiter spezialisiert, um sie auf Big Data und verteilte Systeme anzuwenden. Während ihrer kleinen Daten- und Softwareentwicklungstage haben sie möglicherweise begonnen, umfangreiches Multithreading oder Client-Server-Systeme durchzuführen. Dieser Hintergrund ist vorteilhaft, wenn ein Data Engineer beginnt, an verteilten Systemen zu arbeiten. Sie sind nicht zu 100 % gleich, aber die Erfahrung dient als Grundlage für das Lernen.

Data Engineers haben auch ein Interesse an Daten selbst. Einige würden so weit gehen zu sagen, dass sie eine Liebe zu Daten haben – und ich würde zustimmen. In ihrer Vergangenheit haben diese Software Engineers möglicherweise selbst die Initiative ergriffen, Analysen zu erstellen oder Anstrengungen zu unternehmen, um Daten zu erfassen, die Ihr durchschnittlicher Software Engineer nicht tun würde. Sie erkennen die Bedeutung und den Wert von Daten.

In Data-Engineering-Teams sind eher ältere Mitarbeiter vertreten. Das heißt nicht, dass Data-Engineering-Teams nie junge Leute haben. Es ist eher so, dass Data Engineers durch die Reihen der Software Engineers gekommen sind, sodass die Teams Menschen einschließen sollten, die mittlere oder höhere Software Engineers waren. Junior-Mitglieder eines Data-Engineering-Teams haben oft einen Master- oder höheren Abschluss, oder sie haben sich zuvor auf eine Form von verteilten Systemen oder Big-Data-Projekten spezialisiert.

Häufiger als in der Softwareentwicklung treffen Data Engineers auf unvermeidliche Kompromisse, die mit der Skalierung einhergehen. Zum Beispiel besagt eine feste Regel der Softwareentwicklung, dass alle Daten an einem einzigen Ort (normalisiert) mit einer einzigen Technologie gespeichert werden sollen. Am häufigsten speichern Software Engineers ihre Daten in einer relationalen Datenbank auf völlig normalisierte Weise. Bei der Erstellung eines Systems in großem Maßstab sind die Daten bereits zusammengefügt (denormalisiert) und in mehreren verschiedenen Technologien gespeichert, die für bestimmte Anwendungsfälle vorgesehen sind.

Ein Software Engineer könnte das Bedürfnis verspüren, sich an Best Practices zu halten, die auf kleiner Skala gut etabliert sind, aber das funktioniert nicht gut auf einer großen Skala. Ein Data Engineer muss verstehen, wann er sich an die Best Practices halten kann und wann es sinnvoll ist, von ihnen abzuweichen, um Geschwindigkeit zu erreichen oder eine höhere Skalierbarkeit zu liefern.

Relationale Datenbanken und Data Warehouses werden in absehbarer Zukunft Teil der Datensätze der Organisation bleiben. Daher sollten auch einige herkömmliche SQL-Fähigkeiten Teil des Werkzeugkastens des Data Engineers sein.

Die folgenden Unterabschnitte gehen detailliert auf die Fähigkeiten ein, die in einem Data-Engineering-Team benötigt werden:

- Verteilte Systeme
- Programmierung
- Analyse
- Visuelle Kommunikation
- Mündliche Kommunikation
- SQL
- Schema
- Domänenwissen
- Andere wichtige Fähigkeiten

Während die Mehrheit des Data-Engineering-Teams starke Programmier- und verteilte Systemfähigkeiten haben muss, müssen die anderen Kompetenzen nicht von jeder einzelnen Person im Team erfüllt werden. Abhängig von den Anwendungsfällen und Datenprodukten können diese zusätzlichen Fähigkeiten von einer Person oder einigen Personen im Team übernommen werden.

Verteilte Systeme

Verteilte Systeme sind schwierig. Sie nehmen viele verschiedene Computer und lassen sie zusammenarbeiten. Dies erfordert, dass Systeme anders gestaltet werden. Sie müssen planen, wie Daten zwischen diesen Computern bewegt werden.

Da ich viele Jahre lang verteilte Systeme unterrichtet habe, weiß ich, dass es Zeit braucht, dies zu verstehen und richtig zu machen.

Data Engineers benötigen mittlere bis fortgeschrittene Fähigkeiten, um verteilte Systeme zu erstellen und zu nutzen. Einige dieser Fähigkeiten umfassen das Verständnis von Ressourcenzuweisung und Netzwerkbandbreitenanforderungen, das Erstellen von virtuellen Maschinen und Containern, Replikation, das Partitionieren von Datensätzen und Nachrichtenwarteschlangen und den Umgang mit Ausfällen und Fehlertoleranz.

Programmierung

Die Data Engineers in Ihrem Data-Engineering-Team sind damit beauftragt, den Code zu schreiben, der den Anwendungsfall auf dem Big-Data-Framework ausführt, daher müssen sie versierte Programmierer sein.[2]

Der tatsächliche Code für Big-Data-Frameworks ist nicht knifflig. Normalerweise besteht die größte Schwierigkeit darin, alle verschiedenen Technologien im Griff zu behalten. Bei kleinen Daten müssen Programmierer normalerweise nur eine bis drei Technologien kennen. Die Programmierer in Data-Engineering-Teams müssen 10 bis 30 verschiedene verteilte Systeme oder Datentechnologien kennen: die APIs, Architekturen und Anwendungen jeder Technologie.

Mit Programmierung meine ich nicht nur Kenntnisse der Syntax. Die Data Engineers sind auch verantwortlich für kontinuierliche Integration, Unit-Tests und Engineering-Prozesse. Diese Bedürfnisse werden oft missverstanden und fehlen in Teams. Manchmal vergessen Data-Engineering-Teams, dass sie immer noch Software Engineering betreiben und handeln, als hätten sie ihre Software-Engineering-Grundlagen vergessen. Diese Anforderungen werden nicht weniger – tatsächlich sind sie aufgrund der schieren Komplexität von Big-Data-Problemen wichtiger denn je.

Bevor ein Data Engineer ein Problem behebt, sollte er einen Unit- oder Integrationstest schreiben, der den Fehler oder Fehlerzustand simuliert. Dieser Unit-Test sollte zunächst fehlschlagen, was das Vorhandensein eines Problems bestätigt, und dann bestehen, sobald der Data Engineer das Problem behoben hat. Ohne umfangreiche Unit-Tests oder Integrationstests wird das Data-Engineering-Team nicht wissen, welche anderen Probleme durch die Behebung des ersten Problems entstanden sein könnten.

---

[2]In diesem Fall bedeutet Programmiersprache eine prozedurale Sprache wie Java, Python oder Scala. Data Engineers sollten SQL zusätzlich zu einer prozeduralen Sprache kennen. Data Engineers oder andere SQL-fokussierte Personen, die nur SQL kennen, müssen eine prozedurale Sprache lernen, und das wird eine schwierige und zeitaufwendige Aufgabe sein.

Analyse

Ein Data-Engineering-Team muss einige Datenanalysen als Datenprodukt bereitstellen. Analytische Fähigkeiten ermöglichen es dem Team, diese analytischen Datenprodukte zu erstellen. Diese Analyse kann von einfachen Zählungen und Summen bis zu komplexeren Produkten reichen, die neue Dimensionen aus Daten extrahieren.

Das tatsächliche Fähigkeitsniveau kann in Data-Engineering-Teams dramatisch variieren; es hängt völlig vom Anwendungsfall und der Organisation ab. Der schnellste Weg, um das für die Analyse benötigte Fähigkeitsniveau zu beurteilen, besteht darin, die Komplexität der Datenprodukte zu betrachten. Sind sie relativ einfach oder beinhalten sie Gleichungen, die die meisten Programmierer nicht verstehen würden?

Manchmal ist ein analytisches Datenprodukt ein einfacher Bericht, der an eine andere Geschäftseinheit weitergegeben wird. Dies könnte mit so etwas Einfachem wie SQL-Abfragen durchgeführt werden. Fortgeschrittenere Analysen werden vom Data-Science-Team kommen.

Visuelle Kommunikation

Ein Data-Engineering-Team muss seine Datenprodukte visuell kommunizieren. Dies ist oft der beste Weg, um zu zeigen, was mit Daten passiert – insbesondere wenn es außergewöhnlich große Mengen davon gibt – damit andere die Ergebnisse leicht nutzen können. Sie müssen Daten normalerweise über die Zeit und mit Animationen darstellen. Diese Funktion verbindet Programmierung und Visualisierung.

Ein Teammitglied mit visuellen Kommunikationsfähigkeiten wird Ihnen helfen, eine grafische Geschichte mit Ihren Daten zu erzählen. Sie können die Daten nicht nur auf logische Weise, sondern auch mit der richtigen Ästhetik darstellen.

Die meisten Software Engineers und Data Engineers sind nicht für ihre grafischen Fähigkeiten und schönen Benutzeroberflächen bekannt. Sie können unzählige Stunden und Ressourcen darauf verwenden, einen Data Engineer dazu zu bringen, seine künstlerischen Fähigkeiten zu verbessern. Oder Sie könnten einen Front-End-Ingenieur in das Data-Engineering-Team einsetzen, um die kundenorientierten Daten korrekt aussehen und handeln zu lassen.

Wie gehen Sie mit dem Mangel an Verständnis um, den der Front-End-Ingenieur wahrscheinlich haben wird, wenn es um die Daten und deren Erzeugung geht? Lassen Sie den Front-End-Ingenieur mit dem Data Engineer zusammenarbeiten, um zu verstehen, woran sie arbeiten. Der Data Engineer könnte einen Code schreiben, der die Daten auf eine Weise abruft, mit der der Front-End-Ingenieur beginnen kann zu arbeiten. Eine andere Möglichkeit besteht darin, dass die beiden Personen für eine Weile gemeinsam programmieren.

Wie Sie im Abschnitt „Kommunikation" in Kap. 3 gesehen haben, muss auch das Data-Science-Team visuelle Kommunikation einsetzen. Je nach Menge der zu erledigenden Front-End-Arbeit könnte die Zeit des Front-End-Ingenieurs zwischen dem Data-Science- und dem Data-Engineering-Team aufgeteilt werden. Alternativ könnte die gesamte Front-End-Arbeit für Daten ausschließlich in den Zuständigkeitsbereich des Data-Engineering-Teams fallen. In diesem Fall würde dieses Team einen vordefinierten Teil der Front-End-Datenarbeit dem Front-End-Ingenieur zuweisen.

Mündliche Kommunikation

Das Data-Engineering-Team ist der Knotenpunkt, an dem viele Speichen der Organisation zusammenlaufen. Sie benötigen Personen im Team, die mündlich mit den anderen Teilen Ihrer Organisation kommunizieren können. Diese Fähigkeit wird normalerweise von einem Data Engineer oder Architekten erfüllt, da ein tiefgehendes Verständnis der technischen Probleme, der Daten und der Interessen und bevorzugten Terminologie der Benutzer erforderlich ist.

Ihr mündlicher Kommunikator ist dafür verantwortlich, anderen Teams dabei zu helfen, die Big-Data-Plattform oder Datenprodukte erfolgreich zu nutzen. Sie müssen diesen Teams auch mitteilen, welche Daten verfügbar sind. Einige Data-Engineering-Teams agieren wie interne Lösungsberater.

Diese Fähigkeit kann den Unterschied ausmachen zwischen einer zunehmenden internen Nutzung des Clusters und der Verschwendung der Arbeit. Ohne einen internen Evangelisten oder jemanden, der kohärent über die Datenprodukte sprechen kann, werden die Daten möglicherweise nie verwendet.

SQL

Die Ergänzung eines Teams mit einem Datenbankadministrator (DBA) hilft dem Team, seinen Bedarf an SQL-Kenntnissen zu erfüllen. Ein SQL-Experte kann auch in einer viel späteren Phase des Data-Engineering-Lebenszyklus helfen. Sobald die Daten und die Dateninfrastruktur vorhanden sind, werden die meisten, wenn nicht alle Daten, mit

einer SQL-Schnittstelle freigegeben. Zu diesem Zeitpunkt können die auf SQL
fokussierten Personen anfangen, einen Mehrwert zu liefern. Dies berücksichtigt auch
Situationen, in denen andere, normalerweise Geschäftsteams, nicht in der Lage sind, die
SQL-Abfragen selbst zu schreiben.

Hier sind einige Titel, die ich als SQL-fokussiert einstufe:

- DBA (Datenbankadministrator)

- Data Warehouse Engineer

- ETL-Entwickler

- SQL-Entwickler

- (Einige ETL-Technologie-)Entwickler

Im Laufe des Buches werden Sie vielleicht bemerken, dass ich allgemein den Begriff DBA
verwende, um diese Liste von Titeln zu benutzen, anstatt diese Titel explizit aufzuführen.

Natürlich kann ein Data-Engineering-Team nicht nur aus DBAs oder SQL-fokussierten
Personen bestehen. Wenn ein Team, das nur aus DBAs besteht, tatsächlich etwas in
Produktion bringt, ist das eher eine Ausnahme als ein echter Erfolg. Bei der Arbeit mit
solchen Teams habe ich festgestellt, dass ihr „Produktionssystem" nur noch mit großem
Hoffen am seidenen Faden hängt. Diese Systeme brechen ständig zusammen und sind
praktisch unmöglich zu verbessern, selbst mit der kleinsten Verbesserung.

Im Gegensatz dazu wird ein Data-Engineering-Team ohne DBAs zu einer anderen
Art von Misserfolg führen. Es gibt Bemühungen und Teile des Datenpuzzles, mit denen
DBAs ihr ganzes Berufsleben zu tun haben.[3]

Schema

Obwohl einige Big-Data-Tools und Speichersysteme als „schemalos" beworben werden,
haben sie immer eine Art von Schlüssel/Wert-Struktur oder Tags. Sie haben effektiv
Schemas, auch wenn die Schemas vielleicht nicht so starr und vorhersehbar sind wie
relationale Datenschemas.

---

[3] Ich habe die Erfahrung von DBAs besonders hilfreich in stark regulierten Umgebungen
gefunden, in denen die gleichen regulatorischen und Compliance-Probleme eingehalten werden
müssen, unabhängig vom Umfang der verarbeiteten Daten. Diese DBAs können die Vorschriften
teilen und erklären, wie andere Systeme den Regeln entsprochen haben.

Dennoch wird Big Data im Gegensatz zur meisten Softwareentwicklung oft nicht über eine API wie einen REST-Aufruf an die Organisation freigegeben. Stattdessen werden die Daten oft dem Rest der Data Teams – oder der Organisation – als Rohdaten präsentiert. Ein Schema stellt sicher, dass diese Daten korrekt dargestellt werden.

Daher helfen Mitglieder mit dieser Fähigkeit den Teams, Daten zu strukturieren. Sie sind verantwortlich für die Erstellung der Datendefinitionen und die Gestaltung ihrer Darstellung, wenn sie gespeichert, abgerufen, übertragen oder empfangen werden.

Trotz des ständigen Bedarfs, Schemas zu definieren und anzuwenden, fehlt diese Fähigkeit oft in Data-Engineering-Teams. Die Bedeutung dieser Fähigkeit gewinnt wirklich an Gewicht, wenn Data Pipelines reifen. Ich sage meinen Kunden, dass dies die über alles entscheidende Fähigkeit ist, wenn die Data Pipelines komplexer werden. Wenn Sie ein Petabyte Daten auf HDFS oder Blob-Speicher gespeichert haben, können Sie es nicht jedes Mal neu schreiben, wenn ein neues Feld hinzugefügt wird. Die Fähigkeit mit Schemas hilft Ihnen, sich die Daten anzusehen, die Sie haben, und die Daten, die Sie benötigen, und dann zu definieren, wie Ihre Daten aussehen.

Bei der Arbeit mit Teams finde ich immer wieder Fragen zu Schemas. Im Allgemeinen können die DBAs das Problem sechsmal so oft beantworten wie ihre Softwareentwicklungskollegen. DBAs bringen oft die Schema-Fähigkeit in ein Data-Engineering-Team ein.

Häufig wählen Teams ein einfaches, aber ineffizientes Datenformat wie JSON oder XML. Als Ergebnis sind 25 bis 50 % der Informationen nur der Overhead von Tags. Das bedeutet auch, dass Daten jedes Mal serialisiert und deserialisiert werden müssen, wenn sie verwendet werden müssen. Die Schema-Fähigkeit im Team wird helfen, den richtigen Weg zur Freigabe von Daten zu wählen und zu erklären. Die Teams setzen sich auch für binäre Formate wie Avro oder Protobuf ein. Sie wissen, dass sie dies tun müssen, weil die Datennutzung wächst, wenn andere Gruppen in einem Unternehmen von ihrer Existenz und ihren Fähigkeiten erfahren. Ein Format wie Avro wird das Data-Engineering-Team davon abhalten, den Code aller auf Korrektheit zu überprüfen.

Die Schema-Fähigkeit geht über einfache Datenmodellierung hinaus. Praktiker sollten das grundlegende Informatikwissen hinter Speicherentscheidungen verstehen, wie zum Beispiel den Unterschied zwischen dem Speichern von Daten als String und einem binären Integer.

Domänenwissen

Einige Jobs und Unternehmen sind nicht technologieorientiert; sie sind tatsächlich domänenexpertiseorientiert. Diese Jobs konzentrieren 80 % ihrer Anstrengungen auf das Verständnis und die Implementierung der Domäne. Sie richten die restlichen 20 % auf die richtige Technologie. Domänenorientierte Jobs sind besonders häufig in der Finanzbranche, im Gesundheitswesen, bei Konsumgütern und in ähnlichen Unternehmen zu finden.

Domänenwissen muss Teil des Data-Engineering-Teams sein. So viele Menschen im Team wie möglich sollten dieses Hintergrundwissen haben. Diese Personen müssen wissen, wie das gesamte System im gesamten Unternehmen funktioniert. Sie müssen die Domäne, für die sie Datenprodukte erstellen, tiefgehend verstehen; diese Datenprodukte müssen diese Domäne widerspiegeln, damit sie innerhalb dieser verwendet werden können.

Andere wichtige Fähigkeiten

Einige Fähigkeiten werden weniger oft anerkannt und können in Data-Engineering-Teams fehlen. Personen, die über die DBA-Ränge aufgestiegen sind, verstehen wahrscheinlich eher als jene aus der Softwareentwicklung die Bedeutung dieser Anforderungen. DBAs haben ihre Karriere mit solchen Dingen verbracht, während die meisten Software Engineers nie damit zu tun hatten.

Software Engineers erkennen möglicherweise nicht sofort den Wert dieser Fähigkeiten, weil sie noch nie die Erfahrung gemacht haben, wie wichtig diese Anforderungen sind. Dies kommt auf das Problem zurück, dass ein Data-Engineering-Team ohne einen DBA in einem späten Stadium einen blinden Fleck darstellt. Ich erwarte, dass die DBAs diejenigen im Data-Engineering-Team sind, die schreien und sich für diese Anforderungen stark machen.

Diese Anforderungen werden auch nur von denen erkannt, die für größere Organisationen gearbeitet haben, weil große Organisationen diese Anforderungen bei der Mehrheit ihrer Projekte erfüllen müssen.

Hier sind die wichtigeren, die oft fehlen:

Daten-Governance

Wie sicher sind die Daten? Sollten die Daten maskiert werden? Gibt es personenbezogene Daten (PII), die verborgen werden müssen?

Datenherkunft

Woher stammen die Daten ursprünglich? Wenn es ein Problem mit den Daten gibt, wo blicken wir zurück, um die Quelldaten zu finden?

Daten-Metadaten

Was passiert, wenn Sie Tausende von Datenprodukten haben? Wie behalten Sie ihre Metadaten und Schemata im Auge?

Entdeckungssysteme

Wie katalogisieren Sie Ihre Datensätze und helfen potenziellen Nutzern, sie zu finden?

BIG DATA ENGINEER UND ANDERE STELLENBESCHREIBUNGEN

Einige Organisationen verwenden unterschiedliche Jobtitel für Data Engineers. Der gebräuchlichste ist „Big Data Engineer". Aber ich habe festgestellt, dass der Titel „Data Engineer" am häufigsten ist, daher empfehle ich, für diesen Jobtitel zu werben, um das größtmögliche Netz auszuwerfen.

Wenn Sie daran denken, jemanden einzustellen, dessen vorheriger Job einen anderen Titel hatte, stellen Sie sicher, dass diese Person die gleichen Funktionen wie ein Data Engineer ausgeführt hat.

Um die Verwirrung zu erhöhen, wird der Titel „Data Engineer" in einigen Organisationen für eine sehr unterschiedliche Jobfunktion mit einem anderen Fähigkeitsset verwendet, das sich auf relationale Daten und SQL konzentriert. Diese Rolle bereitet in keiner Weise auf die Tätigkeit als Data Engineer vor, wie sie in diesem Buch definiert ist.

Organisationen, die den Unterschied zwischen einem SQL-Fokus und einem Software-Engineering-Fokus nicht verstehen, werden mit ihren Datenprodukten nicht erfolgreich sein. Data-Engineering-Teams benötigen wirklich Programmier- und verteilte Systemfähigkeiten. SQL-fokussierte Data Engineers fehlen beide dieser entscheidenden Fähigkeiten.

Ebenen der Expertise

Es ist nützlich, drei Ebenen der Expertise im Data Engineering zu haben. Auf der niedrigsten Ebene sind Personen, die die Projekte tagtäglich unterstützen. Diese können neu im Bereich des Data Engineerings sein. Sobald jemand ein großes Data-Engineering-Projekt erfolgreich durchgeführt hat, kann er als *qualifizierter Data Engineer* mit größeren Verantwortlichkeiten betrachtet werden. Und die höchste Ebene wird in diesem Buch als *Veteran* bezeichnet. Die folgenden Abschnitte legen die Verantwortlichkeiten dieser beiden höheren Positionen dar.

Neue Data Engineers

Eine Person, die neu im Bereich des Data Engineerings ist, ist eine großartige Leistung. Sie haben Zeit und Mühe investiert, um ihre Fähigkeiten noch weiter zu spezialisieren. Sie sind begierig zu lernen und Erfahrungen zu sammeln.

Organisationen sollten wissen, dass einige der Ideen, die die meisten Kritiken und Hilfe benötigen, von ihren neuesten Mitarbeitern kommen. Neue Data Engineers kennen oft das „Was", aber nicht das „Warum". Dieses fehlende „Warum" kann zu erheblichen Umschreibungen von Codes führen. Manchmal erhalten neue Data Engineers ihr „Was" aus einem Whitepaper oder Marketingmaterial eines Anbieters. Ein neuer Data Engineer kennt den Unterschied nicht zwischen dem, was wirklich funktioniert, und dem, was nicht. Sie könnten losziehen und Monate Arbeit in die Implementierung von etwas investieren, das keine praktikable Lösung ist.

Qualifizierter Data Engineer

Ein qualifizierter Data Engineer hat tatsächlich ein System in Produktion gebracht. Ich empfehle dringend, mindestens einen qualifizierten Data Engineer in einem Data-Engineering-Team zu haben, denn vieles, was ein Data Engineer wissen muss, muss auf Erfahrung basieren. Sie müssen Fragen beantworten wie: Sollten Sie eine Technologie oder eine andere verwenden? Sollten Sie ein Architekturmuster oder ein anderes verwenden?

Der einzige Weg, dieses Wissen zu erlangen, besteht darin, sich tatsächlich die Hände schmutzig zu machen im Data Engineering, etwas in Produktion zu bringen, und von allen Problemen, die in der Produktion aufgetreten sind, betroffen zu sein.

Veteran

Über den qualifizierten Data Engineer hinaus hat ein Veteran weit mehr Erfahrung in der Einführung verteilter Systeme in die Produktion. Ein Veteran sollte viele Projekte in Produktion gebracht und daher mit vielen verschiedenen Problemen gerungen haben und die Kampferfahrung haben, um es zu beweisen. Die Einführung eines einzigen verteilten Systems in die Produktion bringt einige Erfahrungen, aber nicht genug, um ein Veteran zu sein. Data-Engineering-Teams sollten sowohl Veteranen als auch qualifizierte Data Engineers unter sich haben.

Der Veteran sollte umfangreiche Erfahrungen mit verteilten Systemen haben oder zumindest umfangreiche Erfahrungen mit Multithreading. Diese Person bringt eine Menge Erfahrung in das Team.

Der Veteran hat eine entscheidende Rolle, das Team von schlechten Ideen abzubringen. Der Veteran hat die Erfahrung, zu erkennen, wann etwas, das technisch machbar ist, in der realen Welt eine schlechte Idee ist. Er wird dem Team einen Standpunkt oder eine langfristige Sicht auf verteilte Systeme geben. Dies führt zu einem besseren Design, das Geld und Zeit spart, sobald die Dinge in Produktion sind.[4]

Weitere Spezialisierung

Aufgrund der schieren Komplexität und der wachsenden Anzahl von Technologien für verteilte Systeme, müssen sich Data Engineers möglicherweise weiter spezialisieren. Durch die Spezialisierung erlangen die Data Engineers ein höheres Maß an Wissen und können die Erstellung von Datenprodukten optimieren.

Es ist üblich, dass Data Engineers die Infrastruktur in der Cloud betreiben. Da Cloud-Anbieter reifen, erstellen sie immer mehr spezialisierte Produkte für den Aufbau von Datenprodukten. Diese spezialisierten Produkte könnten verwaltete Dienste sein, die vom Cloud-Anbieter erstellt wurden, oder Open-Source-Tools, bei denen der Cloud-Anbieter die Infrastruktur im Hintergrund verwaltet. Einige verwaltete Dienste verwenden eine Open-Source-API, andere eine benutzerdefinierte API. Bei der

---

[4]Lesen Sie mehr über die Bedeutung von Projektveteranen in meinem Blog-Posting „The Veteran Skill on a Data Engineering Team" (www.jesse-anderson.com/2018/02/the-veteran-skill-on-a-data-engineering-team/).

Verwendung der Technologie können zusätzliche Einschränkungen bestehen, die im ursprünglichen Open-Source-Produkt nicht vorhanden sind. In jedem Fall muss sich der Data Engineer möglicherweise auf eine spezifische Produktlinie eines Cloud-Anbieters spezialisieren, um mit allen Änderungen und Einschränkungen Schritt zu halten.

Verteilte Datenbanken bieten eine Fülle von Auswahlmöglichkeiten. Auf den ersten Blick scheinen viele Datenbanken die gleichen Funktionen zu bieten und für die gleichen Anwendungsfälle geeignet zu sein. Die Kernunterschiede und Einschränkungen können jedoch den Unterschied zwischen Erfolg und Misserfolg eines Projekts bedeuten, da eine bestimmte Datenbank einen Anwendungsfall möglicherweise nicht korrekt bewältigen kann. Umschreibungen und Neustrukturierungen eines Datenprodukts oder einer Lösung können unglaublich teuer sein. Dies ist ein schwerwiegender Grund, woran wir sehen werden, dass sich mehr Data Engineers weiter auf Datenbanken spezialisieren.

Eine weitere Spezialisierung für Data Engineers besteht darin, Echtzeit- oder Streaming-Systeme zu erstellen. Auf oberflächlicher Ebene scheinen Echtzeitsysteme wie die einfache Hinzufügung einer neuen Echtzeit- oder Streaming-Technologie. Die Realität ist, dass die Echtzeitbeschränkungen eine viel tiefere Komplexitätsebene hinzufügen. Echtzeitbeschränkungen erfordern ein neues Verständnis von Themen, die in Batch-Systemen nicht existieren, wie beispielsweise genau einmalige Ausführung, idempotente Systeme und Fehlerbehandlung. Ich erwarte, dass Echtzeitsysteme eine immer häufigere Spezialisierung bei Data Engineers werden.

Sollte sich das Data-Engineering-Team nur auf Big Data konzentrieren?

Eine häufige Frage betrifft das Ausmaß der Daten, die vom Data-Engineering-Team verarbeitet werden. Sollte dieser Fokus nur auf Big Data liegen? Oder kann es auch Small Data einschließen?

Ein Data Engineer sollte in der Lage sein, sowohl Big Data als auch Small Data zu bewältigen. Dieses Prinzip ergibt sich aus der beruflichen Entwicklung eines Data Engineers. Er sollte die Seite der Small Data beherrscht haben, bevor er zu Big Data übergeht. Data Engineers sollten einen pragmatischen Blick auf Daten haben, um das beste Werkzeug für die Aufgabe auszuwählen.

Angesichts der Tatsache, dass ein Data Engineer Small Data bewältigen kann, sollte er das tun? Sollten Sie Ihren Ferrari zum Einkaufen fahren? Vielleicht. Der Ferrari bringt Sie dorthin, daran besteht kein Zweifel. Auf dem Weg begegnen Sie einigen Risiken, die Sie nicht gehabt hätten, wenn Sie Ihr anderes Auto gefahren hätten. Es besteht das Risiko, dass der Ferrari auf dem Parkplatz beschädigt wird oder – noch schlimmer – gestohlen wird. Ebenso haben Sie in einem Data-Engineering-Team all diese Zeit und Geld in die Einstellung oder Ausbildung einer Person mit einer Spezialisierung investiert. Es ist wahrscheinlich eine bessere Nutzung ihrer Zeit, ihre Spezialität dort anzuwenden, wo sie am meisten benötigt wird, und jemand anderen ohne diese Spezialisierung die Arbeit im kleinen Maßstab erledigen zu lassen.

Wenn Sie ein kleines Unternehmen oder ein Start-up sind, haben Sie möglicherweise nicht genügend Mitarbeiter, um eine echte Spezialisierung in Big Data zu ermöglichen. In diesen kleineren Unternehmen müssen Data Engineers möglicherweise hin- und herwechseln, indem sie an Projekten unterschiedlicher Größe arbeiten. Dieser ständige Wechsel kann zu großen Kontextwechseln führen, die Data Engineers eine Weile brauchen, um sie zu bewältigen. Für größere Organisationen macht eine Aufteilung des Personals mit bestimmten Spezialisierungen Sinn. Diese größeren Organisationen geben Ihnen die Möglichkeit, Teams oder Einzelpersonen für spezifische Datenskalen zu bestimmen.

Eine weitere Sache, die man im Hinterkopf behalten sollte, ist, dass es nicht immer um Big Data geht, sondern manchmal auch um Medium Data. Nicht jeder hat wirklich Big Data. Ich denke, Medium Data ist viel häufiger, daher habe ich diesen Begriff geprägt.[5] Denken Sie daran, dass alles außerhalb von Small Data verteilte Systeme benötigt – das könnte Medium Data oder Big Data sein. In jedem Fall benötigen Sie einen Data Engineer, um damit umzugehen.

Häufiges Missverständnis

Obwohl Leser von Anfang an die wichtigsten Unterscheidungen in diesem Buch verstehen werden, kommen bestimmte Missverständnisse in meiner Arbeit so oft vor, dass ich sie hier ausdrücklich ansprechen möchte.

---

[5]www.jesse-anderson.com/2017/06/medium-data/

Warum Data Engineering nicht nur Datenverwaltung ist

Ein häufiges Missverständnis ist, dass Data Engineering einfach ein neuer Name für Datenverwaltung ist. Dieses Missverständnis hat zum Scheitern vieler Projekte geführt, weil die Teams für Data Engineering und Datenverwaltung unterschiedliche Fähigkeiten und Zusammensetzungen erfordern. Dieser Unterschied stellt sicher, dass die Platzierung eines Big-Data-Projekts in einem Datenverwaltungsteam sehr geringe Erfolgschancen hat.

Datenverwaltungsteams sind hauptsächlich SQL-fokussiert. Ihnen fehlen die notwendigen Programmier- und verteilten Systemfähigkeiten, die Data-Engineering-Teams benötigen. Die von Datenverwaltungsteams verwendeten Technologien sind hauptsächlich ausgereifte und vorgeschriebene Technologien. Das Team musste keinen Code schreiben, weil der Datenverwaltungstechnologieanbieter bereits den gesamten benötigten Code geschrieben hat.

Data Engineering ist eine ganz andere Sache. Das Team muss viele verschiedene Technologien zusammenbringen, um eine Data Pipeline zu erstellen. Diese Technologien sind in der Regel Open-Source-Technologien, die auf verteilten Systemen arbeiten. Die Technologien selbst haben spitze Kanten und sind nicht so ausgereift. Wichtiger ist, dass sie einen Code benötigen, der geschrieben werden muss, und man kann nicht einfach alles mit SQL machen.[6]

Warum ein Data Engineer kein Data Scientist ist

Es gibt eine Menge Verwirrung in der Unterscheidung zwischen Data Engineers und Data Scientists. Diese Verwirrung kommt von Visualisierungen wie Abb. 4-1. Sie verallgemeinern tatsächlich die Beziehung und Überschneidung zwischen den beiden Titeln.

Wie Sie gesehen haben, ist die Realität viel komplizierter. Abb. 4-2 zeigt diese Nuancen besser.

Ein Data Engineer wird selten mit einem Data Scientist verwechselt. Das Management erwartet nicht, dass ein Data Engineer ein Modell erstellt. Es ist viel häufiger, dass das Management einen Data Scientist für einen Data Engineer hält. Das

---

[6]Lesen Sie meinen Blog-Post, um zu sehen, warum Sie nicht alles mit SQL machen können (www. jesse-anderson.com/2018/10/why-you-cant-do-all-of-your-data-engineering-with-sql/).

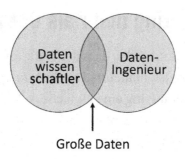

Große Daten

Abb. 4-1. *Eine schlechte Visualisierung der Unterschiede zwischen Data Engineers und Data Scientists*

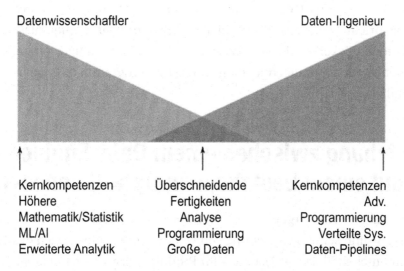

Abb. 4-2. *Eine bessere Visualisierung der Unterschiede und Stärken zwischen Data Engineers und Data Scientists*

Management wird von einem Data Scientist erwarten, die Aufgaben und Rollen eines Data Engineers zu übernehmen.[7] Es gibt einige „Full-Stack"-Data-Scientists da draußen, aber sehr wenige und weit voneinander entfernt. Data Engineers sind viel besser in der Programmierung und in verteilten Systemen als Data Scientists.

---

[7]Ich habe ausführlich über dieses Thema geschrieben, weil es ein so häufiger Fehler und Missverständnis ist. Ich empfehle Ihnen dringend, „Data Engineer vs. Data Scientist" (www.oreilly.com/ideas/data-engineers-vs-data-scientists) und „Warum ein Data Scientist kein Data Engineer ist" (www.oreilly.com/ideas/why-a-data-scientist-is-not-a-data-engineer) zu lesen.

Warum Data Engineering mehr als Data Wrangling ist

Ein weiteres häufiges Missverständnis ist, dass das Data-Engineering-Team eine Sammlung von Data Wranglern ist, manchmal auch *Data Munging* genannt. Manager können denken, dass Data Engineering eine einfache Aufgabe ist, Daten von Punkt A nach Punkt B zu kopieren, mit einigen einfachen Datentransformationen, um Felder zu harmonisieren oder Ausreißer auf dem Weg zu entfernen. In diesem Szenario werden sie die Daten oft von einem „rohen" Datenformat in ein anderes Format verschieben.

Dieses Verständnis setzt Data Engineering auf das sehr niedrige Ende dessen, was vom Data-Engineering-Team erreicht werden sollte. Ich würde argumentieren, dass diese Messlatte so niedrig ist, dass sie nicht einmal der Definition eines Data Engineers entspricht. Data Wranglern fehlen sowohl die Programmier- als auch die verteilten Systemfähigkeiten, die von einem Data Engineer benötigt werden. Die meisten ihrer Aufgaben werden manuell mit einem grafischen Programm oder mit einigen Skripten erledigt.

Die Beziehung zwischen einem Data-Engineering-Team und einem bestehenden Data-Science-Team

Es ist leider häufig für eine Organisation, ein Data-Science-Team ohne Data-Engineers zu starten. Zu Beginn seiner Erforschung von Data Science befindet sich das Team in einer experimentellen Phase und ist nicht für Produktionssysteme mit langfristigen Wartungsbedürfnissen verantwortlich. Aber sie können ohne die Robustheit eines Data-Engineering-Teams nicht erfolgreich sein.

Für Organisationen, die zuvor nur ein Data-Science-Team hatten, sollte die erste Aufgabe, die das neue Data-Engineering-Team übernehmen sollte, darin bestehen, die technische Schuld des Data-Science-Teams zu bereinigen. (Siehe den Abschnitt „Technische Schulden in Data-Science-Teams" in Kap. 3 für die Gründe, warum technische Schulden entstehen.) Die Schuld besteht, weil Data Scientists oft Anfängerprogrammierer sind. Sie haben keine großen Codebasen geschrieben und kennen die Probleme nicht, die mit deren Wartung und Umgang verbunden sind. Data Engineers wissen – oder sollten zumindest wissen – wie man große Codebasen verwaltet und die geeigneten verteilten Systeme, auf denen sie laufen sollen.

Die tatsächliche technische Schuld kann vielfältig und unterschiedlich sein. Das gesamte System könnte am seidenen Faden hängen, oder es könnten kurzfristige Kompromisse im Code selbst bestehen, die eine weitere Entwicklung behindern. In jedem Fall sollte das Management eine Schätzung der Zeit und des Aufwands erhalten, die benötigt werden, um den Code des Data-Scientist-Teams abzuzahlen oder neu zu schreiben.

Umschulung bestehender Mitarbeiter

Einige Unternehmen werden intern nach Data Engineers suchen wollen oder müssen. Höchstwahrscheinlich werden diese Personen nicht von Anfang über alle Fähigkeiten verfügen, um ein Data Engineer zu sein. Es liegt in der Verantwortung der Organisation, diesen neuen Data Engineers die Ressourcen für ihren Erfolg zur Verfügung zu stellen. Diese Ressourcen beinhalten das Erlernen neuer Programmiersprachen, neuer verteilter Systeme und neuer Methoden zur Erstellung von Data Pipelines. Wenn eine Organisation diese Ressourcen nicht bereitstellt, bereitet sie sich selbst, das Team und die einzelnen Teammitglieder auf ein Scheitern vor.

Bei der internen Beförderung sollten Sie nach Personen mit Erfahrung in Multithreading, Multiprocessing oder Client-Server-Systemen suchen. Dies wird ihnen ein grundlegendes Verständnis dafür vermitteln, wie verteilte Systeme funktionieren und genutzt werden können. Von dort aus suche ich nach dem Wunsch zu lernen und ihren technischen Stack zu erweitern. Selbst mit einer Software-Engineering-Ausbildung erfordert das Erlernen verteilter Systeme erhebliche Zeit und Anstrengung. Oft haben diese Personen bereits Schritte unternommen, um die Systeme zu erlernen, oder haben gezeigt, dass sie bereit sind, damit zu beginnen.

Zusätzlich zu alledem müssen sie eine Liebe zu Daten zeigen. Dies äußert sich in einem Interesse an der Datenverarbeitung und der Wertschöpfung aus Daten. Sie haben vielleicht bereits einige Analysen oder Data Pipelines in kleinem Maßstab programmiert.

Wenn eine Organisation intern sucht, geht sie meistens davon aus, dass sie die Fähigkeitslücke eines Einzelnen mildern kann. Aber Sie sollten auch auf der Hut sein vor einer *Fähigkeitslücke*. Eine Fähigkeitslücke bedeutet, dass einer Person einfach das Wissen fehlt, aber sie hat die angeborene Fähigkeit, mit verteilten Systemen erfolgreich zu sein. Eine Fähigkeitslücke bedeutet, dass einer Person sowohl das Wissen als auch die angeborenen Eigenschaften fehlen, die es ihr ermöglichen würden, die Fähigkeiten zu erwerben. Keine Menge an Zeit, Ressourcen oder Expertenhilfe wird solch unglückliches Personal auf das nächste Level bringen.[8]

Im Abschnitt „Qualifizierter Data Engineer" früher in diesem Kapitel habe ich empfohlen, mindestens einen qualifizierten Data Engineer einzustellen, der alle erforderlichen Erfahrungen hat, um ein Produktionssystem zu erstellen. Wenn Sie vorhandene Mitarbeiter befördern, werden sie höchstwahrscheinlich nicht als qualifizierte Data Engineers dienen. Für einige Organisationen wird es absolut notwendig, einen Nicht-Data-Engineer von innen zu einem Data Engineer zu machen. Wenn ja, liegt es an Ihnen, diesem die zusätzliche Mentorenschaft und Projektveteranenressourcen zu geben, um schließlich ein qualifizierter Data Engineer und sogar ein Projektveteran zu werden. Wenn dem Unternehmen interne Ressourcen für Mentoring und Projektveteranen fehlen, muss es möglicherweise außerhalb der Organisation nach Hilfe suchen, um seine internen Ressourcen zu verbessern.

Software Engineers

Wenn eine Organisation beginnt, intern nach potenziellen Data Engineers zu suchen, empfehle ich, mit ihren Software Engineers zu beginnen. Dies liegt in der Regel daran, dass die Softwareentwicklungsfähigkeiten am schwierigsten zu erwerben sind, die im Abschnitt „Welche Fähigkeiten werden benötigt?" früher in diesem Kapitel aufgeführt sind.

Denken Sie daran, dass im Gegensatz zum Data-Science-Team, wo die technische Latte viel niedriger liegt, Data Engineers ein viel, viel höheres technisches Programmierlevel benötigen, um erfolgreich zu sein. Selbst mit einem Hintergrundwissen von Softwareentwicklung dauert es noch einige Zeit, bis man sich mit dem riesigen Ökosystem der verteilten Systeme wohlfühlt. Nach meiner Erfahrung fühlt sich ein ausgezeichneter Software Engineer nach drei Monaten des Studiums wohl

---

[8] Ja, diese Fähigkeitslücke ist hart und klingt elitär, aber sie kommt aus direkter Erfahrung. Ich prägte den Begriff, nachdem ich viel Zeit damit verbracht hatte, Menschen aus allen Hintergründen und Erfahrungsstufen zu unterrichten. Ich begann Muster in der Unfähigkeit der Menschen zu erkennen, selbst die Grundlagen zu verstehen. Ich prägte den Begriff „Fähigkeitslücke", um das Management auf dieses Problem aufmerksam zu machen. Lesen Sie mehr unter „Fähigkeitslücke – Warum wir Data Engineers brauchen" (www.jesse-anderson. com/2016/07/ability-gap-why-we-need-data-engineers/.

dabei, Data Engineering zu betreiben. Ein durchschnittlicher Software Engineer wird sechs bis zwölf Monate brauchen. Das Management muss dies berücksichtigen, wenn es Entscheidungen über Projektzeiten und Einstellungen trifft.

Das Management muss auch erkennen, dass nicht jeder Software Engineer den Wechsel zum Data Engineering schaffen kann, obwohl diese Berufsgruppe höhere Chancen hat als Menschen in anderen Disziplinen. Das Management muss bei der Überprüfung seiner potenziellen Data Engineers umsichtig sein.

SQL-fokussierte Positionen

Oft wird das Management seine SQL-fokussierten Positionen als Quelle für Data Engineers betrachten. Seine Überlegung ist, dass Data Engineering nur einige grundlegende ETL (Extrahieren, Transformieren, Laden) Workflows sind und keine Programmier- oder verteilten Systemkenntnisse wirklich benötigt werden. Seine Logik ist, dass diese Personen Experten im Umgang mit den Daten der Organisation in kleinem Maßstab geworden sind, sodass sie den Sprung zu einem größeren Maßstab wagen können. Dies ist eine Denkweise, die Manager vermeiden sollten.

Wie bereits früher erklärt, werden Data-Engineering-Teams, die nur aus SQL-fokussierten Personen bestehen, im Verhältnis zur Investition nur wenig Wert generieren – so gering, dass ich Teams rate, die Projekte nicht einmal zu versuchen.

Nachdem ich eine beträchtliche Anzahl von Leuten mit SQL-Fokus unterrichtet habe – oder versucht habe zu unterrichten und verteilte Systeme zu lehren – kann ich sagen, dass dies eine sehr, sehr schwierige Reise sein wird. Es gibt zwei Hauptlücken in den Fähigkeiten von SQL-fokussierten Personen, soweit es das Data Engineering betrifft: Programmierung und verteilte Systeme. Mit anderen Worten, sie fehlen in den beiden Hauptbereichen, in denen Data Engineers mehr als nur OK sein müssen – sie müssen hervorragend sein.

Ich habe gesehen, dass SQL-fokussierte Personen eine falsche Wahrnehmung haben können, indem sie ein High-Level-Tool verwenden, das keine Programmierung erfordert. Damit bleibt aber als die alles andere als triviale Frage nach den verteilten Systemen zu verstehen. Die Tools heben nicht die Notwendigkeit auf, dass ein Data Engineer die verteilten Systeme versteht, die er verwendet, für die er Architekturen erstellen und die er debuggen soll. Selbst mit diesen Tools ist die Wertschöpfung so begrenzt oder gering, dass es nicht lohnt, das Projekt zu versuchen.

All dies gesagt, wo passt eine SQL-fokussierte Person hin? Es ist möglich, dass SQL-fokussierte Personen Data Engineers werden können, aber es ist unwahrscheinlich. Im Laufe der Projektzeit wird das Data-Engineering-Team Zeit gehabt haben, die Art und Weise zu verfeinern, wie die Daten für den Rest der Organisation zugänglich gemacht werden; in der Regel mit einer Technologie, die über eine SQL-Schnittstelle für den Datenzugriff verfügt. Diese Technologien senken die technische Latte so weit, dass eine SQL-fokussierte Person einige Aufgaben erledigen kann. Dabei kann es sich um Aufgaben wie die Erstellung eines Berichts auf der Grundlage einer SQL-Abfrage oder die Unterstützung anderer Abteilungen des Unternehmens beim Schreiben einer SQL-Abfrage für eine Analyse handeln. Diese Reife kommt in einem viel späteren Stadium der Projekte, und zu diesem Zeitpunkt können die Daten für SQL-fokussierte Personen mit SQL-Schnittstellen freigegeben werden. Ein Data Engineering-Projekt mit SQL-fokussierten Personen zu beginnen, ist jedoch zum Scheitern verurteilt.

Die Rolle der Architekten

Architekten sind Senior- oder Hauptprogrammierer, die die übergeordnete Aufgabe übernommen haben, ein System als Ganzes zu betrachten und sicherzustellen, dass es einen Geschäftswert hat. Die Architekten sind das Bindeglied zwischen dem Unternehmen und seiner Technologie. Von einem Architekten wird erwartet, dass er die schwierigen und langfristigen Entscheidungen darüber trifft, welche Technologien zu verwenden sind. Sie überprüfen, ob die vorgeschlagene Architektur den Geschäftsanforderungen entspricht.

Im Data Engineering kartieren Architekten die Interaktionen in einer Pipeline und zeichnen diese Interaktionen auf. Die Interaktionen sind ziemlich komplex und erfordern daher einen Programmierhintergrund und nicht nur Kenntnisse in SQL und Schemas.

Um ehrlich zu sein, stimmen Datenarchitekten, die keinen Programmierhintergrund haben, oft nicht mit dieser Einschätzung überein. Aber hier ist der Knackpunkt: Datenarchitekten, die mit einem SQL-Hintergrund begonnen und dann gelernt haben zu programmieren, stimmen mir zu.

Welche Fähigkeiten benötigen also Architekten von Big-Data-Pipelines? Nachdem ich im Laufe der Jahre mit vielen verschiedenen Arten von Architekten zusammengearbeitet habe, werde ich hier einige allgemeine Vorschläge machen.

Ich glaube, dass Architekten für Data-Engineering-Teams wissen müssen, wie man programmiert und irgendwann in ihrer Karriere Software Engineers gewesen sein sollten. Sie programmieren vielleicht nicht mehr so viel, aber sie sollten irgendwann programmiert haben. Um Erfahrung in verteilten Systemen zu haben, sollten sie idealerweise ein verteiltes System programmiert oder entworfen haben. Es gibt wirklich keinen Ersatz für Erfahrung in diesem Bereich. Wirklich, der Weg, diese Erfahrung zu sammeln, ist aus erster Hand in den schmutzigen und schmierigen Schützengräben des Tuns.

Architekten müssen die schiere Schwierigkeit dessen verstehen, was sie vorschlagen. Eine Architektur mit verteilten Systemen besteht nicht darin, willkürlich Technologien auszuwählen und Kästchen zu zeichnen. Der Architekt muss die Anwendungsfälle und die Art und Weise, wie auf die Daten zugegriffen wird, tiefgehend verstehen. Mit diesem Wissen kann er sein profundes Verständnis der Technologien selbst nutzen, um das richtige Werkzeug für die Aufgabe auszuwählen. Architekten, die blind den Empfehlungen von Anbietern, Whitepapers oder der heißesten Technologie folgen, werden daran scheitern, die richtige Architektur zu schaffen.

Architekten, die nicht programmiert haben und eher einen DBA/SQL-fokussierten Weg eingeschlagen haben, haben oft Schwierigkeiten, die verteilten Systeme nachzuvollziehen, die sie entwerfen sollen. Sie verstehen vielleicht die grundlegenden Konzepte, aber sie haben Schwierigkeiten, die Technologie auf dem Niveau zu verstehen, das ein Architekt haben sollte, um das richtige Werkzeug für die Aufgabe auszuwählen.

Um die Schwierigkeit der Wahl eines technischen Weges zu erhöhen, sind einige Technologien einfach nicht reif genug für den Produktiveinsatz. Die architektonischen Muster sind auch nicht sehr gut definiert. In Zukunft werden architektonische Entscheidungen für sehr spezifische Anwendungsfälle oder Vertikalen einfacher werden. Dies steht im Gegensatz zu allgemeinen Anwendungsfällen, bei denen die meisten Data-Engineering-Teams historisch gesehen einen benutzerdefinierten Code schreiben mussten. Ich glaube nicht, dass diese für allgemeine Rechenprojekte einfacher werden oder als Teil eines Standardprodukts gekauft werden können.

Es gibt subtile Nuancen und knifflige Kompromisse in verteilten Systemen. Ich nenne diese Betrügereien. Um die notwendige Skalierung zu erreichen, müssen verteilte Systeme auf die eine oder andere Weise schummeln. Manchmal nennen die Leute diese Wahl „Kompromisse", aber dieser Begriff lässt es wie eine Kleinigkeit erscheinen. Die Realität ist, dass die Wahl der Kompromisse in Big Data einen Anwendungsfall möglich oder unmöglich machen kann.[9] Architekten müssen über das Wissen und Verständnis der Auswirkungen dieser Betrügereien auf die Architektur und ihre Interaktionen verfügen. Dies ist in der Tat das, was die mittelmäßigen Architekten von den großartigen Architekten unterscheidet. Ein ganzheitlicher Ansatz macht Datenprojekte wiederum erfolgreich.

Weil das Data-Engineering-Team eher aus älteren Menschen besteht, können Architekten mehr Widerstand gegen ihre Entwürfe vom Data-Engineering-Team bekommen. Der Architekt muss das Vertrauen und den Respekt des Teams gewonnen haben. Dies wird es dem Architekten erleichtern, unorthodoxere oder langfristige Entscheidungen über Technologiepfade zu treffen. Wenn möglich, binden Sie den Rest des Data-Engineering-Teams in die Technologieentscheidungen ein. Es ist viel einfacher, die Zustimmung des Teams zu erhalten, wenn es das Gefühl hat, Teil des Entscheidungsprozesses zu sein, anstatt dass ihm etwas diktiert wird.

Platzierung in der Organisation

In welchem Team sollten Sie Ihre Architekten einsetzen? Sollten sie Teil des Data-Engineering-Teams oder Teil einer breiteren Architekturgruppe sein?

Ich habe beide Entscheidungen zum Erfolg führen sehen. Ich habe gesehen, dass der Architekt Teil eines separaten Architekturteams ist, und ich habe gesehen, dass er Mitglied des Data-Engineering-Teams ist. Die Wahl hängt wirklich von der Größe der Organisation und davon ab, wie das Data-Engineering-Team gebildet wurde.

Wenn der Architekt nicht Teil des Data-Engineering-Teams ist, gibt es mehrere kritische Erfolgsfaktoren. Erstens muss der Architekt eine sehr hohe Bandbreitenverbindung zum Data-Engineering-Team haben. Die Entscheidungen und Technologiewahlen des Architekten müssen dem Data-Engineering-Team mitgeteilt werden, welches sie zuverlässig umsetzen muss. Jede Wahrnehmung, dass ein Architekt vom Team getrennt und abgehoben ist, wird Reibung verursachen. Zweitens muss der Architekt erkennen, dass verteilte Systeme eine tiefe Spezialisierung erfordern, die mit einem flüchtigen Blick oder durch das Kopieren eines Architektur-Whitepapers eines Anbieters nicht möglich ist. Der Architekt muss die verschiedenen Nuancen des Data

---

[9] Lesen Sie mehr darüber, was ich meine, bei „On Cheating with Big Data" (www.jesse-anderson. com/2017/10/on-cheating-with-big-data/).

Engineerings in seiner Tiefe verstehen und mit den ständigen Veränderungen in der Landschaft Schritt halten.

Wenn Sie die Wahl haben, empfehle ich, den Architekten Teil des Data-Engineering-Teams sein zu lassen. Data Engineering ist tatsächlich eine Spezialität und es hilft wirklich, alle zusammenzuhalten.

In einigen Organisationen gibt es keine spezifische oder einzelne Person, die die Rolle des Architekten hat. Stattdessen füllt das Data-Engineering-Team als Gruppe die Rolle des Architekten aus. Es ist verantwortlich sowohl für die Softwarearchitektur als auch die Programmierung des Systems. Niemand im Team hat den spezifischen Titel des Architekten. Stattdessen arbeitet das gesamte Data-Engineering-Team zusammen, um Softwarearchitektur zu erstellen.

KAPITEL 5

Das Operations Team

No need to ask
He's a Smooth Operator

—„Smooth Operator" von Sade

Ein Operations Team ist dafür verantwortlich, sowohl Cluster-Software als auch benutzerdefinierte Software in Produktion zu bringen und sicherzustellen, dass sie reibungslos läuft. Die Personen sind es, die den Kunden den Zugang zum Service garantieren. Ohne dieses Team kann die Software nicht konstant genug laufen, damit Endbenutzer ihr vertrauen. Wenn das System ständig in der Produktion ausfällt, werden Sie Benutzer verlieren und verzichten auf die Einführung, weil das System zu instabil ist. Ein gutes Operations Team verhindert, dass dies passiert.

Das Operations Team besteht hauptsächlich aus Operations Engineers. Ein Operations Engineer hat einen betrieblichen oder systemtechnischen Hintergrund sowie spezialisierte Fähigkeiten in Big-Data-Betrieb und versteht Daten und ein wenig von Programmierung oder Skripterstellung. Diese Mitarbeiter haben umfangreiche Kenntnisse über Hardware, Software und Betriebssysteme. Sie nutzen dieses Wissen, um die Cluster reibungslos laufen zu lassen.

Die besondere Herausforderung des Betriebs von verteilten Systemen

Verteilte Systeme sind betrieblich komplex. Manager fragen mich oft: Wenn verteilte Systeme so gut sind, warum ist dann nicht alles ein verteiltes System? Ein großer Grund ist die betriebliche Belastung eines verteilten Systems. Bei einem nicht verteilten System erfolgen alle Ihre Datenverarbeitung und -verarbeitung auf einem einzigen Computer, sodass er entweder funktioniert oder nicht. Bei verteilten Systemen haben Sie es mit

J. Anderson, *Daten-Teams*, https://doi.org/10.1007/979-8-8688-0072-6_5

zehn, hundert oder tausend Computern gleichzeitig zu tun. Ein Problem ist nicht mehr auf einen einzigen Prozess oder Computer beschränkt. Stattdessen könnten mehrere Schichten von Problemen gleichzeitig über mehrere verschiedene Computer und Technologien verteilt sein.

Die vielen verschiedenen Computer sind nur der Anfang möglicher Probleme. Sobald wir Software hinzufügen, nehmen unsere Probleme zu.

Die erste Ebene der Software, über die man sich Sorgen machen muss, ist der Teil, der die verteilten Systeme selbst ausführt. Diese verteilten Systemrahmen erfordern oft, dass verschiedene Prozesse und Dienste kontinuierlich laufen. Wenn diese Prozesse nicht laufen oder richtig funktionieren, gibt es Ausfallzeiten. Diese Prozesse reichen von unbeständig bis widerstandsfähig bis „Lassen Sie mich Ihnen von der Zeit erzählen, in der ich sechs Wochen damit verbracht habe, das Problem zu verfolgen". Das Operations Team trägt die Hauptlast dieses Schadens, obwohl jeder, der mit dem Service verbunden ist, den externen Druck während Systemausfällen spürt.

Die zweite Ebene der Software, über die die Betreiber nachdenken müssen, ist der Code, den das Data-Science- oder Data-Engineering-Team geschrieben hat. In der Produktion werden Sie herausfinden, wie gut – oder schlecht – dieser Code ist. Ihr Operations Team muss ihn unterstützen.

Die Kenntnisse des Operations Teams können von Organisation zu Organisation variieren über die benutzerdefinierte Software, die die Teams geschrieben haben. Denken Sie daran, dass Sie, wenn es ein Problem mit Ihrer eigenen Software gibt, nicht nach der Antwort googeln oder auf Stack Overflow nachsehen können. Das gesamte Wissen ist intern und sogar stammesbezogen. Je mehr Erfahrung das Operations Team mit der internen Software hat, desto besser kann es diese unterstützen. Ohne solches Wissen gehen die trivialsten betrieblichen Probleme direkt an die Person, die den Code geschrieben hat, während idealerweise das Operations Team genug Wissen haben sollte, um zumindest zu versuchen, das Problem zu beheben. Dadurch wurde die Organisation wirklich in die Pflicht genommen, dem Operations Team die richtige Menge an Hilfe und Expertise zur Verfügung zu stellen.

Vergessen wir nicht den Datenaspekt eines Operations Teams. Das Operations Team muss mit den verwendeten Daten vertraut sein. Dazu gehören Informationen wie die erwartete Menge oder Größe der Daten selbst, die Art der gesendeten Daten und das korrekte Format der Daten. Solche Informationen helfen dem Team bei der Ressourcenplanung.

In den meisten kleinen Datenorganisationen dient die Datenbank als Repository für alle Daten. Dies zentralisiert die Daten und erleichtert die Nachverfolgung ihrer Typen und Formate. Bei verteilten Systemen wird dies schwieriger. Manchmal gibt es keine benutzerfreundliche GUI, die dem Team hilft, die Daten anzusehen und zu überprüfen. Es gibt keinen zentralen Ort oder spezifische Einschränkungen für die Daten, um zu überprüfen, ob sie innerhalb bestimmter Toleranzen liegen oder sogar korrekt formatiert sind. Diese Hürden im Umgang mit Daten beeinflussen wirklich, wie das Operations Team arbeitet und denkt. Mit Datenbanken konnten Betreiber einige Operations und Datenprüfungen auf die Datenbank selbst auslagern, aber jetzt müssen die Operations Teams und Data-Engineering-Teams sich manuell darum kümmern.

Auf einige Teams wird vergessen, wenn alles reibungslos läuft. Dies kann Operations Teams passieren, bei denen die Dinge so reibungslos zu laufen scheinen, dass die Organisation glaubt, sie brauche kein Operations Team mehr. Der Betrieb mag nicht das glamouröseste Ding sein oder sogar als Kostenstelle angesehen werden, aber seine Beiträge zu Data Teams sind absolut notwendig.

Es ist wirklich töricht, den Wert dessen, was der Betrieb tut, zu unterschätzen. Was passiert mit den Kunden der Organisation während der Ausfallzeiten? Gibt es massive Auswirkungen, wenn die Datenprodukte stunden- oder tagelang nicht verfügbar sind? Was passiert, wenn Daten verloren gehen?

Einige Organisationen glauben, dass das Laufen in der Cloud – vielleicht mit verwalteten Diensten – die Notwendigkeit von Operations aufhebt. Auch mit Cloud und verwalteten Diensten muss jemand sicherstellen, dass die Software richtig läuft und betrieben wird. Ohne konstante betriebliche Exzellenz können die Datenprodukte in Ungnade fallen, weil sie betrieblich unzuverlässig sind.

Stellenbezeichnungen für Operations Teams

Die tatsächlichen Stellenbezeichnungen in einem Operations Team sind vielfältiger als in anderen Teams. Manchmal liegt dies daran, was die Organisation selbst historisch die Mitglieder des Operations Teams genannt hat. Einige Organisationen haben den Zuständigkeitsbereich des Betriebs erweitert, um andere Aufgaben einzubeziehen, oder die technische Latte für das Team erhöht.

Die gebräuchlichsten Titel sind *Operations Engineer* und *Systems Engineer*. Die Schwierigkeit bei diesen Bezeichnungen ist, dass sie nicht die erhöhte Komplexität widerspiegeln, wie Daten und verteilte Systeme die Aufgaben eines Operations Engineer erschweren. Sie werden in der Stellenbeschreibung klarstellen wollen, dass ihre Verantwortlichkeiten Daten und verteilte Systeme umfassen werden.

Ein weiterer gebräuchlicher Titel ist *Site Reliability Engineer* oder *SRE*. Dieser ist gebräuchlicher in Organisationen, die versuchen, mehr dem Google- und LinkedIn-Modell für Operations Teams zu folgen. Diese Teams bringen mehr Programmier- und Softwareentwicklungspraktiken zur Anwendung als Ihr durchschnittliches Operations Team. Oft waren diese SREs in einem vorherigen Team oder einer vorherigen Rolle Software Engineers. Diese Ingenieure konzentrieren sich auf die Automatisierung von Aufgaben, die manuell oder ad hoc durchgeführt werden.

Schließlich sind einige Organisationen in ihren Titeln direkter. Sie werden tatsächlich den Namen der Technologie als Teil des Titels verwenden oder angeben, dass jemand die Operations für Big Data durchführt. Diese Titel sind jeweils *[eine Technologie] Operations Engineer* oder *Big-Data-Operations-Engineer*. Diese Personen können eine großartige Ergänzung für das Operations Team sein, vorausgesetzt, sie haben Erfahrung mit den Technologien, die sie unterstützen sollen.

Welche Fähigkeiten werden benötigt?

Die Fähigkeiten, die in einem Operations Team benötigt werden, sind:

- Hardware
- Software/Betriebssysteme
- Verteilte Systeme
- Fehlerbehebung
- Sicherheit
- Datenstrukturen und -formate
- Skripterstellung/Programmierung
- Best Practices für die Operationalisierung
- Überwachung und Instrumentierung
- Katastrophenwiederherstellung

Wir werden hier jede einzelne diskutieren.

Hardware

Massive Daten können die Hardware bis an ihre Belastungsgrenze bringen. Diese Belastungsgrenze kann von Dingen reichen, die leicht zu beheben sind (Aufrüstung der CPU), bis hin zu Dingen, die schwer zu beheben sind (unzureichende RAID-Controller-Firmware). Ein Operations Team, das einen On-Premises-Cluster betreibt, muss sich um alles auf der Hardwareseite kümmern.

Am Anfang wird dies den Kauf der Hardware und vielleicht sogar das Racking und Stacking beinhalten. Sobald der Cluster in Betrieb ist, werden die Operations Engineers für alle Hardwareprobleme verantwortlich sein, wie zum Beispiel Festplatten und RAM. Sie sind verantwortlich für die Fehlerbehebung bei Hardwareproblemen.

Einige Leute glauben, dass das Ausführen des Clusters in der Cloud alle Probleme beseitigt. Cloud-Anbieter erleichtern die direkte Interaktion mit der Hardware, aber die bloße Nutzung der Cloud beseitigt nicht die Notwendigkeit der Fehlerbehebung bei der Hardware. Die Nutzung der Cloud erhöht tatsächlich das Niveau und die Schwierigkeit, wenn man Hardwareprobleme beheben muss. Diese Fehlerbehebungsexpeditionen sind undurchsichtiger, weil die Cloud-Anbieter nicht alle Geräte auflisten, auf denen die virtuelle Maschineninstanz läuft oder die sie indirekt nutzt. Andere Hardwarefehlerbehebungen könnten eine Mischung aus dem Debuggen der Hardwaregrenzen, die der Cloud-Anbieter auferlegt, und den Software-Regeln sein, die für verwaltete Dienste vorhanden sind. Sie werden dies auf die harte Tour herausfinden, wenn Sie anfangen, sich mit Problemen wie Drosselung auseinanderzusetzen.

Software/Betriebssysteme

Operations Teams werden hauptsächlich drei Arten von Software unterstützen: die Software, die Ihre Organisation geschrieben hat, die Software, die Ihre Programme zum Laufen benötigen, und das Betriebssystem, auf dem Ihre Anwendungen laufen. Die Unterstützung jeder dieser Arten ist schwierig, weil Big-Data-Probleme und die daraus resultierende Hardwarebelastung dazu führen werden, dass die Software auf unerwartete Weise ausfällt.

Die Software Ihrer Organisation wird Fehler haben. Es wird Aufgabe des Operations Teams sein herauszufinden, welche Fehler auf die Software Ihrer Organisation zurückzuführen sind und welche durch die Software eines anderen Anbieters verursacht werden.

Die Software, die Ihre Organisation zum Laufen braucht, ist genauso wichtig wie alles andere, das unterstützt werden muss. Für viele verteilte Systeme müssen Sie eine Java-Virtual-Machine (JVM) verwenden. Die JVM selbst kann eine merkwürdige Quelle von Problemen sein. Zum Beispiel werden Anbieter die Unterstützung einer JVM für ihre Technologie bis hin zur Granularität der Build-Nummer qualifizieren. Andere Anbieter haben noch keine JVM gefunden, die zu 100 % mit ihrer Technologie funktioniert. Das Operations Team wird über Probleme wie diese und die Auswirkungen von nicht unterstützten Versionen von JVMs Bescheid wissen wollen.

Verteilte Systeme

Ich habe bereits erwähnt, wie schwierig verteilte Systeme sind. Jetzt werden wir verteilte Systeme aus der operationellen Perspektive betrachten.

Verteilte Systeme kommunizieren miteinander, und das sehr viel. Manchmal funktioniert diese Kommunikation, und manchmal nicht. Gut entworfene verteilte Systeme haben Mechanismen, um eine fehlgeschlagene Kommunikation erneut zu versuchen. Wenn diese Fehler bis zum Logging-System durchdringen, muss das Operations Team einen Blick darauf werfen.

Da die Verarbeitung oder Software nicht auf einem einzigen Computer läuft, kann es schwierig sein, das Zusammenspiel von Problemen zu verfolgen. Der Computer, der das Problem meldet, bemerkt vielleicht nur die Manifestation des Problems (kurz gesagt, er ist der Bote) und nicht die eigentliche Quelle des Problems. Verteilte Systeme führen zur Erstellung von aufwendigen Systemen zur Verfolgung von Logging-Nachrichten oder ganzen Produkten zur Überwachung des Lebenszyklus eines verteilten Systems. Dieser Bedarf an ordnungsgemäßem Logging ist die Natur des verteilten Systems und etwas, auf das das Operations Team sich vorbereiten sollte.

Fehlerbehebung

Es gibt einen Sprung vom Wissen über etwas zum Wissen, wie man Fehler behebt. Fehlerbehebungsfähigkeiten kommen wirklich zum Tragen, wenn Sie das Problem nicht einfach durch das Neustarten von Computern oder Starten von frischen Cloud-Instanzen beheben können. Es erfordert einen wirklich systematischen Ansatz, um potenzielle Problemquellen zu eliminieren und die wirklich wichtige Variable zu identifizieren. Es erfordert auch eine hartnäckige Entschlossenheit, das Problem herauszufinden und zu beheben.

Die Schwierigkeit bei der operativen Fehlerbehebung besteht darin, wie viele Teile oder Variablen das Problem hat. Dazu gehören:

- Hardware

- Betriebssystem

- Netzwerk

- Verteilte Systeme Framework

- Die Software Ihrer Organisation

- Die Softwareprogramme und Bibliotheken, auf die die Software Ihrer Organisation angewiesen ist

- Die gesendeten oder gelesenen Daten

Ihre schwierigsten Probleme werden auftreten, wenn die Quellen der Probleme sich über mehrere Teile erstrecken. Dies ist der Moment, in dem die Fähigkeit zur Fehlerbehebung von entscheidender Bedeutung ist und auf die große Probe gestellt wird. In diesen Situationen wird das Operations Team herausfinden, ob es wirklich über Fehlerbehebungsfähigkeiten verfügt.

Sicherheit

Sicherheit ist in der Regel hauptsächlich Aufgabe des Operations Teams. Sicherheit in verteilten Systemen kann im Allgemeinen in Verschlüsselung im Ruhezustand, Verschlüsselung über die Leitung, Autorisierung und Berechtigungen unterteilt werden.

Die Teams für Data Engineering und Data Science denken oft nicht über die Sicherheitsaspekte von Systemen nach. Sie haben in der Regel keine operative Denkweise und denken nicht bis zum Systemdesign und zum Sicherheitsteil durch. Es liegt am Operations Team sicherzustellen, dass die anderen Teams in ihrem Code die Sicherheits-Best-Practices einhalten. Bei einigen verteilten Systemen konfiguriert der Code selbst die Sicherheit und Verschlüsselung des Zugriffs. Das Operations Team möchte vielleicht die verteilten Systeme so konfigurieren, dass kein unsicherer Zugriff möglich ist.

Es ist ein schmaler Grat zwischen Erhaltung der Sicherheit von Dingen und der Herstellung der Sicherheit von Dingen, wobei diese so hoch ist, dass niemand mehr auf die benötigten Daten zugreifen kann. Diese übermäßig sicheren Umgebungen neigen dazu, Schatten-IT zu erzeugen, bei der die Leute anfangen, ihre eigene, weniger sichere Hardware zu starten, die Sicherheitsbeschränkungen umgeht. Durch zu viel Sicherheit und Paranoia werden einige Organisationen weniger sicher.

Datenstrukturen und Formate

Ein Operations Team muss sich mit Daten, der Struktur der Daten und den Formaten der Dateien auseinandersetzen.

Wenn ein Operations Team die Daten, die es in die Produktion einbringt, nicht versteht oder kennt, wird es die anderen Data Teams zu oft mit Problemen unterbrechen. Ein Fehler könnte einfach aufgrund eines schlechten Datenstücks oder Daten, die nicht in den richtigen Bereich fallen, protokolliert worden sein. Hier muss das Operations Team sicherstellen, dass es den Data-Engineering-Teams und Data Teams nützliche Metriken und vernünftige Fehlermeldungen liefert.

Operations Teams haben oft mit binären Datenformaten zu tun. Die Unfähigkeit eines Menschen, binäre Formate zu lesen, wird manchmal als Grund angeführt, stattdessen Zeichenkettenformate zu bevorzugen. Dies gilt nicht als Grund. Das Data Engineering sollte Dienstprogramme und Tools erstellen, um binäre Daten für Menschen lesbar zu machen. Binäre Formate sind tatsächlich besser für Operations Teams, da es ein festeres und spezifizierteres Layout für die Daten gibt.

Skripterstellung/Programmierung

Der Bedarf an Programmierkenntnissen ist für den Betrieb weniger sicher als für die Data-Science- oder Data-Engineering-Teams. Einige Operations Teams benötigen keine Art von Programmierung, während andere von Befehlszeilenskripten profitieren könnten, und andere müssen mit dynamischen oder kompilierten Sprachen programmieren. Im Allgemeinen gilt: Je mehr Programmierung das Operations Team hat oder versteht, desto besser. Das Wissen wird ihm helfen, mehr betriebliche Probleme zu bewältigen.

Ich habe festgestellt, dass einige Operations Engineers einen Code lesen können, aber keinen eigenen schreiben können. Bei einigen Problemen kann ein Operations Engineer einfach anfangen, den Code zu lesen, um zu sehen, ob das Problem ein Fehler in diesem Code ist. Sie möchten, dass Ihre Operations Engineers genug Fähigkeiten haben, um zumindest manchmal Probleme lösen zu können, damit sie nicht jedes Mal die Data Engineers um Hilfe bitten müssen.

Best Practices für die Operationalisierung

Verteilte Systeme haben eine Vielzahl von Konfigurationen und Best Practices. Es liegt am Operations Team, Best Practices in Bezug auf den Zugang anderer Teams zu verteilten Systemen durchzusetzen. Verteilte Systeme haben in der Regel vernünftige oder niedrige Standardwerte. Bei der Ausführung auf leistungsfähigeren Computern können diese niedrigen Standardwerte verhindern, dass das verteilte System die volle Leistung des Computers nutzt. Andere Konfigurationsänderungen können die Leistung für einen spezifischen Anwendungsfall verbessern. Das Operations Team muss sowohl den Anwendungsfall als auch die Art und Weise, wie die Konfiguration angepasst werden kann, um das verteilte System so schnell wie möglich auszuführen, verstehen.

Überwachung und Instrumentierung

Das Operations Team ist dasjenige, das Probleme in der Produktion lösen und Dinge am Laufen halten muss. Andere Teams sind nicht verantwortlich und denken normalerweise nicht darüber nach, was es bedeutet, etwas in der Produktion zu beheben. Es liegt am Operations Team, eine ausreichende Überwachung und Instrumentierung der Programme in der Produktion sicherzustellen, um Probleme schnell zu beheben und sich von ihnen zu erholen. Für einige Teams kann das Operations Team nur den Bedarf an Verbesserungen aufzeigen und muss mit den Architekten und Entwicklern für die tatsächliche Umsetzung zusammenarbeiten.

Dies könnte bedeuten, dass das Operations Team den Code während der Code-Reviews untersucht. Das Operations Team wird nach zwei Hauptproblemen suchen, die andere Teams wahrscheinlich nicht beachten.

- Fehlerbedingungen und Ausnahmebehandlung: Wird jeder bedeutende potenzielle Fehler protokolliert? Wird die Information oder der Zustand des Programms protokolliert, um den Entwicklern die Reproduktion des Problems zu erleichtern? Hat der Fehler eine menschenlesbare Aussage darüber, wo oder wie der Fehler ausgelöst wurde?

- Prozessinstrumentierung: Wissen Sie, wie viele Nachrichten oder Objekte gesendet oder verarbeitet werden? Wie lange hat es gedauert, eine Nachricht oder ein Objekt zu verarbeiten? Wie lange dauert es, bis ein externer Aufruf wie ein Datenbank- oder RPC-Aufruf abgeschlossen ist? Können Sie schnell feststellen, ob das Programm korrekt läuft, wenn es in Produktion ist?

Sie müssen in der Lage sein, diese Fragen zu beantworten, um genügend Informationen zu sammeln, um Fehler zu reproduzieren und zu beheben und um die Grundlagen zu haben, um zu wissen, wann ein Prozess falsch läuft.

Katastrophenwiederherstellung

Katastrophenwiederherstellung ist erforderlich, wenn ein ganzes Rechenzentrum oder Cluster nicht betriebsfähig ist. Diese Betriebsunfähigkeit könnte auf eine Naturkatastrophe, einen Stromausfall, ein Problem mit dem Rechenzentrum selbst usw. zurückzuführen sein. Diese Szenarien führen dazu, dass das gesamte System oder ein bedeutender Teil davon ausfällt. In jedem Fall müssen Unternehmen einen Plan haben, um mit einer Störung umzugehen, die mehr als nur ein paar Computer betrifft.

Sie können nicht warten, bis eine Katastrophe eintritt, um mit dem Kopieren von Daten zu beginnen. Die Daten müssen bereits als Teil der Katastrophenwiederherstellungsplanung an einem völlig anderen Ort kopiert worden sein. Aus Sicht der verteilten Systeme wird jede Technologie unterschiedliche Fähigkeiten und eingebaute Handhabung der Replikation haben.

Die Katastrophenwiederherstellung stellt für ein Operations Team eine ganze zusätzliche Ebene an Schwierigkeit und Komplexität dar. Oft haben die Designer von verteilten Systemen oder die internen Architekten noch nie darüber nachgedacht, wie man mit Katastrophen umgeht. Es könnte am Operations Team liegen, diese Konversation zu beginnen. Diese Konversation kann die verteilten Systemtechnologien selbst sowie Upgrades der internen Systemarchitektur zur Handhabung der Katastrophenwiederherstellung umfassen. Sie wird auch den Code und den Geschäftsprozess des Unternehmens abdecken. Der Code oder ein Geschäftsprozess muss festlegen, was im Falle einer Katastrophe geschieht.

Wenn Teams anfangen, verteilte Systeme zu nutzen, lassen sie die Katastrophenwiederherstellung oft als zweite Veröffentlichung aus oder versäumen es sogar, sie in einem Proof of Concept zu adressieren. Im schlimmsten Fall unterstützen die ursprünglich ausgewählten Technologien die Katastrophenwiederherstellung möglicherweise nicht gut oder kommen damit nicht gut zurecht, weil sie während der Evaluierungsphase keine primäre Sorge war. Dies wird eine technische schuld sein, die die Operations Teams und Data-Engineering-Teams angehen müssen.

Einrichten von Service-Level-Vereinbarungen

Das Operations Team ist verantwortlich für die Aufrechterhaltung von Service-Level-Vereinbarungen (SLAs). Eine Service-Level-Vereinbarung definiert die Menge an Ausfallzeit, die für ein System akzeptabel ist. Sie können auch festlegen, wie schnell die Reaktionszeit sein muss. Viele Organisationen unterteilen ihre SLAs nach dem verteilten System und der auf diesem System laufenden Software.

Die tatsächlichen Servicelevels hängen von der Organisation und der Geschwindigkeit der Datenverarbeitung ab. Diese Verarbeitung oder der Zugriff könnte batchorientiert, echtzeitnah oder spezifisch für einen Service sein.

Batch-SLAs

Batch-SLAs sind weniger streng. Im Allgemeinen wird ein Batch-SLA in vielen Stunden bis Tagen gemessen. Das System könnte während des Geschäftstages stundenlang ausfallen. Dies ist nicht ideal, aber es gibt normalerweise keine schrecklichen Folgen, da die Daten später verarbeitet werden können, nachdem das Operations Team den Service wiederhergestellt hat. Um sich aus dem entstandenen Loch zu befreien, müssen viele Aufgaben und Prozesse nachgeholt werden.

Batch-SLAs können je nach Tageszeit, Wochentag oder Jahreszeit variieren. Beispielsweise könnte das SLA darauf ausgerichtet sein, während des Geschäftstages keinen Ausfall zu haben. Nach Beendigung des Geschäftstages ist das strenge SLA nicht mehr notwendig.

Echtzeit-SLAs

Echtzeit-SLAs sind viel strenger als Batch-SLAs. Echtzeitsysteme dienen oft als erster Zugangspunkt für Daten. Wenn das System ausfällt, kann die Datenverarbeitung verzögert werden oder – noch schlimmer – wichtige Daten können verloren gehen. Unternehmen mit Echtzeitsystemen müssen sicherstellen, dass ihre Echtzeit-SLAs den Geschäftsanforderungen entsprechen. Echtzeit-SLAs werden in Minuten bis zu wenigen Stunden gemessen.

Der Übergang von einem Batch-SLA zu einem Echtzeit-SLA kann der Moment sein, in dem ein Operations Team in Schwierigkeiten gerät. Sie sind die weniger strengen SLAs eines Batch-Systems gewohnt, bei dem es ein elastischeres Sicherheitsnetz gibt. Bei Echtzeit-SLAs ist die Anzahl der betroffenen Systeme viel höher. Im Allgemeinen speist ein Echtzeitsystem viele verschiedene nachgelagerte Systeme, einschließlich sowohl Batch-Systemen als auch anderen Echtzeitsystemen. Ein Ausfall des Echtzeitsystems verursacht einen kaskadierenden Ausfall anderer Systeme.

Die betriebliche Exzellenz, die für ein SLA benötigt wird, kann Ihnen helfen herauszufinden, ob Sie tatsächlich ein Echtzeit-SLA benötigen. Sie benötigen eines, wenn es schmerzt, Ausfallzeiten im System zu haben. Andernfalls haben Sie möglicherweise keinen echten Bedarf an einem Echtzeit-SLA.

Spezifische Service-/Technologie-SLAs

Ihre SLAs können für spezifische Dienste oder Technologien unterschiedlich sein. Beispielsweise könnte eine Datenbank eine Website betreiben. Wenn die Datenbank ausfällt, könnte die gesamte Site aufhören zu arbeiten. Das Operations Team würde die Betriebszeit der Datenbank als kritisch identifizieren und dementsprechend ein SLA festlegen.

Einige Dienste oder Technologien sind nach außen gerichtet und können kritische Partnerservices sein. Wenn der Service ausfällt, könnte die Methode zum Verschieben von Daten zwischen den beiden Unternehmen ausfallen. Neben Websites und Datenbanken gibt es möglicherweise andere wichtige kundenorientierte Dienste mit entsprechend strengen SLAs.

Organisationscode und Bereitstellungs-SLAs

Der Code Ihrer Organisation hat sein eigenes SLA, unabhängig von den Diensten, die vom Operations Team ausgeführt werden. Sie müssen sicherstellen, dass der von Ihrer Organisation geschriebene Code ein angemessenes SLA hat, das gilt, wenn Sie einen Code aktualisieren, der in Produktion läuft. Die Zeit, die benötigt wird, um die Software zu aktualisieren, könnte zu Ausfallzeiten führen. Das Team muss die besten Möglichkeiten finden, das Produktionssystem zu aktualisieren, ohne Ausfallzeiten zu verursachen, oder zumindest während der Minimierung von Ausfallzeiten.

Die zugrunde liegende verteilte Systemsoftware selbst erfordert auch Updates. Das Operations Team muss einen Weg finden, die Software zu aktualisieren, ohne Ausfallzeiten zu verursachen. Für kritische Systeme bedeutet dies, die betriebliche Exzellenz zu haben, um ein Upgrade durchzuführen, während das System läuft. Einige der schwierigsten Upgrade-Pfade sind, wenn das Operations Team Jahre hinter der aktuellen Version aller Software zurückliegt. An diesem Punkt wird das notwendige Upgrade sowohl Betriebssystem-Upgrades als auch Software-Upgrades erfordern. Da die Software so alt ist, gibt es wahrscheinlich keinen direkten Pfad, um von der alten Version auf die neueste Version zu aktualisieren. Stattdessen muss das Team mehrere Hauptversionen installieren, um schließlich zur neuesten Version zu gelangen.

Typische Probleme

Fehlerbehebung ist in der Regel die anspruchsvollste und druckreichste Aufgabe für das Operations Team. Es ist vielleicht nicht der Ort, an dem es die meiste Zeit verbringt, aber es wird entscheidend sein, um die Geschäftsanforderungen konsequent zu erfüllen.

In diesem Abschnitt werden die Hauptprobleme behandelt, mit denen Operations Teams konfrontiert sind, in der ungefähren Reihenfolge nach ihrer Relevanz. Jedes Problem, mit dem ein Operations Team konfrontiert ist, kann eines, einige oder eine Mischung aus all diesen Themen betreffen. Sie müssen nach und nach die Schichten abtragen, um herauszufinden, was wirklich das Problem ist. Diese Gruppen von Problemen machen den Betrieb verteilter Systeme schwierig.

Ihr Organisationscode

Ihr eigener Code wird die primäre Quelle Ihrer betrieblichen Probleme sein. Wenn etwas nicht funktioniert, sollte Ihr Code der erste oder zweite Ort sein, an dem Sie nachsehen. Das bedeutet nicht, dass das Operations Team die betrieblichen Probleme direkt an das Data-Engineering-Team weitergeben sollte. Stattdessen sollte das Operations Team überprüfen oder eine hohe Gewissheit haben, dass das Problem im eigenen Code der Organisation liegt.

Es gibt hervorragende und stichhaltige Gründe, hier zu beginnen. Zum einen ist der Code verteilter Systeme komplex, sodass Fehler leicht einzufügen sind. Dies wird noch schlimmer, wenn die Personen, die den Code schreiben, neu im Bereich der verteilten Systeme sind. Ihnen fehlt möglicherweise die Erfahrung, den Code korrekt zu schreiben.

Es ist entscheidend, dass der Code ausreichende Unit-Tests und Integrationstests hat, bevor er in Produktion geht. Ohne genügend Tests wird es schwieriger herauszufinden, ob das Problem behoben wurde und ob nicht etwas Anderes im Prozess der Fehlerbehebung kaputt gegangen ist. Das Operations Team muss die Entwicklungsteams möglicherweise wirklich dazu drängen, bessere Tests durchzuführen, um ihre Arbeit zu erleichtern.

Probleme bei der Fehlerbehebung werden durch zu wenig Interaktion zwischen dem Operations Team und den anderen verschärft. Das Operations Team kann das Gefühl haben, dass es die Hauptlast von einem ungetesteten Code oder wirklich fehlerhaftem Code trägt. Diese Art von Interaktionen führen zu Reibungen und Misstrauen zwischen den Data Teams.

Daten und Datenqualität

Einige betriebliche Probleme resultieren aus Problemen mit den Daten selbst. Dies ist der erste oder zweite Ort, an dem Sie nachsehen sollten. Denken Sie daran, dass Data Teams eine Mischung aus Software und Daten erstellen. Ein Problem mit Daten ist genauso gefährlich wie ein Problem mit der Software.

Es könnte verschiedene Probleme mit Daten geben. Beispielsweise kann ein einzelnes Stück oder eine gesamte Datei von Daten beschädigt sein. Infolgedessen kann der Teil der Daten oder die Datei möglicherweise nicht ordnungsgemäß deserialisiert werden. Bei der Fehlerbehebung müssen Sie herausfinden, ob das Problem von den Daten herrührt und dann herausfinden, warum das Problem überhaupt aufgetreten ist.

Indem Sie die Quelle(n) des Problems ermitteln, können Sie verhindern, dass es erneut auftritt oder zumindest die Szenarien dokumentieren, die zu Datenproblemen führen.

Es gibt andere Probleme, bei denen die Daten gut deserialisiert werden, aber die Daten entsprechen nicht dem, was Sie erwartet haben. Vielleicht wurde ein Code nicht defensiv genug geschrieben, oder das Schema wurde nicht gut konstruiert. Wenn beispielsweise der Code einen String in eine Zahl umwandelt, kann die Erzeugung einer Zahl außerhalb eines akzeptablen Bereichs Ihrem Programm Probleme bereiten, aber das Problem wird möglicherweise nicht gut protokolliert. Das Operations Team wird mit den anderen Data Teams zusammenarbeiten wollen, um über implizite oder explizite Annahmen von Feldern Bescheid zu wissen.

Das Operations Team muss möglicherweise hart dafür kämpfen, dass benutzerdefinierte Tools erstellt werden, um ihnen bei der Überprüfung von Datenproblemen zu helfen. Dies könnte scriptfähige Tools beinhalten, die einen Teil einer Datei oder eines Streams betrachten, ihn deserialisieren und die Ergebnisse ausgeben. Die meisten Data-Engineering-Teams werden nicht daran denken, diese Tools zu erstellen oder zu glauben, dass es wichtig genug ist, Zeit für ihre Erstellung aufzuwenden. Das Managementteam muss das Logging und die Tools als kritisches Feature behandeln und sicherstellen, dass das Data-Engineering-Team genügend Zeit hat, dies dem Code hinzuzufügen.

Framework-Software

Verteilte System-Frameworks variieren stark in ihrer Produktionstauglichkeit. Wenn sie ausgereift sind, haben sie (hoffentlich) weniger Fehler und bessere Tools, um Ihnen bei der Lösung von Problemen zu helfen. Einige Systeme können wirklich problematisch sein. Andere Systeme funktionieren sehr gut, aber 0,1 % der Probleme werden Ihnen ernsthafte Schwierigkeiten bereiten oder zu einem vollständigen Datenverlust führen. Es gibt wirklich eine breite Palette.

Einige Probleme in Ihrem eigenen Code scheinen Probleme mit der Framework-Software zu sein. Dies ist oft auf den Missbrauch oder das Missverständnis dessen zurückzuführen, wofür das Framework wirklich verwendet wird oder wie ein bestimmtes Feature verwendet oder implementiert werden sollte. Manchmal können diese Probleme mit mehr Hardware – in der Regel durch eine Erhöhung des RAM – umgangen werden, während andere Code-Korrekturen erfordern. Andere Probleme können in der Architektur des verteilten Systems begründet sein und keine Menge von Workarounds wird in der Lage sein, das Problem zu beheben.

Hardware

Hardware kann in seltenen Fällen Probleme verursachen. Die beiden häufigsten Hardwareprobleme sind auf den Kauf billiger Hardware und Fehler in der Firmware zurückzuführen.

Echte Big-Data-Probleme werden die Hardware auf eine Weise belasten, die der Hersteller möglicherweise nie getestet hat. Obwohl die Spezifikationen des Herstellers sagen können, dass die Ausrüstung bis zu einem bestimmten Niveau arbeiten kann, wurde möglicherweise nie tatsächlich auf diese Last getestet oder diese Last lange genug getestet. Dies führt zu Firmware- und Überprovisionierungsfehlern, die sich nur im großen Maßstab manifestieren.

Hardwareprobleme sind schwierig zu diagnostizieren, insbesondere wenn sie mit dem Netzwerk zusammenhängen. Einige der schwierigsten Probleme treten nur sporadisch auf. Es kann praktisch unmöglich werden, die genaue Situation zu verstehen, die das Problem wiederholt. Deshalb brauchen Sie wirklich ein leistungsstarkes Operations Team.

Das Operations Team besetzen

Jetzt, da wir eine Vorstellung davon haben, welche Fähigkeiten im Operations Team benötigt werden, werden wir uns ansehen, wo wir das Personal finden können. Auf dem Weg dorthin werde ich auf einige Abkürzungen hinweisen, die Manager in Versuchung führen, und welche Gefahren in diesen Abkürzungen lauern.

Die Notwendigkeit spezialisierter Schulungen für Big Data

Oft versucht das Management, System- und Netzwerkadministratoren in Data Teams einzusetzen oder einfach den Titel bestehender Einzelmitarbeiter zu ändern, ohne der Person tatsächlich die neuen Fähigkeiten zu vermitteln, die für Big Data und verteilte Systeme benötigt werden. Dies ist eine Möglichkeit, Ihre Lösung im Produktionsbetrieb scheitern zu lassen. Wenn Sie Ihr Operations Team mit Personen besetzen, die bisher nur mit kleinen Datensystemen gearbeitet haben, müssen Sie ihnen die Schulung ermöglichen, um neue Fähigkeiten im Zusammenhang mit verteilten Systemen zu erlernen.

Der Übergang vom Betrieb kleiner Datensysteme zu verteilten Systemen bedeutet eine Zunahme der Komplexität. Wenn Sie Echtzeit-verteilte Systeme hinzufügen, steigt die Komplexität noch weiter. Das Operations Team muss jedes Teil des verteilten Systems verstehen und wie jedes Teil mit den anderen kommuniziert. Ohne dieses Verständnis werden die Operations Teams nicht in der Lage sein, die betrieblichen Probleme davon abzuhalten, zu den Data-Engineering-Teams durchzudringen.

Umschulung bestehender Mitarbeiter

Die Schaffung eines neuen Operations Teams könnte die Einstellung neuer Mitarbeiter von außerhalb des Unternehmens beinhalten. Häufiger suchen Organisationen intern, um ihren bestehenden Betriebsmitarbeitern zu nutzen.

Das Management sollte darauf achten, Personen, die neu in verteilten Systemen sind, die Ressourcen zur Verfügung zu stellen, um die neuen Systeme zu erlernen. Es ist eine nicht triviale Aufgabe, zu lernen, wie man diese Systeme installiert, konfiguriert und Fehler behebt. Ein Team, das nicht die richtigen Ressourcen zur Verfügung gestellt bekommen hat, wird nicht in der Lage sein, betriebliche Probleme zu beheben oder zu verhindern.

Operations

Ihre bestehenden kleinen Data-Operations-Teams sind die ersten Anlaufstellen. Einige dieser Personen haben möglicherweise bereits Interesse daran gezeigt zu lernen, wie man verteilte System-Frameworks betreibt.

Diese Personen müssen ein Interesse an Daten haben. Ihre aktuelle kleine datenorientierte Arbeit hat möglicherweise nicht mit Daten zu tun oder hat wahrscheinlich nicht auf dem Niveau mit Daten zu tun, das von den Operations eines Data Teams benötigt wird. Ein Interesse am Verständnis von Formaten und anderen Datenproblemen wird wirklich helfen, zu diagnostizieren, ob ein Problem mit Daten oder Software zusammenhängt.

DevOps-Mitarbeiter

Der Aufgabenbereich Ihres DevOps-Teams sind ein weiterer Ort, um nach potenziellen Mitgliedern des Operations Teams zu suchen. In meinen Gesprächen mit DevOps-Teams habe ich festgestellt, dass ihre Fähigkeiten eher in Richtung Operation als zur Softwareentwicklung gehen. Sie haben möglicherweise bessere Skripting-Fähigkeiten als die meisten Betriebsmitarbeiter. Die Nutzung dieser Mitarbeiter könnte es Ihnen ermöglichen, einen Teil der Automatisierung und Überwachung auf das Operations Team zu verlagern, anstatt das Data-Engineering-Team dies tun zu lassen.

Aber ein Operations Team ist nicht einfach ein DevOps-Team mit einem anderen Titel oder leicht abweichenden Aufgabenbereich. Die beiden Hauptunterschiede konzentrieren sich auf Daten und verteilte Systeme. DevOps-Teams verstehen Daten oft nicht auf dem Niveau, das sie als ein auf Daten fokussiertes Operations Team sollten. Verteilte Systeme sind wirklich eine Spezialisierung mit besonderen Fähigkeiten.

Genau wie die kleinen Data-Operations-Teams müssen die DevOps-Mitarbeiter ein Interesse an Daten haben. Und genau wie bei anderen Betriebsrollen werden die DevOps-Teams eine umfangreiche Schulung im Umgang mit den betrieblichen Problemen der verteilten Systeme benötigen.

Die Entwicklungsseite von DevOps könnte schwieriger sein. Wenn das DevOps-Team stark auf die Betriebsseite ausgerichtet ist, hat das Team möglicherweise nie die für die Code-Entwicklung erforderlichen Programmiersprachen gelernt. Ein operationslastiges DevOps-Team wird große Schwierigkeiten haben, den notwendigen Code zu entwerfen und zu schreiben, um Datenprodukte zu erstellen, was die übliche Ursache für die Schwierigkeiten von Betriebsmitarbeitern bei der Entwicklung auf verteilten Systemen ist.

Warum ein Data Engineer kein guter Operations Engineer ist

Ich glaube, dass Operations genauso eine Denkweise wie eine Fähigkeit sind. Diese Denkweise der Operations wird deutlich, wenn man Operation und Software Engineering vergleicht. Denken Sie daran, dass die meisten Data Engineers aus Software-Engineering-Hintergründen kommen. Sie übernehmen alle Annahmen und Schulungen – einige gute und einige schlechte – die mit dem Sein eines Software Engineers einhergehen. Ich würde die meisten Software Engineers nicht in einem

Produktionssystem einsetzen. Leider sind die Data Engineers oft diejenigen, die einspringen, wenn es darum geht, ein Problem zu beheben, wenn einem Unternehmen ein Operations Team völlig fehlt.

Ich habe Software Engineers und Data Engineers gesehen, die versuchen, die einfachste betriebliche Aufgabe zu erledigen, wie zum Beispiel eine BIOS-Änderung vorzunehmen oder eine Software zu aktualisieren. Das bedeutet nicht, dass kein Data Engineer jemals ein guter Operations Engineer sein könnte. Es ist eher eine Warnung, dass Data Engineers möglicherweise nicht die Denkweise haben, Produktionssysteme zu beheben, und am Ende wie ein Stier in einem Porzellanladen enden könnten.

Wenn man einen Data Engineer in eine Betriebsrolle steckt, könnte er kündigen, weil er den Code schreiben und keine laufenden Systeme unterstützen will. Data Engineers wollen sich darauf konzentrieren, neue Software zu erstellen, anstatt sie zu warten und zu überwachen.

Um dies noch verwirrender zu machen, praktizieren einige Data-Engineering-Teams DevOps. Wenn ein Data-Engineering-Team DevOps praktiziert, übernimmt es vollständig die Rolle und Verantwortlichkeiten der Operations.

Die Zuweisung eines Data-Engineering-Teams an DevOps unterscheidet sich stark von der Zuweisung eines regulären DevOps-Teams, das den Betrieb von Big-Data-Projekten übernimmt. Da das Data-Engineering-Team bereits mit der Architektur und Programmierung von verteilten Systemen vertraut ist, wird es das Team viel leichter haben, die Operations von verteilten Systemen zu erlernen. Dies negiert nicht die Notwendigkeit, dass das Data-Engineering-Team darüber aufgeklärt wird, wie die in Produktion gebrachten verteilten Systeme betrieben werden; sie werden es einfach leichter haben, die betrieblichen Anforderungen zu erlernen.

Das Management sollte Vorsicht walten lassen, denn DevOps zu betreiben, lässt nicht automatisch einige der wirklich schwierigen Teile der Operations verschwinden. Stattdessen sollte das Management bewerten, ob DevOps für das Team und die Organisation die richtige Wahl ist.

Cloud vs. On-Premises-Systeme

Die Nutzung der Cloud verändert wirklich die Arbeit des Operations Teams. Einige Organisationen behalten ihr On-Premises-Datencenter bei, während andere einen hybriden Ansatz wählen, der sowohl ihr On-Premises-Datencenter als auch die Cloud nutzt.

Wenn Ihre Daten und virtuellen Maschineninstanzen die Cloud nutzen, müssen die meisten Hardwarefehlerbehebungen wegfallen. Beachten Sie, dass es immer noch Hardwareprobleme in der Cloud gibt, die Sie beheben müssen, und diese Probleme werden weitaus undurchsichtiger sein als die von On-Premises-Hardware. Aber der Großteil der Fehlerbehebung wird sich auf die Software konzentrieren.

Für hybride Clouds und bei der ersten Umstellung auf die Cloud wird die Datenbewegung ein Problem sein. Das Operations Team muss sicherstellen, dass die Daten sicher und konsistent fließen. Je nach den verwendeten Technologien könnte dies ein manueller oder ein automatischer Prozess sein.

Verwaltete Cloud-Dienste und Betrieb

Es ist interessant zu sehen, wie Organisationen zur Cloud wechseln und sie nur als ausgelagerte Infrastruktur nutzen. Meiner Meinung nach kommt der wirkliche Wert der Cloud von der Nutzung verwalteter Dienste, sowohl der von den Cloud-Anbietern angebotenen als auch der auf den Cloud-Anbietern gehosteten. Verwaltete Dienste ermöglichen es Organisationen, neue Technologien zu nutzen, ohne dass ihr Operations Team lernen muss, wie man eine brandneue Technologie verwaltet und betreibt. Dies ermöglicht es dem Data-Engineering-Team, sich wirklich auf die besten Tools für die Arbeit zu konzentrieren, anstatt auf die, die die Organisation betreiben kann.

Organisationen in der Cloud sollten so viel Betriebslast wie möglich auf den Cloud-Anbieter oder die verwaltete Lösung verlagern. Einige Organisationen entscheiden sich gegen die Nutzung von Cloud-Anbietern, weil sie befürchten, dass sie unter Preiserhöhungen leiden oder in eine Anbieterbindung geraten. Ein korrekt genutzter verwalteter Dienst sollte sich durch verringerte Betriebskosten selbst bezahlen. Die Anbieterbindung kann ein Problem sein, kann aber durch spezifische Planung reduziert oder gemindert werden.

Ein entgegengesetztes Problem tritt manchmal bei der Umstellung auf die Cloud auf. Organisationen, die verwaltete Dienste nutzen, neigen dazu zu denken, dass sie kein Operations Team mehr benötigen. Sie liegen falsch. Die Nutzung von verwalteten Diensten bedeutet, dass Ihr Operations Team kleiner sein kann oder die Anforderungen für ein Team, das DevOps durchführt, senkt, aber das bedeutet nicht, dass Sie das Operations Team vollständig eliminieren können. Ihre Software wird immer noch versagen, und Sie müssen sogar Probleme beheben. Sie müssen immer noch ein Operations Team haben, um diese Probleme zu lösen.

KAPITEL 6

Spezialisiertes Personal

For the times they are a-changin'

—„The Times They Are A-Changin'" von Bob Dylan

Wenn Organisationen in ihrer Datennutzung reifer werden, beginnen sie, spezialisiertere Fähigkeiten zu benötigen. In diesem Kapitel betrachten wir zwei fortgeschrittene Bereiche der Personalbeschaffung: DataOps und Ingenieure für maschinelles Lernen. Beide Fähigkeiten basieren auf Softwareentwicklung, Analytik und Data Science.

DataOps

Ein DataOps-Team ist ein funktionübergreifendes und hauptsächlich – wenn nicht ausschließlich – darauf ausgerichtet, Wert durch Analytik zu schaffen. Dieser funktionsübergreifende Zugang ermöglicht es dem Team, End-to-End-Wert aus den Daten zu schaffen, da es Rohdaten nimmt und Wert daraus schaffen kann.

Ein DataOps-Team hat Data Engineers, Data Scientists, Data Analysten und Betriebsmitarbeiter. Das Vorhandensein von Data Engineers bedeutet, dass das Team effizient Datenprodukte erstellen kann. Durch das Vorhandensein von Data Scientists und Data Analysten kann das Team das gesamte Spektrum der Analytik erstellen, das von einfacher Analytik bis zur vollständigen Modellerstellung reicht. Durch die Betriebskomponente wird es dem Team ermöglicht, das Produkt in Produktion zu bringen und es zu unterstützen oder den Produktionszugang zur Nutzung von Produktionsdaten oder Cluster-Ressourcen zu haben.

Nur weil das Team Data Pipelines von Anfang an erstellen kann, bedeutet das nicht, dass es immer alles von Grund auf neu erstellen sollte. Es sollte andere Data Pipelines nutzen, die vom Data-Engineering-Team erstellt wurden.

J. Anderson, *Daten-Teams*, https://doi.org/10.1007/979-8-8688-0072-6_6

Im Einklang mit der Wiederverwendungsstrategie codieren sie möglicherweise nicht jede Pipeline. DataOps-Teams verwenden möglicherweise mehr Werkzeuge, die die Erstellung von Pipelines ohne die Notwendigkeit von Codes ermöglichen. Stattdessen erstellen diese verteilten Systeme oder Technologien Analytik oder Data Pipelines, ohne sie von Grund auf neu codieren zu müssen. Das DataOps-Team würde sich auf die Geschwindigkeit des Handelns konzentrieren, anstatt auf optimal entwickelte Lösungen.

Dies führt uns zu den kritischen Unterschieden zwischen DataOps und Data Engineering – die Geschwindigkeit der Zyklen. Data Engineering arbeitet – wie die meisten Softwareentwicklungen – über längere Zeiträume. Dies ist die äußere Manifestation der schieren Komplexität und des zeitaufwendigen Charakters verteilter Systeme. Mehr Datentechnikgeschwindigkeit des Teams verbessert diese Zeiten, aber dies wird normalerweise durch das Data-Engineering-Team gedämpft, das immer schwierigere Data Pipelines erstellt. DataOps erkennt, dass sich Geschäftsbedingungen schnell ändern und jedes Unternehmen mit anderen konkurriert, um Veränderungen zu entdecken und darauf zu reagieren; Organisationen mit gut etablierten Data Teams fordern, dass neue Modelle produktionsbereit und so schnell wie möglich eingesetzt werden. Um dies zu erreichen, arbeitet DataOps in viel kürzeren Zyklen. Das DataOps-Team kann die Datenprodukte des Data Teams nehmen, mit dem Unternehmen zusammenarbeiten, um die Analytik zu erstellen, und den spezifischen Geschäftswert aus den Datenprodukten schaffen. Dieser kürzere Zyklus ist wirklich das, was die Geschäftsseite braucht, um auf ihre Daten zu reagieren.

Die Kompromisse in DataOps

Einige Projekte müssen innerhalb eines Tages abgeschlossen werden – vielleicht sogar innerhalb von Stunden. Es ist schon vorgekommen, dass ein VP oder CxO für sein Meeting am nächsten Tag eine Analyse anfordert. Ein DevOps-Team kann das bewerkstelligen. Wenn man die Data-Engineering- oder Data-Science-Teams darum bittet, zwingt man sie, ihre Arbeit komplett zu stoppen, den Kontext zu wechseln und zu hacken. Dies führt konsequent zu Verzögerungen und Problemen für das Team – und es verfügt wahrscheinlich nicht über die Fähigkeiten und die Denkweise, um die Frist einzuhalten, da dessen gesamte Karriere dem sorgfältigen, fehlerfreien Programmieren gewidmet war.

Das Schlüsselprinzip von DataOps besteht darin, sich auf die Geschwindigkeit der Entwicklung und Freigabe zu konzentrieren, anstatt auf optimal entwickelte Lösungen.

DataOps-Mitarbeiter versuchen nicht, ihre Fähigkeiten für andere Teams zu ersetzen oder alles zu übernehmen, was von den anderen Teams gemacht wird. Stattdessen lassen die DataOps-Mitarbeiter möglicherweise das Data-Engineering-Team neue Pipelines erstellen und wenden dann DataOps-Fähigkeiten an, um schnelle Updates und Freigaben zu ermöglichen. Für einige Datenquellen gibt es möglicherweise keine vorbestehende Data Pipeline, und das DataOps-Team muss sie selbst erstellen. DataOps kann Tools verwenden, um Pipelines zu erstellen, ohne einen neuen Code schreiben zu müssen.

Daher erledigt das Data Engineering seine Arbeit zuerst, und zwar in einem Tempo, das mit anderen Software-Engineering-Teams vergleichbar ist. Es benötigt viel Zeit, weil verteilte Systeme komplex sind und schwer richtig zu verwenden sind. DataOps hingegen arbeitet in einem viel kürzeren Zyklus. DataOps kann die Datenprodukte des Data-Engineering-Teams übernehmen, mit dem Unternehmen zusammenarbeiten, um die Analysen zu erstellen, und den spezifischen Geschäftswert aus den Datenprodukten schaffen. Wenn Pionierarbeit geleistet werden muss, kann ein Datenprodukt erstellt werden, das das Data-Engineering-Team später übernimmt und produktionsreifer macht.

PROBLEME MIT GARTNERS DEFINITION VON DATAOPS

Gartners Definition, die häufig unter Geschäftsführern in der Technologie zitiert wird, bietet seine eigene Definition von DataOps:

> DataOps ist das Zentrum für die Sammlung und Verteilung von Daten, mit dem Auftrag, kontrollierten Zugang zu Systemen der Aufzeichnung für Kunden- und Marketingperformance-Daten zu gewährleisten, während Datenschutz, Nutzungsbeschränkungen und Datenintegrität geschützt werden.[1]

Nach meiner Lesart unterscheidet Gartners Definition nicht ausreichend die neuen Fähigkeiten, die DevOps mitbringt, von der traditionellen Rolle eines DBA des Data-Warehouse-Teams. Die Definition schlägt tatsächlich einen widerstandsfähigen Ansatz vor: Benutzer von Daten fernhalten.

---

[1] www.gartner.com/en/information-technology/glossary/data-ops

Meine Kritik ist wichtig, weil Data Teams historisch gesehen ihre Verantwortung für den Datenschutz und die Sicherung von Daten genutzt haben, um wertvolle Nutzungen zurückzuhalten. Ein Machtkampf zwischen Datenbenutzern und Data-Warehouse-Teams ist oft über diesen Konservatismus ausgebrochen. Was wir wollen, ist eine Definition, die Agilität und erhöhten Zugang zu Daten betont.

Ich erwähne die Gartner-Definition hier nur, weil Sie sie wahrscheinlich anderswo sehen werden, und ich möchte sicherstellen, dass Sie eine positivere Definition zur Hand haben.

ES GIBT DREI WEITERE DEFINITIONEN VON DATAOPS, DIE IM UMLAUF SIND

Eine davon ist, dass DataOps einfach DevOps für Analysen ist. In dieser Definition nehmen wir die DevOps-Bewegung und sagen, dass wir sie leicht erweitern müssen, um Daten einzubeziehen. Dieses Denken sagt, wenn wir nur schneller freigeben, können wir die Qualität unserer Data Pipeline erhöhen. DevOps konzentriert sich auf die Wertschöpfung durch Software Engineering und verbesserte Freigabezyklen. Ein DataOps-Team sollte sich auf die Wertschöpfung aus Daten konzentrieren. Das DataOps-Team kann nur Wert aus Daten schaffen, wenn die Daten von ausreichender Qualität sind, um sie nutzbar zu machen. Idealerweise ist das DataOps-Team so selbstständig wie möglich, um Datenprodukte selbst zu bedienen und alle Ausgaben zu produzieren.

Die zweite Definition ist eine Praxis für das Data-Engineering-Team. Diese Definition übernimmt Ihr Data-Engineering-Team und sagt, dass es DevOps-Prinzipien anwenden muss. Das bedeutet, dass Ihr Data-Engineering-Team Mitarbeiter eistellen muss, die sich mit Betriebs- und Wertschöpfung aus Daten auskennen – vor allem mit Analysen. Diese beiden neuen Eigenschaften zu einem Data-Engineering-Team hinzuzufügen, ist keine simple Aufgabe. Auf der Seite der Wertschöpfung müsste das Data-Engineering-Team lernen, wie man die Daten analysiert und nutzbare Erkenntnisse aus den Daten erstellt. Noch einmal, da ich Data Engineers ausgiebig unterrichtet habe, ist dies keine übliche Eigenschaft. Wenn der aus Daten geschaffene Wert einfache oder geradlinige Mathematik ist, könnte ein Data Engineer es tun. Ich würde argumentieren, dass, wenn Ihre analytischen Produkte so einfach sind, Sie wirklich höher zielen sollten und tatsächlich Zeit und Geld verschwenden könnten.

Die dritte Definition ist eine Obermenge von DevOps, Lean, Agile und Datenmanagement. Diese Definition ermöglicht es dem DataOps-Team, die Erstellung von Datenprodukten vom Anfang bis Ende zu optimieren. Das Team hätte die Kontrolle über die Bereitstellung, die Datenqualität und den Betrieb von Datenprodukten.

Personal für DataOps finden

Im Gegensatz zu anderen Teams und Titeln glaube ich nicht, dass es einen einheitlichen Titel für DataOps-Ingenieure geben wird. Da das DataOps-Team funktionsübergreifend ist, müssen Sie den Data Engineer, den Data Scientist, den Data Analysten und die Betriebsperson unterscheiden. Die Personen, die Sie einstellen oder aus anderen Teams abziehen, behalten daher wahrscheinlich ihre ursprünglichen Titel.

Organisationen, die bereits die in den vorherigen Kapiteln beschriebenen Teams für Data Science, Data Engineering und Betrieb haben, finden DataOps-Mitarbeiter in der Regel auf eine der folgenden Arten:

- Aus dem Data-Engineering-Team, indem man dem Personal die notwendigen Software-Engineering-Fähigkeiten beibringt

- Aus dem Operations Team, indem man den Leuten die notwendigen Daten- und Analysefähigkeiten beibringt

Die eigentliche Frage ist, wer Erfahrung in der Softwareentwicklung hat. Es ist wichtig, als Software Engineer reif zu sein, und danach ist es nicht so schwer, die anderen notwendigen Fähigkeiten zu erlernen.

Die Menge der Veränderungen für Data Scientists und Data Analysten kann von minimalen Veränderungen bis zu einer viel größeren Gruppe von Veränderungen variieren. Data Scientists und Data Analysten sind oft daran gewöhnt, in kürzeren Zeiträumen zu arbeiten. Wenn sie das nicht können, benötigen sie Coaching oder Training, um den Anforderungen gerecht zu werden. Wenn die Data Engineers No-Code- oder Low-Code-Produkte verwenden, um schnell Data Pipelines zu erstellen, benötigen die Data Scientists und Data Analysten möglicherweise eine Schulung, wie sie diese effektiv nutzen können.

Der Wert von DataOps

Die meisten Organisationen beginnen mit Daten, weil sie von den nahezu wunderbaren Dingen gehört haben, die die Data Science erreicht hat und annehmen, dass Data Scientists alles sind, was sie brauchen. Die Manager verstehen wahrscheinlich nicht viel von den Anforderungen im Umgang mit Daten, daher erwarten sie, dass ihre Data Scientists alles von der Datensuche bis zur Schaffung von Geschäftswert aus Daten erledigen. Wie wir in diesem Buch bereits gesehen haben, ist eine effektive Datenanalyse eine Teamleistung, die viele Fähigkeiten erfordert.

Einige Analyse- und Data-Engineering-Organisationen werden durch die alleinigen Bemühungen von einer oder zwei Person(en) gestützt. Dieser individuelle Heroismus stellt allerlei Risiken für eine Organisation dar. Aus technischer Sicht sorgt dieser Heroismus für mehr Unsicherheit, als Ihnen vielleicht lieb ist. Für ein kurzfristiges Analyseprojekt ist das in Ordnung. Für langfristige oder unternehmensweite Analysen schafft dieser Ansatz jedoch erhebliche technische Schulden. Diese Art von Heldentum skaliert nicht, und die Organisation wird dies auf die harte Tour erfahren, sobald diese Person geht. Ständiger individueller Heroismus ist oft ein Zeichen für tiefere technische und personelle Probleme in der Organisation.

DataOps sollte der Organisation eine Möglichkeit geben, mit den Problemen umzugehen – und Probleme werden auftreten – während unzumutbare Lasten von den Schultern der Einzelpersonen genommen werden. Das DataOps-Team sollte sich auf stetige und kontinuierliche Verbesserung konzentrieren, bis es nicht mehr nötig ist, bis spät ih die Nacht zu arbeiten.

Beziehung zwischen den DataOps- und Data-Engineering-Teams

In größeren Organisationen ist das DataOps-Team getrennt vom Data-Engineering-Team. Diese Arbeitsteilung erfordert herauszufinden, welches Team welche Aufgaben übernimmt und wie beide zusammenarbeiten werden.

Die Teams bringen unterschiedliche Mentalitäten mit: Die Data-Engineering-Teams kommen aus der Softwareentwicklung und DataOps konzentriert sich auf Geschwindigkeit, um Analysen zu erstellen.

Aufgrund der unterschiedlichen Mentalitäten könnte das DataOps-Team denken, dass das Data-Engineering-Team zu langsam ist und Dinge überkonstruiert. Das Data-Engineering-Team wiederum kann denken, dass DataOps zu schnell und locker mit den Engineering-Regeln und Best Practices umgeht. Die Data Engineers könnten befürchten, dass sie ein schlecht implementiertes, schlecht dokumentiertes und fehlerhaftes System in der Produktion besitzen werden.

Dies ist eine grundlegende Spannung, mit der Sie arbeiten müssen. Ein Ingenieur, insbesondere in einem großen Unternehmen, denkt in einem Zeitrahmen von zehn Jahren. Er hat das Gefühl, dass seine Aufgabe darin besteht, sicherzustellen, dass das von ihm entwickelte Programm oder System in den nächsten zehn Jahren gewartet werden kann und robust funktioniert. Die Operationalisierung jeder neuen Technologie birgt ein inhärentes Risiko, das die Ingenieure zu bewerten versuchen. Sie denken an diese Probleme, weil sie schon einmal davon betroffen waren.

Ein Analyst oder Data Scientist in einem DataOps-Team denkt nicht in Zeiträumen von zehn oder mehr Jahren. Sie haben jeweils einen kurzfristigen Zeitplan und ihre einzige Sorge ist, ob die Analyse funktioniert oder mit einer neuen Idee für die kurze Zeit, die sie benötigt wird, zu experimentieren – und das könnte nur Minuten oder Tage sein.

Zu denken, dass dies alles entweder ein kurzfristiges oder langfristiges Problem ist, ist der Punkt, an dem DataOps- und Data-Engineering-Teams auf Schwierigkeiten stoßen werden. Sie müssen lernen, Geschwindigkeit mit Unternehmensüberlegungen in Einklang zu bringen. Manchmal bleibt ein kurzfristiges Problem oder eine Lösung eine kurzfristige Lösung. Aber was passiert, wenn diese kurzfristige Lösung ein Eigenleben entwickelt und zu einer langfristigen Lösung wird?

Darüber hinaus müssen Sie manchmal eine kurzfristige Lösung durch eine andere, langfristigere Lösung ersetzen. Die Nichterkennung der Notwendigkeit einer Zeitrasteränderung könnte dazu führen, dass das gleiche Problem immer wieder ineffizient mit kurzfristigen Lösungen gelöst wird.

Daher sollten die DataOps- und Data-Engineering-Teams klare Kommunikationsprozesse haben, um den Wechsel zwischen schnellen, kurzfristigen Lösungen und mehr architektonischen, langfristigen zu antizipieren und zu bewältigen. Abb. 6-1 schlägt die Gespräche vor, die die beiden Teams führen könnten, wenn sie die Notwendigkeit einer Veränderung erkennen.

Es gibt immer noch Projekte, die einen herkömmlichen Engineering-Zeitplan benötigen, der in Monaten gemessen wird. Da die Komplexität der Analysen wächst und der Bedarf an Datenprodukten zunimmt, benötigen Sie sowohl Ihre regulären Data Engineers als auch Ihr DataOps-Team.

Wann mit DataOps beginnen?

Ich habe festgestellt, dass Versuche, DataOps zu früh in die Geschichte der Organisation einzuführen, das Risiko eines Scheiterns bergen, weil das Unternehmen zu viele organisatorische Veränderungen auf einmal vornimmt. Das Team scheitert, weil es verwirrt ist, an wen es berichten soll oder was es tun soll. Hinzu kommt die schiere technische Schwierigkeit des Übergangs zu Big Data, das Team könnte einfach aufhören, produktiv zu sein.

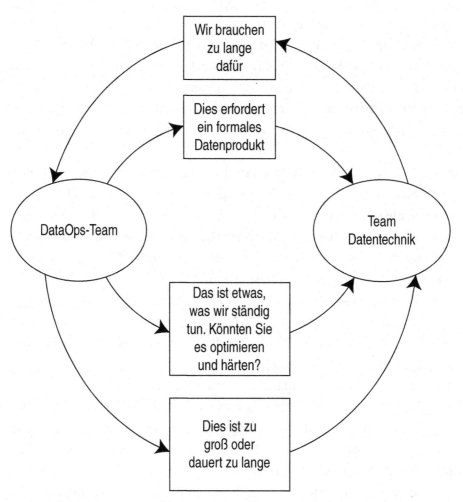

Abb. 6-1. *Ein Modell dafür, wie DataOps und Data Engineering zusammen-arbeiten können.*

Sie können in Betracht ziehen, DataOps früh im Projekt zu starten, wenn Ihre Organisation bereits funktionsübergreifende Teams hat oder wenn Sie mit einem großen Data Team beginnen und genügend Leute für alle notwendigen Teams haben. In diesem Fall können einige Mitarbeiter kurze Erfahrungen in DataOps machen.

Die meisten Organisationen sollten warten, bis ihre Data Teams reifen und auf die Probleme stoßen, die DataOps anspricht. Anstatt des anfänglichen Drucks, einfach etwas zum Laufen zu bringen und ein Ergebnis zu liefern, wird das Team anfangen zu hören, dass es die Tools nicht schnell genug freigibt. Die Datenprodukte sind bereit, aber

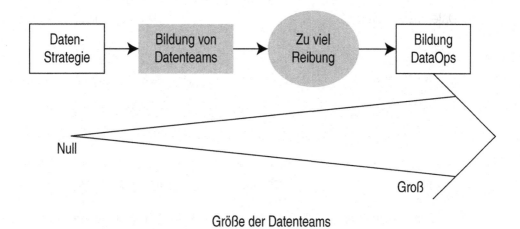

Abb. 6-2. *DataOps ist eine fortgeschrittenere Teamstruktur*

es gibt Beschwerden über die Geschwindigkeit, mit der die Teams eine Anfrage bearbeiten können, wie die Zeitleiste in Abb. 6-2 zeigt. Dies ist eine ausgezeichnete Zeit, um ein DataOps-Team zu gründen.

Ingenieure für maschinelles Lernen

Ingenieure für maschinelles Lernen schließen eine Fähigkeitslücke zwischen Data Science und Data Engineering, die in Abb. 6-3 dargestellt ist. Der Data Scientist ist stark in Statistik und KI, während Data Engineering stark in verteilten Systemen und dem Aufbau von Pipelines ist. Jeder hat einige Kenntnisse in Programmierung und Tools für die Nutzung von Big Data, aber wie die Mitte von Abb. 6-3 zeigt, lassen ihre Fähigkeiten stark nach. Es gibt eine Lücke, die schwer zu überbrücken ist. Die Schwere dieser Lücke variiert je nach Organisation, Schwierigkeit der Aufgaben und den eigenen Programmierfähigkeiten des Data Scientists.

Oft muss jemand den Code des Data Scientists umschreiben, bevor er in Produktion geht. Die Änderung kann von einer kurzen Codeüberprüfung bis zu einer vollständigen Überarbeitung und Neuschreibung reichen. Aber es reicht nicht aus, den Code einfach an einen erfahrenen Programmierer zu übergeben, denn er verkörpert fortgeschrittene Statistiken und einen ausgeklügelten maschinellen Lern-Algorithmus. Der

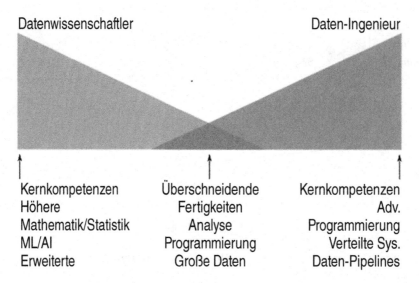

Datenwissenschaftler   Daten-Ingenieur

Kernkompetenzen	Überschneidende	Kernkompetenzen
Höhere	Fertigkeiten	Adv.
Mathematik/Statistik	Analyse	Programmierung
ML/AI	Programmierung	Verteilte Sys.
Erweiterte	Große Daten	Daten-Pipelines

Abb. 6-3. *Eine Visualisierung der Lücke zwischen Data Engineers und Data Scientists*

Programmierer benötigt eine gewisse Vertrautheit mit diesen Data-Science-Fähigkeiten. Während dieser Umschreibung könnte das Modell nur eine kleine Anpassung benötigen, während andere Modelle komplett neu geschrieben werden müssen. Die Aufgabe könnte beinhalten, die Bereitstellung des Modells einfacher und automatischer zu gestalten. Manchmal gibt es Bedenken, die eine Kombination aus Betrieb und Data Science sind, wo ein neues Modell als gleich gut oder besser als das vorherige Modell überprüft werden muss.

Diese Lücke wird von Ingenieuren für maschinelles Lernen gefüllt. Sie sitzen zwischen der Welt des Data Engineerings und der Data Science. Sie müssen in der Lage sein zu beurteilen, ob ein Modell gut genug für einen Anwendungsfall ist oder für die Verteidigung einer Doktorarbeit.[2] Gleichzeitig müssen sie wissen, wann und wie sie ingenieurtechnische Strenge auf ein Modell anwenden müssen. Abb. 6-4 zeigt, wo der Ingenieur für maschinelles Lernen in die erforderliche Arbeit passt.

---

[2]Data Scientists haben oft einen akademischen Hintergrund. In der akademischen Welt müssen Ideen und Modelle einer eingehenden Prüfung standhalten wie bei einer Verteidigung einer Doktorarbeit. Im Gegensatz dazu hat die Geschäftswelt eine andere Ebene der Prüfung, die eher auf der Ebene „Funktioniert es für den Anwendungsfall" liegt.

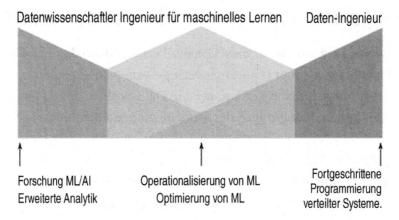

Datenwissenschaftler Ingenieur für maschinelles Lernen   Daten-Ingenieur

Forschung ML/AI   Operationalisierung von ML   Fortgeschrittene
Erweiterte Analytik   Optimierung von ML   Programmierung
                                                          verteilter Systeme.

Abb. 6-4. *Der Ingenieur für maschinelles Lernen füllt die Lücke zwischen Data Engineers und Data Scientists*

Finden von Ingenieuren für maschinelles Lernen

Ein Ingenieur für maschinelles Lernen sollte sowohl Software Engineering als auch Data Science beherrschen und mit beiden gleich komfortabel sein. Daher können sie von beiden Seiten kommen (Abb. 6-3): ein Data Scientist, der Erfahrung mit Software Engineering hat, oder ein Software Engineer mit Erfahrung in Data Science.

Datenwissenschaftler, die die Aufgabe des Ingenieurs für maschinelles Lernen übernehmen, haben oft ihr Grundstudium in Informatik oder einem verwandten Ingenieurfach absolviert. Einige haben zuvor als Software Engineers gearbeitet. In beiden Fällen haben sie eine Software-Engineering-Stammbaum, den die meisten Data Scientists nicht haben.

Der andere Hintergrund ist ein Data Engineer mit Interesse an Data Science. Sie haben oft ein großes Interesse an Data Science gezeigt, und ihre Ausbildung könnte ein Nebenfach in Mathematik oder einen gewissen mathematischen Schwerpunkt beinhaltet haben. Andere haben überhaupt keinen Papierstammbaum, planen aber, sich durch Data Engineering zu einer Position als Ingenieur für maschinelles Lernen vorzuarbeiten.

Wo man Ingenieure für maschinelles Lernen findet

Wenn Sie nur wenige Ingenieure für maschinelles Lernen haben, können Sie sie entweder im Data-Science- oder Data-Engineering-Team platzieren. Ich habe Ingenieure für maschinelles Lernen meist in Data-Science-Teams gesehen, weil die Umschreibungen und Verbesserungen der Modelle die zeitaufwendigsten Teile ihrer Arbeit sind.

Mit einer größeren Organisation oder einer größeren Anzahl von Ingenieuren für maschinelles Lernen müssen Sie möglicherweise ein ganzes Team von Ingenieuren für maschinelles Lernen erstellen. Das Team für maschinelles Lernen wird eine Hochbandbreitenverbindung aufrechterhalten und intensive Interaktionen mit dem Data-Engineering-Team haben.

TEIL III

Zusammenarbeiten und Verwalten von Data Teams

Teil 2 hat behandelt, wen Sie für die drei benötigten Data Teams einstellen sollten. Teil 3 wird zeigen, wie man Data Teams mit dem Geschäft koordiniert, um etwas Nützliches mit den Daten zu erstellen.

Einige Leute auf der Geschäfts- und Führungsebene glauben gerne, dass ihre Aufgabe darin besteht, die Leute einzustellen. Andere sind der Meinung, dass ihre Arbeit erledigt ist, sobald die Datenstrategie abgeschlossen ist. Die Realität ist jedoch, dass erfolgreiche Teams ständig und kontinuierlich mit ihren Geschäftspartnern koordinieren.

Big-Data-Projekte haben viele Schritte auf dem Weg zur Produktion. Es ist wichtig, sowohl die Schritte zu kennen als auch zu befolgen, um erfolgreich zu sein.

KAPITEL 7

Arbeiten als Data Team

There is no life I know
to compare with pure imagination

—„Pure Imagination" von Gene Wilder

Zwischen Büchern und Geschäftsanforderungen steht die Realität der Implementierung und Schaffung von Data Teams. In der realen Welt müssen Sie mit Egos, Unternehmenspolitik und den Erwartungen umgehen, die Mitarbeiter in ihren ersten Jobs außerhalb von akademischen Karrieren haben könnten. Dieses Kapitel betrachtet einige der Herausforderungen, denen Sie gegenüberstehen müssen, wenn Sie Ihre Big-Data-Bemühungen aufbauen oder erweitern:

- Rollen und Beziehungen in Teams

- Unternehmenserwartungen vermitteln und gleichzeitig die Erwartungen und Egos der Mitarbeiter managen

- Unproduktive Ablenkungen vermeiden

- Technische Schulden beheben

Menschen dazu bringen, zusammenzuarbeiten

Obwohl Unternehmen Data Scientists oft schätzen, die die Rockstars der Big Data sind, neigt das Management dazu, die Bedeutung der Datenverarbeitung zu unterschätzen, die in Kapitel 4 definiert wurde. Big-Data-Praktiker sagen häufig, dass das Bereitstellen von Daten in einer nutzbaren Form – wie Reinigung, Erstellung von Datenprodukten und die Infrastruktur zur Ausführung des Modells – 80 bis 90 % der Arbeit ausmacht, und der größte Teil dieser Arbeit fällt auf den Data Engineer. Aber einige Organisationen berücksichtigen die Datenverarbeitung überhaupt nicht oder gehen davon aus, dass der Data Scientists sie durchführen kann.

Teil 2 hilft Ihnen zu verstehen, welche tatsächlichen Rollen jeder einzelne Mitarbeiter spielen sollte. Einige fortgeschrittene Rollen, – das DataOps-Personal und die Ingenieure für maschinelles Lernen, welche in Kapitel 6 besprochen wurden – überschneiden sich und füllen Lücken zwischen den Rollen.

Personalverhältnisse

Wenn Data Engineers eingestellt werden, beträgt das Verhältnis von Data Engineers zu Data Scientists oft eins zu eins. In Wirklichkeit benötigen Sie zwei bis fünf Data Engineers für jeden Data Scientist. Dieses Verhältnis ist so hoch, weil 80 bis 90 % der Arbeit Aufgaben der Datenverarbeitung und nicht Aufgaben der Data Science betrifft. Das Verhältnis hängt ab vom/von:

- Grad der Komplexität, der auf der Seite der Datenverarbeitung erforderlich ist

- Kenntnissen des Data Scientists über Datenverarbeitungsfähigkeiten

- Komplexität und Anzahl der Modelle

- Komplexität und Menge der Daten

Das ideale Verhältnis von Betriebspersonal zu Data Scientists oder Data Engineers kann zwischen den Organisationen noch stärker variieren. Die Anzahl des Betriebspersonals, die Sie benötigen, hängt von SLAs, Ihrem Grad an betrieblicher Effizienz und der Nutzung von Managed Services ab. Es kann sich lohnen, ein ziemlich konstantes Verhältnis zwischen der Anzahl des Betriebspersonals und der Anzahl der Data Pipelines und Modelle in Produktion beizubehalten.

Die richtigen Verhältnisse zu finden und Ihre Teams produktiv zu machen, erfordert einiges an Fingerspitzengefühl. Wenn Sie unsicher sind, neigen Sie dazu, mehr Data Engineers einzustellen – Sie werden Arbeit für sie finden, das garantiere ich!

Sollten Data Teams getrennt oder zusammen sein?

Kleinere Organisationen können davon profitieren, ihre Data Scientists, Data Engineers, Data Analysten, Geschäftsanalysten und Betriebsmitarbeiter in einem einzigen Team zusammenzufassen. Es macht keinen Sinn, sie aufzuteilen und einen Manager über ein oder zwei Personen zu stellen. Aber größere Organisationen müssen separate Teams erstellen – ein 50-Personen-Team ergibt auch keinen Sinn.

Einige Manager hoffen, dass die Zusammenführung aller in einem Team die Abkapselung verhindert, insbesondere in stark politisierten Organisationen. Leider können die Politik und Ego-Kämpfe einfach auf andere Weise wieder auftauchen. Bevor Sie Mitarbeiter in Teams einteilen, schauen Sie sich die kritischen Probleme hinter der politischen Dysfunktion Ihrer Organisation an.

Es kann funktionieren, Data Scientists in einem Team zu halten, während Data Engineers und Betriebsmitarbeiter in einem anderen Team zusammengefasst werden.

Politische Probleme sind besonders wahrscheinlich, wenn Data Scientists, Data Engineers und Betriebsmitarbeiter in verschiedenen Teilen der Organisation unter verschiedenen Managern sind. Sehen Sie, wie hoch Sie in der Organisationsstruktur gehen müssen, bevor es einen gemeinsamen Leiter für alle Data Teams gibt. Bei kleineren Organisationen kann dies auf dem C-Level sein. Für größere Organisationen kann dies auf Direktoren-, VP-Ebene oder sogar auf dem C-Level bleiben.

Versuchen Sie, das Unternehmen so zu strukturieren, dass der gemeinsame Manager nicht zu weit oben ist. Wenn es ein Problem gibt, müssen Sie ganz nach oben gehen, um eine Entscheidung zu bekommen. Ähnlich müssen alle anderen Probleme, Priorisierungen oder Kapazitäten oder Wettbewerbe in der Vision ganz nach oben gehen, bevor eine Entscheidung getroffen werden kann. In stark umstrittenen Situationen kann dies ein ständiges und belastendes Problem sein, das die Produktivität stark einschränkt.

Offen gesagt empfehle ich, dass Data Teams einen gemeinsamen Leiter haben, der relativ nahe bei ihnen in der Organisationsstruktur ist. Dieser gemeinsame Leiter kann klare, konsistente und ergänzende Ziele für die Teams festlegen.

Aber wenn Teams in verschiedenen Organisationen enden, ist es entscheidend, dass ihre Manager über die Organisation hinweg Kontakt aufnehmen und ein Verhältnis mit dem Management ihrer Data Teams aufbauen. Diese Aufgabe ist der schwierigste Teil des Managements.

Das DataOps-Team, das in Kapitel 6 besprochen wird, ist ein Sonderfall, da es per definitionem funktionsübergreifend ist. Natürlich muss es, obwohl es Menschen aus vielen Disziplinen enthält, immer noch effektiv mit den anderen Teams interagieren.

PRODUKTTEAMS VS. FEATURE-TEAMS

Eine andere Möglichkeit, die Organisation von Datenleuten in einem Team oder verteilt auf verschiedene Teams zu charakterisieren, ist die Idee von Feature-Teams (alle zusammen) und Produktteams, wobei Produkt alles bedeutet, das von zahlenden Kunden oder wichtigen internen Stakeholdern genutzt wird. Produktteams sind von Natur aus funktionsübergreifend und haben eine Mischung aus Produktbesitzern, Data Scientists, Data Engineers, Front-End-Anwendungsentwicklern, Back-End-Anwendungsentwicklern und so weiter.

Produktteams sind beliebt, weil sie die Konzentration auf die Lieferung der für die Geschäftsergebnisse wesentlichen Produkte fördern. Sie vermeiden einige der potenziellen Probleme mit Feature-Teams, wie das Erstellen von übermäßig großen und komplexen Bibliotheken, die vielleicht *jedes* Teambedürfnis abdecken, aber auch für *ein* Teambedürfnis aufgebläht sind. Anders ausgedrückt, Feature-Teams können das Organisationsziel, das „große Ganze", aus den Augen verlieren.

Der Nachteil von Produktteams besteht in der Schwierigkeit von Spezialisten, wie Data Scientists und Ingenieuren, organisationweite Standards, Best Practices und Bibliotheken zu erstellen. Daher besteht eine Spannung zwischen diesen beiden Organisationsmodi Produkt- vs. Feature-Teams.

Was am besten funktioniert, hängt von Ihrer Organisation ab. Für große, reife Organisationen könnten Feature-Teams, die ihre Spezialgebiete standardisieren, am besten sein, insbesondere wenn neue Produktveröffentlichungen dazu neigen, bestehende Komponenten zusammenzustellen oder fein abzustimmen. Wenn die gesamte Erfindung erforderlich ist und Standardisierung noch nicht nützlich ist, sind Produktteams am besten.

—Dean Wampler, Autor und Leiter der Entwicklerbeziehungen, AnyScale

Hochbandbreitenverbindungen

Wie überwinden Sie die Hürden, Data Teams in völlig verschiedenen Teilen der Organisation zu platzieren? Wie stellen Sie sicher, dass sie ihre Arbeit tatsächlich erledigen? Die Lösung besteht darin, Hochbandbreitenverbindungen zwischen den Teams zu schaffen.

Eine Hochbandbreitenverbindung bedeutet, dass die Mitglieder der Data Teams einander kennen. Sie bauen Kameradschaft und Respekt auf, indem sie sehen, dass jeder in seinem jeweiligen Bereich kompetent ist. Wenn eine Person eine andere kontaktiert, geht man davon aus, dass der Anrufer die Zeit und Mühe aufgewendet hat, das Problem selbst zu lösen oder nach der Antwort zu suchen, bevor er eine andere Person unterbricht.

Diese Hochbandbreitenverbindung kann geschaffen werden, indem Mitglieder eines Teams in einem anderen eingebettet werden. In der Organisationsstruktur kann das eingebettete Mitglied eine gestrichelte Verbindung entweder zu seinem alten Team oder zu dem Team haben, in dem es arbeitet.

Zum Beispiel könnte ein Mitglied des Operations Teams dauerhaft oder vorübergehend im Data-Engineering-Team eingebettet werden. Dies könnte getan werden, um einen spezifischen Bedarf im Team zu erleichtern oder um eine Fähigkeitslücke im Team zu füllen.

Seien Sie vorsichtig, wenn Sie jemanden dauerhaft oder langfristig in einem anderen Team einbetten. Die Leute möchten vielleicht nicht außerhalb ihres Heimteams für längere Zeiträume verweilen. Es ist nützlich, nach Freiwilligen zu suchen oder zu fragen, bevor sie einem Team zugewiesen werden. Indem Sie nach Freiwilligen fragen, finden Sie vielleicht jemanden, der bereits Interesse daran hat, sich weiterzubilden oder in diese Rolle zu wechseln. Achten Sie darauf, die Lücke zu adressieren, die die Person in ihrem ursprünglichen Team hinterlässt. Dies sind oft leitende Rollen und hinterlassen eine große Lücke, die der vorherige Manager in Personal und Arbeitslast füllen muss.

Ein iterativer Prozess

Teams dazu zu bringen, zusammenzuarbeiten, ist eine Frage der allmählichen Wiederholung und Verbesserung. Genau wie bei einigen agilen Prozessen gelingt dies durch die Schaffung kleinerer Zyklen, in denen das Team besser wird. Ein Data Team kann nicht alles auf einmal reparieren.

Teams, die sich darauf konzentrieren, alles auf einmal richtig zu machen, werden in einer Blockade stecken bleiben, weil sie sich nicht auf ein erreichbares Ziel konzentrieren können. Stattdessen sollte sich das Data Team darauf konzentrieren, über kürzere Zyklen ein wenig besser zu werden. Diese Bemühung wird zu einer insgesamt viel besseren Leistung führen.

Politik, Erwartungen und Egos

Zu viele Projekte verharren in den politischen Kämpfen der Organisation. Es ist entscheidend, dies zu lösen. Obwohl ich die politischen Probleme einer ganzen Organisation in einem Buch nicht lösen kann, kann ich einige der häufigen Probleme hier zusammen mit möglichen Lösungen anbieten. Ich rate Teams oft, die politischen Probleme zu lösen, die nur in ihrem Zuständigkeitsbereich und ihren Gruppen liegen, anstatt zu versuchen, breitere Probleme zu beheben.

Datenprojektgeschwindigkeit

Sie haben vielleicht von einem Konzept in agilen Projektmanagement-Frameworks gehört, das als *Geschwindigkeit* bezeichnet wird. Geschwindigkeit ist jene Geschwindigkeit, mit der das Team Dinge im Projekt erledigt. Ein Zeichen für ein gesundes Team ist, dass seine Geschwindigkeit allmählich zunimmt, wenn das Team in der Nutzung des Projektmanagement-Frameworks reift.

Es gibt eine ähnliche Geschwindigkeit für Data Teams und eine ähnliche Hochlaufzeit für verteilte Systeme und deren Nutzung. Die Data Teams benötigen zunächst zusätzliche Zeit, Raum und Ressourcen, um mit einem verteilten System Dinge erledigen zu können. Ein Zeichen für gesunde Data Teams ist, dass ihre Geschwindigkeit allmählich zunimmt. Das bedeutet, dass die Teams immer vertrauter mit den verteilten Systemen werden. Sie sammeln die Erfahrung, die es ihnen ermöglicht, schneller einen besseren Code zu erstellen. Mit genügend Zeit und Anstrengung werden die Teammitglieder schließlich zu Projektveteranen.

Zu oft erwarten Projektpläne und Management, dass neue Data Teams oder neue Mitglieder von Data Teams vom ersten Tag an Experten sind, entweder wenn sie eingestellt werden oder nachdem sie eine Art von Training erhalten haben. Die Erwartung von Expertenleistungen von einem neuen Team oder Mitglied bringt sie in die unhaltbare Position, von Anfang an im Rückstand zu sein und allmählich immer weiter zurückzufallen, da sie nicht in der Lage sind, das zu erledigen, was sie im Sprint tun sollten.

Die Unfähigkeit, Schritt zu halten, ist der Punkt, an dem die Geschwindigkeit des Teams ins Spiel kommt. Wenn das Team nie die Chance bekommt, aufzuholen oder seinen Projektplan anzupassen, wird es scheitern.

Andererseits, wenn das Team – trotz aller Zeit, Ressourcen und Hilfe, die gegeben wurden – seine Geschwindigkeit nie erhöht, gibt es ein Problem, das das Team beeinflusst und das das Management ansprechen muss. Die Geschwindigkeit der Data Teams ist bidirektional, um den einzelnen Mitarbeitern die Ressourcen zu geben, die sie benötigen, und gibt dem Management die Metrik, um die Data Teams zur Rechenschaft zu ziehen.

Wenn Sie die Geschwindigkeit für ein brandneues Data Team oder für ein Mitglied eines Data Teams berechnen, das gerade verteilte Systeme lernt, sollten Sie erwarten, dass es 3 bis 12 Monate dauert, bis die Person sich vollkommen wohl mit verteilten Systemen fühlt. Dies spricht für die schiere Komplexität von verteilten Systemen und die große Anzahl von Technologien, die Data Engineers lernen müssen. Jede dieser Technologien zu lernen, bedeutet einen beträchtlichen Zeitaufwand und kognitive Anstrengung.

Erstellen Sie einen Kriechen-, Gehen-, Laufen-Plan

Data Teams können nicht über Nacht von 0 (Anfänger verteilte Systeme) auf 100 (Experte verteilte Systeme) gehen. Das Team muss zuerst eine gewisse Geschwindigkeit erreichen.

Manchmal finde ich ein Team, dessen Manager oder leitender Ingenieur auf einer Konferenz war und die Präsentation einer Organisation über deren Architektur gesehen hat. Die Person wird dann ihre gesamte Architektur, Vision und Produkt-Roadmap auf dieser Präsentation aufbauen. Was die Person nicht realisiert, ist, dass die Organisation, die die Ergebnisse präsentiert, normalerweise Jahre gebraucht hat, diese Architektur tatsächlich zu implementieren – dies wird nur nicht gesagt während der Präsentation.

Das Nachjagen der Implementierung einer anderen Organisation wird neue Data Teams in Schwierigkeiten bringen. Sie realisieren nicht, dass es Jahre dauern wird, die Architektur, die sie vorhaben, zu implementieren. Dies macht das Team unfähig, über Jahre hinweg einen Wert zu zeigen.

Ein weiteres häufiges Szenario ist, dass der CxO – normalerweise der CEO – eine großartige Vision für „Erfolg" mit Big Data hat. Die Realität ist, dass die Organisation nicht bereit ist und das Ziel des CEO nicht erreichen kann. Dies zwingt das Data Team, einen Weg zu finden, etwas zu schaffen, das irgendwie machbar ist. Projekte, die über lange Zeiträume keinen Wert zeigen, werden in der Regel abgebrochen oder ausgeschlachtet. Aus diesem Grund empfehle ich Teams dringend, ihre

Anwendungsfälle und ihren Backlog weiter zu zerlegen. Ich nenne diese weitere Aufschlüsselung „Kriechen, Gehen, Laufen". Es ermöglicht einem Data Team, allmählich 100 % des Ziels zu erreichen, ohne ewig auf ein Ergebnis zu warten.

In Kriechen, Gehen, Laufen staffeln die Data Teams ihren Backlog basierend darauf, wann die Geschwindigkeit des Teams ausreicht, um die Aufgabe zu erfüllen. Es ist gut für jeden zu erkennen, was zum jeweiligen Zeitpunkt unerreichbar ist. Jede Phase sollte das Team auf den nächsten Schritt vorbereiten.

Die Liebe verbreiten

Die meisten – wenn nicht alle – Anerkennungen für Datenprojekte gehen an die Data Scientists. Dies liegt daran, dass die Data Scientists oft das öffentliche Gesicht der Datenprodukte sind. Die Datenwissenschaftler sind diejenigen, die mit dem Unternehmen zusammenarbeiten, um das Datenprodukt zu erstellen. In der Wahrnehmung der Geschäftsseite hat der Data Scientist alles alleine gemacht. Wenn man sich die Mehrheit der Organisationen ansieht, entsteht der Eindruck, dass der Data Scientist seine Aufgabe ganz alleine und ohne Hilfe von anderen erfüllt.

Daher muss das Management auch die Arbeit anderer Teams anerkennen. Data Engineers und Betreiber beschweren sich häufig, dass das Lob nur für den Data Scientist regnet. Sie sind besonders verärgert, wenn sie unterbesetzt (siehe den Abschnitt „Personalquoten" früher in diesem Kapitel) und unterfinanziert sind und sich ständig abmühen, um den Bedürfnissen der Data Scientists gerecht zu werden. Die Data Engineers und Teammitglieder des Operations Teams könnten gut aufhören und zu einem anderen Unternehmen gehen, das ihren Wert erkennt. Es liegt an den Teammanagern, das obere Management über die Querschnittsfunktion der Data Teams und die Beiträge anderer aufzuklären, die es dem Data Scientist ermöglicht haben, ihre Arbeit zu erledigen.

Den Wert von Data Engineering, Data Science und Betrieb kommunizieren

Es liegt in der Verantwortung des Managements, den Wert und die Bedeutung jedes der Data Teams für Ihre Organisation zu kommunizieren. Nicht jeder in der Organisation wird den von den Data Teams geschaffenen Wert verstehen. Hier muss das Management intern aufklären.

Wenn ein Data Team gut geführt wird, schlägt es möglicherweise nicht die Wellen machen, die ein schlecht geführtes Team machen wird. Das schlecht geführte Team wird immer heroische Rettungsaktionen durchführen und Lärm machen, weil es ein Problem behebt, das es selbst oder andere verursacht hat. Um den Wert eines gut geführten Teams zu zeigen, müssen diese Teams ihre Aufmerksamkeit erreichen, indem sie anderen sagen, dass es gut ist, dass sie nicht rund um die Uhr arbeiten, um Fehler zu beheben.

Data Engineering und – vor allem – Operations werden nicht die Anerkennung bekommen, die sie verdienen, es sei denn, das Management unternimmt eine konzertierte Anstrengung, andere aufzuklären. Das Scheitern, Lob zu erlangen, wird andere Teams dazu bringen zu denken, dass eine Person oder ein ganzes Team nicht notwendig für den Erfolg des Projekts ist. Die Realität ist, dass Schlüsselpersonen oft ihre eigene Kompetenz für selbstverständlich halten und nicht wissen, wie sie auf ihre Erfolge aufmerksam machen können.

Datenspezialisten benötigen die Beiträge anderer Teams

Die konstante Botschaft dieses Buches ist, dass Big Data eine Teamleistung erfordert, die viele Disziplinen benötigt, jedoch erreicht Datenspezialisten diese Nachricht manchmal nicht. Hier sind die Hindernisse, auf die Sie stoßen könnten, wenn Sie versuchen, ihnen Hilfe von anderen Teammitgliedern zu geben.

Wenn Datenspezialisten aus der Wissenschaft kommen, müssen sie sich möglicherweise nie mit technischen Problemen wie zugänglicher und durchsuchbarer Datenspeicherung, wartbarem Codieren und schnellen Releases auseinandersetzen. In der Wissenschaft kam der Wert des Datenspezialisten aus dem Schreiben eines Papiers, nicht aus der Erstellung eines Modells, das in Produktion geht. Das Problem wird verschärft, wenn das Management, geblendet von dem Versprechen der Data Science, ebenfalls die Bedeutung und Schwierigkeiten dieser Aufgaben nicht versteht.

Wenn einem Datenspezialisten wiederholt gesagt wird, wie großartig und einzigartig er ist, kann ihm das zu Kopf steigen. Kombinieren Sie dies mit dem kürzlichen Ausstieg aus einem akademischen Umfeld, und Sie haben Ärger vorprogrammiert. Dies erfordert Wachstum im Individuum sowie eine ausgewogene Anerkennung der Beiträge aller Mitarbeiter im gesamten Unternehmen.

Datenspezialisten sind normalerweise Anfängerprogrammierer. Es ist vielleicht keine gute Idee, den Code eines Datenspezialisten in Produktion zu bringen. Ich greife nicht nur Datenspezialisten an – dies gilt für jeden, der gerade als Software Engineer anfängt. Das Einbringen des Codes einer neuen Person in die Produktion kann zur Katastrophe führen. Bedenken Sie, dass Datenspezialisten oft selbst beigebrachte Programmierer sind oder ihr Wissen auf Universitätskurse stützen, die die Programmiersyntax, aber nicht die Softwaretechnik gelehrt haben. Dies liefert eine entscheidende Erkenntnis, warum ihr Code umgeschrieben oder – mindestens – überprüft werden muss.

Datenspezialisten werden sich dagegen wehren, dass ihnen technische Prozesse aufgezwungen werden. Es lohnt sich, ihnen den Unterschied zwischen Programmierung und Softwaretechnik zu erklären. Programmierung bedeutet, den Code oder die Syntax gut genug zu kennen, um das Problem mit einem Code zu lösen. Softwaretechnik bedeutet, eine Lösung zu erstellen, die bekannten Best Practices der Softwaretechnik wie Unit Testing, Source Control und korrekter Nutzung der zugrunde liegenden Technologien entspricht. Für einen frisch gebackenen Datenspezialisten scheint all diese Technik wie verschwendete Zeit und Überengineering. Aber es gibt einige technische Prozesse, denen Datenspezialisten folgen sollten. Es liegt am Management, durch Ego-Bedürfnisse zu waten, um die Notwendigkeit der Zusammenarbeit zu zeigen.

Es gibt eine Ego-Komponente, jemandem zu sagen, dass sein Code umgeschrieben werden muss. Die Data Engineers, erfahreneren Datenspezialisten oder Ingenieure für maschinelles Lernen, die die Code-Umschreibung durchführen, sollten bedenken, dass dies eine Lernmöglichkeit für den Datenspezialisten sein kann. Der Datenspezialist schreibt nicht absichtlich einen Code von schlechter Qualität. Meistens wurde er nie über Best Practices oder Gründe, warum etwas auf eine bestimmte Weise in der Softwaretechnik gemacht wird, beraten.

Die Person, die den Code umschreibt, steht vor einer schwierigen Herausforderung. Sie wird wahrscheinlich die Mathematik oder Statistik, die in einem Code eines Datenspezialisten verwendet wird, nicht verstehen. Dies ist eine Stelle, an der eine Hochgeschwindigkeitsverbindung zwischen Data Engineering und Data Science entscheidend ist.

Datenhortung

Politik beschränkt sich nicht nur auf Menschen; sie kann sich auch auf die Daten erstrecken. Oft bezeichnen Unternehmen ihre Daten als abgeschottet. Manchmal ist diese Abschottung die direkte Manifestation von Politik, wenn ein Team hofft, einen

Vorteil zu erlangen, indem es anderen Gruppen den Zugang zu ihren Daten verweigert. Wenn Sie ein Data Team gründen, wird Ihr erster Kampf darin bestehen, sich durch die Abschottung und Politik zu kämpfen, um die Daten nach Bedarf im gesamten Unternehmen zu teilen.

Ein Teil der Lösung für Politik besteht darin, Menschen dazu zu bringen, Ihnen bei der Erreichung Ihrer Ziele zu helfen. Manchmal reicht es nicht aus, auf die Daten hingewiesen zu werden. In diesen Fällen benötigen Sie tatsächlich die Hilfe von jemandem, um die Daten oder deren Bedeutung zu verstehen. Das könnte bedeuten, dass Sie den Manager dieser Person davon überzeugen müssen, jemanden für diese Aufgabe einzusetzen, oder einfach Geduld mit einer mürrischen Person zeigen müssen, die Ihnen nicht helfen will. Wie auch immer, Sie müssen wissen, dass einige wichtige Daten nicht in einer makellosen Weise gehalten oder gespeichert werden, und Ihre Data Teams müssen dies beheben.

Tod durch tausend Schnitte

Etwas Einfaches in Produktion zu bringen, kann schwierig sein. Die Schwierigkeit liegt nicht nur in technischen Barrieren wie der Komplexität der verteilten Systeme, sondern auch im Ökosystem der Organisation. Sie liegt auch darin, sich mit all den Teilen auseinanderzusetzen, die es braucht, um verteilte Systeme korrekt laufen zu lassen. Jede dieser Schwierigkeiten kann zum Tod der Produktivität des Teams führen. Ich nenne es einen Tod durch tausend Schnitte.

Der Fluch der Komplexität

In einem ausreichend großen Unternehmen könnten Sie mit der Komplexität der einfachen Einrichtung des Projekts zu kämpfen haben. Dies beschränkt sich nicht auf die Infrastruktur, die die verteilten Systeme betreibt. Die Problematik ergibt sich auch aus einfachen Aufgaben wie Source Control und Build-Systemen. Jedes Unternehmen wird leicht unterschiedliche Nuancen und Eigenheiten haben, die der Organisation inhärent sind. Diese Eigenheiten sind auf Stack Overflow nicht auffindbar oder werden nicht ausgestrahlt. Sie sind normalerweise Stammeswissen, und ihre Behebung erfordert das Finden einer älteren Person, die bereits auf die gleichen Probleme gestoßen ist.

Die meisten Data Pipelines verwenden viele verschiedene Technologien, was sowohl die Erstellung der Pipeline als auch die Fehlerbehebung kompliziert. Wenn etwas schiefgeht, versuchen Sie nicht nur, ein Problem mit einer einzigen Technologie zu lösen, wie es normalerweise bei kleinen Daten der Fall ist. Stattdessen müssen Sie herausfinden, welche von fünf komplexen Technologien das Problem sein könnte. Wenn Sie wirklich Pech haben, haben Sie gleichzeitig ein Problem mit mehreren von ihnen.

Daher dauert die Fehlerbehebung in einem Technologie-Stack eines Data Teams viel länger als in anderen Teilen eines Softwareprojekts. Es kann eine enorme Zeitverschwendung sein, in ein System zu gehen und es zu debuggen. Dies kann schnell zum Tod der Produktivität des Teams führen, da es seine Zeit damit verbringt, herauszufinden, was schiefgelaufen ist und wo.

Abseits des ausgetretenen Pfades gehen

Abseits des ausgetretenen Pfades zu gehen bedeutet, eine Technologie auf eine Weise zu verwenden, für die sie ursprünglich nicht konzipiert wurde. Dies ist der Fall, wenn das Team glaubt, dass es möglich ist, eine Technologie auf eine bestimmte Weise zu nutzen (zu missbrauchen), aber nicht in der Lage ist, auf eine andere Organisation zu verweisen, die sie auf dieselbe Weise einsetzt. Abseits des ausgetretenen Pfades zu gehen, passiert aus mehreren Gründen. Der Anwendungsfall des Teams könnte eine neue oder weniger bekannte Technologie erfordern, um ihn zu implementieren. Einige Teams möchten einfach nur die neuesten und besten Technologien verwenden, weil sie cool und hip sind. Unabhängig von der Ursache ist die Manifestation immer noch die gleiche.

Wenn man abseits des ausgetretenen Pfades geht, kann der Tod durch tausend Schnitte allmählich eintreten. Sie können eines Tages feststellen, dass das Team monatelang gegen das gleiche Problem gekämpft hat und zu keinem Ergebnis gekommen ist. Die Teams reparieren sich in er Regel nicht selbst ohne externe Hilfe von einem tatsächlichen Experten für die Technologie oder den Anwendungsfall. Das Wissen ist weder im Internet noch auf Stack Overflow zu finden. Es handelt sich um Stammeswissen, das in einer kleinen Gruppe von Menschen zentralisiert ist, die die Technologie über einen längeren Zeitraum verwendet haben oder die Schöpfer des Projekts sind.

Organisationen, die einem höheren technischen Risiko gegenüberstehen, werden spezifische Maßnahmen ergreifen wollen, um ihr Risiko zu mindern. Dies sollte Hilfe und Unterstützung bei den neueren Technologien beinhalten. Diese Unterstützung beschränkt sich nicht nur auf den Betrieb – sie sollte auch Unterstützung für die Architektur und Programmierung beinhalten. Idealerweise sollte dies eine Schulung für die Operations- und Data-Engineering-Teams zur Technologie selbst beinhalten.

Technische Schulden

Die Erzeugung von technischen Schulden in Data Teams—eingeführt in Kapitel 3—muss hervorgehoben und bekannt sein. Bei der Implementierung eines Projekts mit der üblichen Strategie „Krabbeln, Laufen, Rennen" wird das Team absichtlich technische Schulden erzeugen, die in der nächsten Phase schrittweise abgebaut werden. Die offene Anerkennung und Bestätigung technischer Schulden hilft, Selbstgeißelung oder Verurteilung durch andere zu verhindern, wenn das Team einen Anwendungsfall nicht zu 100 % erfüllen kann. Für das Unternehmen, das auf einem 0-%-Niveau ist, mag ein 50-%-Niveau ausreichen, um vorerst zurechtzukommen. Die restlichen 50 % bleiben als technische Schulden, die das Team in den nächsten Phasen oder Iterationen stärker abbauen wird.

Das Management sollte sich der entstehenden technischen Schulden sehr bewusst sein. Die Manager müssen sicherstellen, dass das Team seine technischen Schulden durch konzertierte Anstrengungen abbaut, ob absichtlich oder versehentlich erzeugt. Wenn das Management aktiv oder versehentlich verhindert, dass das Team zurückgeht und die technischen Schulden behebt, wird das Vertrauen des Data Teams in das Management schwinden. Die Teammitglieder werden das Management als verantwortungslos in Bezug auf die Zukunft und obsessiv auf neue Funktionen fokussiert wahrnehmen. Das Nichtbeheben technischer Schulden wird schließlich zu massiven Neuschreibungen von einem Code führen, die viel Zeit in Anspruch nehmen, weil dem Team nie die Zeit gegeben wurde, die technischen Schulden iterativ abzubauen.

KAPITEL 8

Wie das Geschäft mit Data Teams interagiert

Without you, there's no change

—„Without You" von Mötley Crüe

Um den maximalen Wert aus Ihren Daten zu ziehen, ist eine ständige Interaktion zwischen den in diesem Buch beschriebenen Data Teams und der Geschäftsseite Ihrer Organisation erforderlich. Ein Datenprodukt an sich schafft keinen Wert. Ein Data Scientist kann das ganze Jahr über Daten analysieren, aber es wird keine Auswirkungen haben, bis ein Geschäftswert realisiert wird.

Wie profitiert ein Unternehmen tatsächlich von Big Data? Es beginnt alles damit, ein „Kann-nicht" in ein „Kann" zu verwandeln. Jedes der Data Teams unterstützt auf seine Weise die Schaffung der Wertschöpfungskette. Für das Unternehmen könnte der Endnutzen der Wertschöpfungskette von vielen Dingen abhängen, je nach Organisation und ihren Einkommensformen. Manchmal weiß die Geschäftsseite von Anfang an, was sie will, und sponsert ein Projekt oder die gesamte Schaffung der Data Teams. Andere Male beinhaltet das Geschäft das Einbringen von Sponsoring oder Partnerschaften in irgendeiner Form. In jedem Fall versucht das Geschäft, ein Kunden- oder Kundenproblem mit einer technischen Lösung zu verbinden.

Die Geschäftsinteraktion ist entscheidend, um sicherzustellen, dass ihre Datenprodukte diese Fragen beantworten:

- Entspricht das Datenprodukt in seiner jetzigen Form tatsächlich den Geschäftsanforderungen?

- Hat das Datenprodukt einen Wert geschaffen?

- Liegt die Erstellung oder Fertigstellung des Datenprodukts innerhalb eines für das Geschäft akzeptablen Zeitrahmens?

Dieses Kapitel untersucht diese Interaktionen in den folgenden Bereichen:

- Quellen, die Veränderungen antreiben

- Wo das Data Team und seine Mitglieder angesiedelt werden sollten

- Wie das Geschäft mit den Data Teams interagieren sollte

- Finanzierung und Ressourcen

- Themen für die Interaktion

- Belohnungen und Erfolgsmessung

Wie Veränderung erreicht werden kann

Ein datenorientiertes Unternehmen zu werden, erfordert eine Menge Veränderung. Es liegt an der Geschäftsleitung, diese Veränderung voranzutreiben. Wie die Organisation die Veränderung vornimmt, hängt davon ab, welche Ebene der Organisation die Veränderungen vorantreibt: von oben nach unten, in der Mitte oder von unten nach oben.

Von oben nach unten drücken

Ein Anstoß von oben nach unten, ein Top-down-Push, bedeutet, dass die Veränderung von der Führungsebene oder einer anderen Führungskraft in der Organisation ausgeht. Von den drei Wegen, den Umzug zu bewältigen, ist dies der schmerzloseste Weg, die Veränderung herbeizuführen.

Die Schwierigkeit für Führungskräfte wird sein, eine Ausrichtung der gesamten Organisation auf die Ziele und Strategien für Daten zu erreichen. Eine Datenstrategie zu erstellen, reicht nicht aus. Die Führungskräfte müssen weiterhin darauf drängen, eine datenorientierte Organisation zu werden. Sie können mit gutem Beispiel vorangehen, indem sie bei Entscheidungen auf relevante Daten drängen.

Der Druck von oben kann am effektivsten sein, um sicherzustellen, dass Silos abgebaut werden. Die Führungskräfte müssen sicherstellen, dass die anderen Teams in der Organisation die Bedeutung der Zusammenarbeit mit den Data Teams verstehen.

Die Führungskräfte müssen auch sicherstellen, dass den Teams die richtigen Ressourcen zur Verfügung gestellt werden. Dies beinhaltet die Schaffung einer Personalstärke für die neuen Data Teams. Weitere Ressourcen sind jede externe Hilfe, die das Team benötigt, um verteilte Systeme zu erlernen oder spezifische Beratung zur Architektur zu erhalten. Dies verhindert, dass Teams stecken bleiben und keine Fortschritte bei der Datenstrategie machen.

Druck von der Mitte nach oben und unten

Manchmal sieht das mittlere Management zuerst die Notwendigkeit für organisatorische Veränderungen. Seine Schwierigkeit besteht darin, dass es in der Mitte von allen steht. Es muss Veränderungen herbeiführen, indem es sowohl nach oben als auch nach unten drückt.

Ich stelle oft fest, dass auch Architekten in der mittleren Position platziert sind. Sie behalten die technischen und geschäftlichen Bedürfnisse der Organisation im Auge. Sie könnten einige der ersten Menschen sein, die das „Kann-nicht" sehen.

Diese mittlere Position ist ein schwieriger, aber nicht unmöglicher Ort, um Veränderungen herbeizuführen. Das mittlere Management muss Zeit darauf verwenden, das obere Management davon zu überzeugen, dass es einen Bedarf und einen Geschäftswert gibt, Data Teams zu schaffen. Das mittlere Management muss auch die einzelnen Mitarbeiter davon überzeugen, dass es sich lohnt, Zeit und Mühe in das Erlernen der verteilten Systeme zu investieren. Ich empfehle dringend, dass die Manager damit beginnen, den Geschäftswert der Schaffung von Data Teams zu suchen und den größten Teil ihrer Energie darauf zu verwenden, das obere Management von den Vorteilen zu überzeugen.

Es ist vielleicht nicht möglich, alle von den Vorteilen zu überzeugen, insbesondere das obere Management. Dies kann eine Zeit sein, in der ich empfehle, dass das mittlere Management mit einem Erfolg bei einem Projekt vorangeht, zum Beispiel die Schaffung eines Skunkworks-Projekts, das eines der „Kann-nicht" der Organisation löst. Dieses Projekt sollte den potenziellen Wert und Nutzen deutlich demonstrieren, wenn die Organisation einfach anfangen würde, zu investieren direkt in ein Data Team. Die meisten Menschen – insbesondere das obere Management – unterstützen lieber ein Team, das bereits gewinnt und Versprechen zeigt, als ein Risiko mit einem Projekt und einem Team einzugehen, das sich noch nicht bewährt hat.

Von unten nach oben

Obwohl dieses Buch für das Management geschrieben ist, vermute ich, dass es auch von einzelnen Mitarbeitern gelesen wird. Ich gehe davon aus, dass Sie den Bedarf für ein Data Team sehen und versuchen herauszufinden, wie Sie es umsetzen können. Dies könnte daran liegen, dass das Management – sowohl mittleres als auch oberes – nicht interessiert ist oder den potenziellen Wert von Daten nicht wirklich versteht. Es wird eine Herausforderung sein, von unten nach oben zu drücken, aber es gab Menschen, die es geschafft haben.

Einzelnen technischen Mitarbeitern fehlt oft die richtige Formulierung oder Positionierung, um Dinge in Bewegung zu setzen. Sagen Sie, dass wir anfangen müssen, die verteilte Systemtechnologie X zu verwenden? Das mag bei der Geschäftsleitung nicht ankommen, weil sie nicht weiß oder sich nicht dafür interessiert, was die verteilte Systemtechnologie X für die Organisation tun kann oder wird. Technologie X mag das richtige Werkzeug für den Job sein oder auch nicht. Stattdessen sollten Sie darüber sprechen, was die Technologie für die Organisation tun wird oder welches bestimmte Geschäftsergebnis durch diese erzielt wird. Wenn Sie sich darauf konzentrieren, ein „Kann-nicht" in ein „Kann" zu verwandeln, und was das Unternehmen danach tun kann, wird das dieses den neuen Ideen zur Schaffung von Data Teams viel aufgeschlossener gegenüberstehen.

Wie sollte das Geschäft mit den Data Teams interagieren?

Das Geschäft sollte eine konstante und ständige Interaktion mit den Data Teams haben, genauso wie die Mitglieder der Data Teams untereinander eine hohe Bandbreitenverbindung benötigen (siehe den Abschnitt „Hochbandbreitenverbindungen" in Kap. 7).

Es ist die Aufgabe des Data Teams, aus den Rohdaten Datenprodukte zu erstellen. Es ist die Aufgabe des Unternehmens, aus den Datenprodukten Geschäftswert zu schaffen – oder zumindest dem Data Team zu vermitteln, wie man Geschäftswert aus den Daten schafft. Manchmal wird erwartet, dass der Data Scientist diesen Wert schafft. Einige haben ein hohes Maß an Fachwissen, um dies zu tun, aber die meisten nicht. Sie benötigen möglicherweise einen Business-Analysten, um das Fachwissen des Data Scientists zu ergänzen oder vollständig zu ermöglichen. Verschiedene Organisationen ziehen die Trennlinie im Fachwissen an verschiedenen Stellen – meist beim Business-Analysten oder zu einem gewissen Grad beim Data Scientist.

Der entscheidende Schritt, Geschäftswert aus der Data Science zu ziehen, wird manchmal als BizOps bezeichnet. Einige Organisationen schaffen neben den in diesem Buch beschriebenen anderen ein BizOps-Team. Als ich ursprünglich das Konzept für dieses Buch erstellte, überlegte ich, ein ganzes Kapitel über BizOps zu schreiben. Es ist eine dieser fortgeschrittenen Funktionen, die für einige Unternehmen nützlich sind, aber nicht für andere. Die Entscheidung, ob ein BizOps-Team gegründet wird, hängt vom Schwierigkeitsgrad ab, den das Fachwissen der Organisation oder der Geschäftseinheit darstellt. Die folgenden Fragen helfen Ihnen, den Komplexitätsgrad des Fachwissens Ihrer Organisation zu bestimmen:

- Wie hoch ist das erforderliche Fachwissen für einen neuen Mitarbeiter, um produktiv zu sein?

- Gibt es eine oder mehrere Personen in der Organisation, deren Hauptwert darin besteht, zu wissen, wie das System von Anfang bis Ende funktioniert?

- Gibt es eine oder mehrere Personen in der Organisation, deren Hauptwert darin besteht, zu wissen, welche Daten verwendet werden oder was jedes Feld ist?

- Gibt es eine komplexe Interaktion zwischen Drittanbieter-Datenanbietern und Ihrem eigenen System?

- Wie schwierig ist es zu verstehen, wie die Daten durch das System von Anfang bis Ende fließen?

Fallstudie: Fachwissen im Bereich der Krankenversicherung

Um die Schwierigkeit und den Bedarf an Fachwissen zu verstehen, möchte ich einen meiner früheren Kunden beschreiben. Nach meiner Erfahrung mit Kunden hat die medizinische Versicherungsbranche einige der anspruchsvollsten Anforderungen an das Fachwissen. Die Bedürfnisse Ihrer Organisation werden wahrscheinlich anders sein, aber ich möchte den Höhepunkt mit Ihnen teilen, mit dem ich mich befasst habe.

Krankenversicherungsunternehmen werden von mehreren Richtungen mit der Komplexität des Fachwissens konfrontiert:

Medizinisch

Medizinischer Jargon, wie Slot, Anbieter etc., zusätzlich die endlosen Listen von Abkürzungen

Versicherung

Die Codierungen für Verfahren und die Abrechnungsprozesse der Versicherungsunternehmen, die in der Regel byzantinisch sind

Abrechnungssysteme

Die Systeme, in denen Rechnungen eingegeben und dann an die Versicherungsgesellschaft gesendet werden

Datensysteme

Wie die Daten über die Patienten, Verfahren und Rechnungen im System gespeichert sind

Bevor ich mit diesem medizinischen Versicherungskunden gearbeitet hatte, hatte ich die schiere Komplexität des benötigten Fachwissens nicht vollständig gewürdigt. Ich hatte ein Gespräch mit einem der Geschäftsanalysten darüber, wo und wie Data Teams passen und warum. Zunächst gab ich der Person meine Standardantwort, dass das Data-Engineering-Team den Datenzugriff so einfach wie möglich gestalten sollte. Der Analyst bestand darauf, mich zu fragen, ob der Data Engineer oder der Data Scientist überhaupt die richtigen Felder kennen würden, welche Felder freizulegen sind oder sogar, was die Spaltennamen bedeuten.

Da ging mir ein Licht auf. Organisationen mit komplexem Fachwissen müssen möglicherweise ein BizOps-Team erstellen, das eine genauso hohe Bandbreitenverbindung zu den anderen Data Teams hat wie die drei Haupt-Data-Teams, die in diesem Buch besprochen werden. Das BizOps-Team muss da sein, um das Fachwissen bereitzustellen und sicherzustellen, dass die Datenprodukte vom Geschäft genutzt werden können.

DIE REGEL, NICHT DIE AUSNAHME

Eine Nachricht für Engineering-Leiter:

Ich habe in den letzten vier Jahrzehnten bei meiner Arbeit im Datenbereich und im maschinellen Lernen etwas gelernt. Im Allgemeinen machen Technologieanwendungen einen Sprung nach vorne, insbesondere in der Infrastruktur, wenn es eine Wirtschaftskrise gibt. Es ist fast so, als ob die Prioritäten plötzlich klarer werden, während der Ballast aus dem Weg geräumt wird.

Ben Lorica und ich haben 2018 bis 2019 eine Umfrage über die Unternehmensadoption von „ABC" durchgeführt: KI, Big Data, Cloud. Wir haben unsere Umfragen so strukturiert, dass wir eine Kontraststudie zwischen Unternehmen erstellen konnten, die bereits fünf oder mehr Jahre einen ROI aus ihren Investitionen in diesem Bereich erkannt haben, im Gegensatz zu denen, die noch nicht einmal angefangen haben. Die Analyse war überzeugend, insbesondere als wir die Unternehmen in Führer, Nachfolger und Nachzügler segmentierten. Eine kleine Gruppe von „Einhörnern" dominierte natürlich unter den Anwendungen des maschinellen Lernens, stellte die besten Talente ein und nutzte hochentwickelte Technologie, um ihren First-Mover-Vorteil zu nutzen. Ein weiteres großes Segment folgte ihrem Beispiel, hatte jedoch Schwierigkeiten, die entsprechenden Rollen zu besetzen, mit Datenqualitätsproblemen umzugehen und genügend Menschen zu finden, die die verfügbare Technologie in Geschäftsanwendungsfälle übersetzen konnten. Die verbleibenden Organisationen – mehr als die Hälfte der Unternehmen – waren in Tech-Schulden begraben und diskutierten mit Führungskräften, die keinen Investitionsbedarf erkannten. Mit anderen Worten, diese Nachzüglerkategorie war Jahre davon entfernt, eine ausreichend effektive Dateninfrastruktur zu haben, um wettbewerbsfähig zu sein. Darüber hinaus steigerten die Erstanwender ihre Investitionen in Daten und beschleunigten die Kluft zwischen den „Haben" und den „Nicht-Haben" im Unternehmen. Diese Analyse korrelierte mit ähnlichen Studien des MIT Sloan, des McKinsey Global Institute und anderer.

Blickt man zurück auf die Wirtschaftskrise 2000 bis 2002 (Dot Com Bust gefolgt von 9/11), so hatten die Unternehmen, die später die Führung übernehmen würden, in der Rückschau fleißig Innovationen hervorgebracht: Amazon, eBay, Google und Yahoo hatten alle bereits Ende 1997 an der horizontalen Skalierung gearbeitet und Maschinendaten genutzt. Im Jahr 2001 veröffentlichte Leo Breiman den berühmten Artikel „Two Cultures", der das Plädoyer für industrielle ML-Anwendungsfälle hielt – die zuvor selten gewesen waren. In den folgenden Jahren würde ML auf Big-Data-Praktiken aufbauen und zur Regel, nicht zur Ausnahme, werden. Keines davon wäre in der Liste der 500 größten Unternehmen vor dem Dot Com Bust denkbar gewesen.

Blickt man zurück auf die Wirtschaftskrise 2008 bis 2009, so hatte ich diese Zeit damit verbracht, ein Data Team für ein florierendes zweitklassiges Werbenetzwerk aufzubauen und zu leiten. Nur wenige Jahre zuvor war ich ein „Versuchskaninchen" für einen neuen Dienst namens AWS geworden und hatte unseren Vorstand im August 2006 davon überzeugt, uns auf eine 100-prozentige Cloud-Architektur setzen zu lassen. Ein paar Monate nach Beginn dieser Arbeit identifizierten wir einige Engpässe im ML-Workflow und begannen, ein neues Open-Source-Projekt namens Hadoop zu verwenden, um sie zu lösen. Dann wurden wir Mitte 2008 in das Werbenetzwerk aufgekauft und standen vor einer absurden Frist: fünf Wochen, um eine Abteilung von Analysten und Infrastrukturentwicklern zu besetzen; fünf Wochen, um ein kritisches Empfehlungssystem auf Basis einer fehlerhaften Netezza-Instanz zu beheben; und dann fünf Wochen, um den Hauptverdiener des Unternehmens als Hadoop-Anwendung auf EC2 neu zu schreiben.

Irgendwie haben wir es geschafft. Unterwegs haben wir einen Auftragnehmer namens Tom White eingestellt, um eines von Hadoops Jira-Tickets zu beheben: ein I/O-Problem, das effiziente Jobs auf EC2 verhinderte. Das Ergebnis wurde die größte Hadoop-Instanz, die auf AWS lief, und eine Fallstudie für den Elastic MapReduce-Dienst. Ein Jahr später bat mich Andy Jassy, ein Referenzkunde zu sein, als er die Cloud bei SAP vorstellte, was eines der denkwürdigsten Geschäftstelefonate meines Lebens ist. Vor der Krise 2008 hätte ich mir nicht vorstellen können, dieses Telefonat zu führen. Auf der anderen Seite der Krise begannen die Geschäftsführer, dies als „Data-Science"-Teams zu bezeichnen.

Natürlich ist die globale Krise 2020 wesentlich schwerwiegender als 2000 oder 2008. Dennoch helfen uns diese Ereignisse, uns jetzt auf die Prioritäten zu konzentrieren. Es mag Ende 2019 undenkbar gewesen sein, dass die Hälfte der Unternehmen so sehr in Tech-Schulden und schlechten Entscheidungsprozessen begraben war, dass viele zu Übernahmezielen werden würden. Ziele von Unternehmen, die Investitionen getätigt, ihre

Tech-Schulden bereinigt, eine effektive Dateninfrastruktur aufgebaut, Data-Engineering- und Data-Science-Teams angemessen besetzt und Praktiken zur Nutzung von Daten durch Teams von Menschen und Maschinen übernommen haben. Das wird jetzt eher zur Regel als zur Ausnahme. Die zuvor „extremen" Strategien werden jetzt zu unseren Wegen nach vorne. Angesichts der gestiegenen Nachfrage nach Datenanalytik während dieser Krise wird es auf der anderen Seite keine Unternehmen mehr geben, die ihre Entscheidungen zur Transformation und Anpassung aufschieben.

Es ist also eine großartige Zeit, sich umzusehen. Sehen Sie, wer sich anpasst und wie und mit wie viel Erfolg. Sehen Sie auch, wer sich nicht die Mühe macht, sich anzupassen, und halten Sie Abstand von denjenigen.

Das Jahr 2018 und seine Schlagzeilen über die Datengrundschutz-Verordnung (DSGVO) und groß angelegte Sicherheitsverletzungen scheinen jetzt fast wie alte Geschichte zu sein. Die Praktiken der Datenverwaltung haben sich in den letzten 30 Jahren schrittweise aufgebaut, aber robuste DG-Praktiken waren eher die Ausnahme. Trotzdem haben einige Unternehmen aus der DSGVO gelernt, obwohl ihre Geschichten gerade erst kurz vor 2020 geteilt wurden. Ich kann eine allgemeine Reihe von Schlussfolgerungen beschreiben, die einen allgemeinen Weg nach vorne mit Data Engineering aufzeigt, das in der Wirtschaft genauso grundlegend wird wie die Buchhaltung.

Während viele Unternehmen widerwillig in ihre Versionen der DSGVO-Konformität gingen, erkannte ein Segment einen Aufwärtstrend. Wenn Sie sich Uber, Lyft, Netflix, LinkedIn, Stitch Fix und andere Unternehmen in etwa diesem Reifegrad ansehen, haben sie alle ein Open-Source-Projekt bezüglich eines Wissensgraphen über Metadaten zur Datensatznutzung – Amundsen, Data Hub, Marquez und so weiter.

Die Sammlung dieser Metadaten war für sie notwendig, um auf DSGVO-Konformitätsprobleme vorbereitet zu sein. Die Organisation dieser Metadaten (über die Verknüpfung von Daten) passte natürlich in Wissensgraphen. Sobald eine Organisation begann, diese Wissensgraphen zu nutzen, gewann sie viel mehr als nur Informationen über die Herkunft. Sie begann, die Geschäftsprozesswege von der Datenerfassung über das Datenmanagement bis hin zu umsatzbringenden Anwendungsfällen zu erkennen. Sie konnte organisatorische Abhängigkeiten zwischen Datenverwaltungspraktiken und Kundenbedürfnissen darstellen. Während einige erkannten, wie ihre Data Teams Zeit verschwendeten, indem sie Metadaten ständig „wiederentdeckten", erkannten andere Möglichkeiten für völlig neue Geschäftsbereiche auf Basis ihrer verfügbaren Daten.

Das war eine Geschichte, die gerade erst Anfang 2020 erzählt wurde. Sie zeigt den Fall für eine robuste Dateninfrastruktur sowie robuste Datenverwaltungspraktiken. Sie wandelt Compliance von einem Risiko in eine Investition um: Wie nutzt das Unternehmen insgesamt seine Daten? Darüber hinaus ist dieser Ansatz speziell dafür ausgelegt, KI zum Vorschlag anderer potenzieller Geschäftsbereiche zu nutzen.

Auf der anderen Seite dieser Krise werden robuste Praktiken für Dateninfrastruktur und Datenverwaltung die Regel sein, nicht die Ausnahme.

—Paco Nathan, Autor und böser verrückter Wissenschaftler, Derwin

---

Umstellung von Software als Produkt auf Daten als Produkt

Big Data und Analysen erfordern einen Mentalitätswandel, der für Data Teams, insbesondere für Data-Engineering-Teams, schwierig sein kann. Softwareentwicklung konzentriert sich auf die Bereitstellung von Software. Der Kernwert eines Softwareentwicklungsteams besteht darin, Software bereitzustellen, die einen Fehler behebt oder ein neues Feature erstellt. Data Engineering hingegen konzentriert sich auf die Schaffung von Geschäftswert mit Daten. Data Engineers stellen immer noch Software bereit. Sie stellen jedoch Software bereit, die die Datenprodukte verbessert.

Diese Verschiebung von Software zu Daten als Produkt kann für einige Organisationen und Einzelpersonen in Data Teams schwierig sein. Data Engineers kommen aus Softwareentwicklungshintergründen, und Ihr Projekt könnte das erste sein, bei dem die Data Engineers tatsächlich ein Datenprodukt erstellen. Management und Geschäft müssen zusammenarbeiten, um sicherzustellen, dass die Data Teams verstehen, dass ihre Arbeit auf Datenprodukten und nicht nur auf der Bereitstellung von Software basiert.

> **UMSTELLUNG VON SOFTWARE ALS PRODUKT AUF DATEN ALS PRODUKT**
>
> Die Bereitstellung von Softwarediensten beinhaltet heute eine ziemlich ausgereifte Sammlung von Ideen, wie Mikroservice-Architekturen, DevOps-Praktiken, Einsatz von Containern und so weiter. Viele dieser Ideen gelten immer noch für datenzentrierte Produkte, aber es gibt einzigartige Merkmale. Zwei davon sind (1) die unterschiedlichen Herangehensweisen von

Data Scientists und Data Engineers an ihre Arbeit und (2) die unterschiedlichen Arten von Anwendungsarchitekturen, Bereitstellungsartefakten und Überwachungsanforderungen für datenzentrierte Anwendungen.

Wie alle Wissenschaftler, nutzen Data Scientists Exploration und Experimente, um die besten Möglichkeiten zur Nutzung von Daten zu entdecken, zum Beispiel beim Aufbau von maschinellen Lernmodellen. Sie sind normalerweise nicht an die prozeduralen und Automatisierungsaspekte typischer Softwarebereitstellungen gewöhnt.

Dies ist der tatsächliche Grund, warum Data Engineering überhaupt existiert, um diese Lücke zu schließen. Oft erstellen Data Engineers eine Anwendungsinfrastruktur, die Data Scientists einen einfachen Weg bietet, Datenquellen und -senken hinzuzufügen und zu entfernen, und neue Modellhyperparameter (Modellentwurf) und manchmal die Modellparameter selbst anzugeben.

Es wird jedoch nicht empfohlen, dass Data Scientists Ad-hoc-Modelle für die Produktion liefern. Modelle sind Daten, daher sollten sie denselben Governance-Regeln unterliegen, die auch andere Daten erhalten, wie Datensicherheit, Auditing und Nachverfolgbarkeit. Außerdem automatisieren reife Produktionsumgebungen die Erstellung und Verwaltung aller Artefakte in der Produktion, um Reproduzierbarkeit und andere Ziele zu erreichen. Daher sollten Organisationen Modelle tatsächlich mit automatisierten, DevOps-artigen Pipelines trainieren, basierend auf den von den Data Scientists angegebenen Hyperparametern.

Die Produktionsinfrastruktur muss auch die Modellleistung prüfen und überwachen, welche Datensätze mit welchen Modellversionen bewertet wurden und so weiter.

Eine Herausforderung bei der Überwachung der Modellleistung ist die inhärente statistische Natur von maschinellen Lernmodellen. Ingenieure sind es gewohnt, genaue Ergebnisse zu erwarten (obwohl verteilte Systeme dieses Ziel nicht unterstützen). Ingenieure müssen sich daran gewöhnen, einige Metriken zu überwachen, die die statistischen Eigenschaften der Modellbereitstellung in der Produktion widerspiegeln. Glücklicherweise verstehen Data Scientists Wahrscheinlichkeiten und Statistiken, sodass sie Ingenieuren helfen können, neue Arten von Metriken zu interpretieren.

—Dean Wampler, Autor und Leiter der Entwicklerbeziehungen, AnyScale

Symptome unzureichender oder ineffektiver Interaktion

Oft hält sich das Management zurück in seinen Interaktionen mit den Data Teams. Sie arbeiten möglicherweise nur zu Beginn eng zusammen, wenn sie die Datenstrategie berücksichtigen und das Team aufbauen. Aber die Datenstrategie ist nur eine von vielen verschiedenen Phasen, in denen Interaktion erforderlich ist, um Wert mit Daten zu erzielen.

Wenn das Geschäft nicht in den gesamten Lebenszyklus der Erstellung von Datenprodukten einbezogen ist, können die Data Teams tatsächlich keinen Geschäftswert schaffen. Die tatsächlichen Datenprodukte könnten nutzlos sein oder das Geschäftsziel nicht erreichen. Sowohl das Geschäft als auch die Data Teams teilen die Schuld für diese Misserfolge. Wenn das Data Team eine agile Methodik verwendet, sollte es direkt mit dem Kunden zusammenarbeiten – das sind oft interne Geschäftsanwender. Ebenso wird das Geschäft Zeit einplanen oder darauf drängen müssen, dass ihre Stimmen während des Produktlebenszyklus gehört werden (Abb. 8-1).

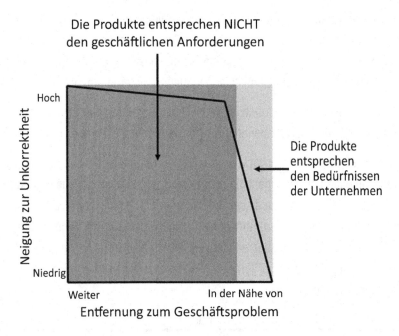

Abb. 8-1. *Je weiter das Team vom Geschäftsproblem entfernt ist, desto wahrscheinlicher ist es, dass die Datenprodukte nicht dem entsprechen, was der Kunde wollte*

Wenn die Data Teams zu weit vom Geschäftsproblem entfernt sind, ist es wahrscheinlich, dass sie ein Datenprojekt erstellen, das die Geschäftsanforderungen nicht erfüllt. Erst wenn die Data Teams relativ nahe am Geschäftsproblem sind, ist es wahrscheinlich, dass sie die Geschäftsanforderungen erfüllen. Sie werden bemerken, dass es einen steilen Rückgang der produktiven Aktivität gibt, wenn die Data Teams wirklich nahe am Geschäftsproblem sind.

Ich habe mit Teams zu tun gehabt, die die Folgen eines Mangels an Koordination zwischen den Data Teams und dem Geschäft erleben. Die Data Teams erstellen das, was sie für die Lösung des Problems halten. Aus der Sicht des Geschäfts hat das Datenprodukt das Problem nicht ausreichend gelöst, um lohnenswert zu sein, oder es hat das völlig falsche Problem gelöst.

Zusammenarbeit mit dem QA-Team

Das Qualitätssicherungs (QA)-Team ist verantwortlich für die Validierung und Überprüfung, dass die Software korrekt funktioniert. Für Datenprodukte beinhaltet dies die Überprüfung der Leistung und der Daten selbst. Das QA-Team bestätigt, dass die Datenprodukte aus qualitativer Sicht den Geschäftsanforderungen entsprechen. Dies beinhaltet die Überprüfung der Software selbst, der verteilten Systeme, auf denen die Software läuft, der tatsächlich erstellten Datenprodukte und der Leistung der Software auf dem System. Das Team beantwortet Fragen wie:

- Funktioniert die Software korrekt und löst keine Ausnahmen aus?

- Erzeugt das Modell die richtige Ausgabe bei bestimmten Eingaben?

- Läuft die Software korrekt auf dem verteilten System?

- Wird das Datenprodukt im richtigen Format erstellt?

- Erbringt die Software die gleiche Durchsatzleistung wie die vorherige Version?

Je nach technischen Fähigkeiten des QA-Teams können diese Tests eine Mischung aus automatisierten Tests, skriptbasierten Tests und manuellen Tests sein. Je mehr die Tests automatisiert oder skriptbasiert sein können, desto besser und konsistenter wird die QA-Prüfung sein. Die QA-, Data-Engineering-Teams und Data Teams werden darauf achten, ausreichende Unit-Test- und Integrationstest-Abdeckung zu haben.

Um Leistungstests korrekt durchzuführen, muss das QA-Team gute Baselines gegen bekannte Dateninput und Hardware etabliert haben. Andernfalls könnten Leistungsunterschiede leicht auf Hardware oder Daten anstatt auf Softwarefehler zurückgeführt werden.

Die technischen Fähigkeiten von QA-Teams variieren. Einige QA-Teams führen ihre Checks manuell durch, andere Teams haben Skripte, und einige fortgeschrittenere QA-Teams schreiben tatsächlich den Code, um den Code zu testen und automatisch zu validieren.

QA muss die Systeme, die sie validiert, genauso gut verstehen wie die Data Engineers oder Data Scientists. Sie muss es vielleicht nicht in der Tiefe der Data Teams verstehen, aber es wird wesentlich sein zu wissen, wie Dinge funktionieren sollten oder nicht. Das QA-Team muss ähnliche Lernressourcen wie die Data Teams zur Verfügung gestellt bekommen.

Zusammenarbeit mit Projektmanagern

Ein Projektmanager in einer Organisation ist verantwortlich für Zeitpläne und berechnet die notwendigen Ressourcen, um ein Projekt abzuschließen. Ein Produktmanager ist auch dafür verantwortlich, sicherzustellen, dass technische Produkte zur Lösung von Geschäftsproblemen angewendet werden können. Oft ist ein Produktmanager da, um neue Funktionen eines Produkts zu konzipieren und zu priorisieren.

Die Produktmanager können mit kleinen Datennotionen in ein Data Team kommen oder mit diesem zusammenarbeiten. Diese kleinen Datennotionen geben Aufschluss darüber, was der Produktmanager für möglich oder unmöglich hält, was das Technologie- und Data Team erreichen kann. Produktmanagern muss gezeigt werden, was mit verteilten Systemen und Data Teams möglich ist. Daraus sollten sich neue Ideen und Methoden zur Verbesserung des Produkts selbst ergeben.

Projektmanager müssen auch den erhöhten Schwierigkeitsgrad und die Komplexität verstehen, die mit der Arbeit mit verteilten Systemen einhergehen. Ohne ein Verständnis für den erheblichen Anstieg der Komplexität werden die Projektmanager nicht in der Lage sein, vernünftige und erreichbare Projektpläne zu erstellen. Nicht einhaltbare Zeitpläne setzen das Team von Anfang an hinter den Zeitplan. Dies führt wiederum dazu, dass sich die einzelnen Teammitglieder so fühlen, als ob sie von Anfang an keine gute Arbeit leisten.

Oft haben Projektmanager Erfahrung mit der Leitung von Projekten mit verschiedenen technischen Teams. Dies kann dazu führen, dass Projektmanager annehmen, dass ein Big-Data-Team nach einem ähnlichen Zeitplan wie ein Small-Data-Team arbeitet. Zum Beispiel könnten sie verwirrt sein, warum ein Webentwicklungsteam produktiver zu sein scheint als die Data Teams. Das Management und die Data Teams werden den Projektmanagern die Ressourcen geben wollen, um die Unterschiede in Komplexität und Zeitplänen bei der Erstellung von Datenprodukten zu verstehen.

Produktmanager werden stark von Anbietern umworben, die die Welt versprechen bezüglich der Leistung ihrer Produkte. Es kann für Produktmanager schwierig sein, das Reale aus all dem Marketinggespräch herauszufiltern. Es ist auch wichtig, nicht allem zu vertrauen, was die Anbieter sagen. Die Data Teams – und insbesondere qualifizierte Data Engineers – müssen den Produktmanagern helfen, all diese Nachrichten zu sortieren.

Finanzierung und Ressourcen

Sobald ein Unternehmen sich verpflichtet hat, ein Data Team aufzubauen, besteht die erste Aufgabe des Managements darin, dem Team die benötigten Ressourcen, sowohl menschliche als auch materielle, zur Verfügung zu stellen. Natürlich wird die Finanzierung Teil einer größeren Diskussion über Ziele und Machbarkeit sein, aber wir beginnen mit der Bereitstellung von Ressourcen, denn ohne sie kann nichts getan werden.

Die Data Teams—oder etwas wie ein Data Team zu diesem Zeitpunkt—müssen eine möglichst genaue Schätzung der Software-, Hardware- und Personalkosten für die Erstellung eines Data Teams erstellen. Dies erfordert die Zustimmung auf höchster Führungsebene. Wenn Mittel für Personal und Ressourcen stecken bleiben—und das tun sie oft—müssen Sie sich auf Ihre Führungssponsoren verlassen, um die Dinge wieder in Bewegung zu bringen.

Personalbeschaffung

Das Wachstum von Data Teams erfordert erhebliche Investitionen in Personal, insbesondere am Anfang. Qualifizierte Mitglieder von Data Teams —insbesondere Data Scientists und Data Engineers—verlangen einen Aufschlag. Die Führungskräfte und das übrige Management sollten Gehaltsstufen schaffen, die dem Markt entsprechen. Andernfalls muss die Führung ständig Ausnahmen für die Gehälter der Data-Team-Mitglieder machen oder Verzicht leisten. Auch die Personalabteilungen (HR) müssen darüber aufgeklärt werden, angemessene Gehaltsstufen und Gehaltsskalen anzubieten.

HR sollte sich mit Jobtiteln und Definitionen befassen. Einigen Organisationen fehlt der Titel Data Engineers oder ihre aktuelle HR-Definition eines Data Engineers ist SQL-zentriert.

Das HR-Team muss möglicherweise auch die Versetzung von Managern genehmigen, um die verschiedenen Teams zu leiten. Sie müssen möglicherweise die Versetzung von Personen aus einem anderen Team in das neue Data Team organisieren.

Software und Hardware

Es gibt ein weit verbreitetes Missverständnis unter dem Management—insbesondere unter C-Level-Führungskräften—dass Big Data billig ist. Viele Organisationen setzen kostenlose und Open-Source-Software ein und leiten diese Wahrnehmung von niedrigen Kosten aus einem Missverständnis darüber ab, was Open Source bedeutet.

Ist Open Source nicht kostenlos? Ja, das ist sie—mit einigen Vorbehalten, die Sie kennen sollten. Lassen Sie mich Ihnen einen kurzen und allgemeinen Überblick über Open-Source-Geschäftsmodelle geben.

Ihre Organisation könnte den Quellcode von der Website eines Projekts herunterladen, ihn kompilieren und den resultierenden Binärcode bereitstellen. Das kann sehr teuer sein in Bezug auf die Arbeitszeit des Personals und das Warten auf die Behebung aller Fehler.

Ein nächster Schritt besteht darin, eine schön verpackte Binärverteilung zu nehmen, die manchmal bereits in eine virtuelle Maschine gebündelt ist, die von einem Unternehmen im Open-Source-Bereich erstellt wurde. Diese Binärverteilungen sind oft auch kostenlos—aber sie können einige Bedingungen dafür haben, wie Sie ihre Binärsoftware verwenden können.

Obwohl diese Binärverteilungen altruistisch klingen, haben sie eine versteckte Agenda. Das Open-Source-Unternehmen versucht, die Verwendung ihrer Open-Source-Distribution zu erleichtern, damit Sie Dinge ausprobieren und Ihre Software dagegen entwickeln können. Wenn es an der Zeit ist, Dinge in die Produktion zu bringen, müssen Sie über Service und Support für diese Distribution nachdenken. Da Ihr Code bereits die Distribution des Open-Source-Unternehmens verwendet, sind sie die logische Wahl, um anzurufen und für diese Dienstleistungen zu bezahlen. Obwohl ihre Expertise wertvoll ist, könnten Sie feststellen, dass Sie mehr für ihr Support-Personal bezahlen, als Sie für Ihr eigenes Personal bezahlen. Das sind rückwärts gerichtete Berechnungen—Sie sollten in Ihr eigenes Personal investieren.[1]

Wenn Sie diese Open-Source-Geschäftsmodelle verstehen, können Sie sehen, dass Open Source zwar kostenlos ist, die damit verbundene Schulung, der Service und der Support jedoch nicht. Einige Organisationen entscheiden sich dafür, alles selbst zu unterstützen. Dies geschieht mit unterschiedlichem Erfolg.

Dennoch sind Open-Source-Big-Data-Alternativen in der Regel billiger als proprietäre, geschlossene Optionen. Aber das Wort ist *billiger*, nicht *kostenlos*.

Schließlich gibt es die Hardwarekosten. Ob Sie einen verteilten Systemcluster vor Ort oder in der Cloud erstellen, Ihre Hardwarekosten werden steigen. Dies liegt daran, dass viele verschiedene Computer gestartet werden müssen, um verteilte Systeme zu betreiben und sich von Hardwareausfällen zu erholen. Daher ist die Hardwarenutzung nicht zu 100 %. Einige verteilte Dateisysteme benötigen beispielsweise 1,5- bis 3-mal so viele Festplatten, um Daten redundant zu speichern. Mit anderen Worten, um 10 TB Daten zu speichern, könnten Sie 30 TB Rohspeicher benötigen. Dies gibt einige einfache Beispiele dafür, wie stark die Hardwarekosten mit verteilten Systemen steigen und wird je nach verteiltem System selbst variieren.

Jetzt können wir anfangen, über die Erlangung von Zustimmung auf hoher Ebene zu sprechen. Der Hauptgrund sind die Kosten. Es wird wahrscheinlich mehr kosten, als die Führungskraft denkt, erfolgreiche Data Teams zu schaffen. Das Führungsteam muss die tatsächlichen Kosten akzeptiert haben; sonst machen die Kosten jedes Data-Pipeline-Projekt zu einem Nichtstarter. Mit ausreichender Führungssponsorenschaft kann das Projekt und das Team jedoch eine genaue Schätzung der Kosten haben.

---

[1]Manager denken oft, sie könnten Personal mit unter dem Marktwert liegenden Gehältern einstellen und dieses durch die Nutzung externer Dienstleistungen erfolgreich in einem Big-Data-Projekt machen. Die Ergebnisse sind unterschiedlich, aber meistens scheitern diese Projekte.

Cloud

Einige Managementteams und Führungskräfte glauben, dass die Nutzung der Cloud Big Data billig macht. Die Nutzung der Cloud kann eine Umstellung billiger machen, aber nicht billig. Die Data Teams können ihre Kosten dynamisch optimieren, was mit einem On-Premises-Cluster nicht möglich ist.

Wenn das Team die verwalteten Dienste der Cloud nutzt, gibt es keine spezifischen Hardware- oder Softwarekosten. In der Regel gibt es keine Lizenzgebühren oder damit verbundene Kosten wie bei einem Open-Source-Anbieter. Die Nutzung der Cloud macht keinen großen Unterschied in der Teamgröße, außer für das Operations Team. Die Nutzung der verwalteten Dienste des Cloud-Anbieters kann die Data-Engineering-Teams und Data Teams produktiver machen, hat aber in der Regel keinen dramatischen Einfluss auf die Teamgrößen.

Die Data Teams können möglicherweise nicht nur mit den Technologien des Cloud-Anbieters auskommen. Sie müssen möglicherweise eine Technologie eines Anbieters verwenden. An diesem Punkt ist das Team wieder dabei, Lizenzen und Support zu bezahlen, wobei die Cluster in der Cloud laufen.

Noch einmal, die Gebühren des Cloud-Anbieters werden nicht die Hauptkosten für die Organisation sein. Die Schaffung der Data Teams und die ordnungsgemäße Personalbeschaffung werden die Hauptkosten sein. Die Führungssponsoren müssen dies verstehen.

Themen für die Interaktion

Fast alle Organisationen sollten regelmäßige Diskussionen zwischen den Data Teams und dem Geschäft über die Themen in diesem Abschnitt führen.

Datenstrategien

Eine Datenstrategie besteht darin, die Geschäftsseite zu betrachten, um zu sehen, wie Datenprodukte die Entscheidungsfindung ergänzen oder automatisieren könnten. Der tatsächliche Geschäftswert kann aus vielen Bereichen abgeleitet werden, von denen die folgenden üblich sind:

- Ein internes Produkt zur Verbesserung von Marketing oder Vertrieb durch fortgeschrittene Analysen

- Ein internes Produkt zur Kostensenkung

- Ein kundenorientiertes Produkt

Ein Datenprodukt kann sowohl interne als auch externe Kunden bedienen.

Ein ganzes Buch könnte über Datenstrategien geschrieben werden, da sie von so vielen verschiedenen Faktoren abhängen: der Branche, den Produkten, den Zielen und der Risikobereitschaft der Organisation. Ich empfehle nicht, die Datenstrategie eines Wettbewerbers vollständig zu kopieren, da es tiefgreifende oder subtile Nuancen gibt, die Sie möglicherweise nicht kennen.

Bei der Erstellung der Datenstrategie empfehle ich, jemanden in den Raum zu bringen, der über das aktuelle und potenzielle Datenangebot des Unternehmens Bescheid weiß, sowie jemanden – dieselbe Person oder eine andere – der die technischen Möglichkeiten der Datennutzung versteht. Diese Expertise ermöglicht es dem Team, Ideen auszutauschen, ohne ständig Diskussionen aufgrund fehlender Informationen vertagen zu müssen oder jemand anderen in der Organisation nach den Antworten auf Datenfragen fragen zu müssen.

Die Verankerung von Diskussionen in technischen Realitäten verhindert auch, dass das Team auf zu verrückte Pläne kommt. Oft denken Teams, die neu in verteilten Systemen sind, zu großspurig, zu zurückhaltend oder beides gleichzeitig in Bezug auf das, was möglich ist. Ich habe schon an solchen Diskussionen teilgenommen, und es hilft, die Erwartung einer direkten und einfachen Lösung unter den nicht technischen Leuten einzudämmen, die außer Kontrolle geraten kann.

Ein häufiger Fehler des Managements besteht darin zu denken, dass die Erstellung einer Datenstrategie das Ende ihrer Beteiligung bedeutet. Stattdessen ist es nur der Anfang. Das Management muss da sein, um die Data Teams zu einem nützlichen Geschäftsziel zu führen. Während die Data Teams ihr Bestes geben werden, ist das möglicherweise nicht genug. Das Data Team braucht eine kontinuierliche Einbindung – aber keine Einmischung in ihre technischen Aufgaben – von der Geschäftsleitung des Unternehmens.

Risiken und Belohnungen

Ein entscheidender Teil der Datenstrategie besteht darin, das Risiko und die Belohnung eines Projekts zu bewerten. Die Schaffung von Data Teams und Datenprodukten birgt Risiken. Was passiert, wenn das Projekt scheitert? Und auf der positiven Seite, was passiert, wenn das Team das erreicht, wofür es sich angemeldet hat? Welchen Wert wird das Team für die Organisation in Form von Kosteneinsparungen oder neuer Umsatzgenerierung erzeugen?

Wenn ich mit einer Organisation an ihrer Datenstrategie arbeite, suche ich nach einer Wertschöpfung von mindestens 5- bis 10-mal über den Kosten des Projekts. Diese Wertschöpfung ist möglicherweise nicht sofort in der „Krabbel"-Phase möglich, sollte aber später in den „Lauf"- und „Renn"-Phasen erreicht werden. Denken Sie daran, dass die Wertschöpfung für Data-Team-Projekte möglicherweise nicht in erhöhten Einnahmen, sondern in Kosteneinsparungen zu sehen ist.

Wenn ein Projekt keinen erheblichen Wert schafft, ist die erste Reaktion oft, die Technologie zu beschuldigen. Stattdessen sollte das Managementteam wirklich seine Motivationen für Datenprojekte überprüfen. Es könnte sein, dass das Managementteam nicht alle Werte, die durch Daten generiert werden könnten, vollständig ermittelt hat, oder es könnte bedeuten, dass die Organisation ihre Daten nicht als Vermögenswert betrachtet, der genutzt werden könnte. Das Problem könnte von einem unzureichend ausgestatteten Data Team ausgehen.

In diesem Fall bedeutet „richtig machen", ein Data Team mit den richtigen Fähigkeiten und genügend Ressourcen zu haben, um die von Ihnen zugewiesene Aufgabe zu erfüllen. Ihr Team in eine unhaltbare Position zu bringen, ist unfair und schafft moralische Probleme. Diese moralischen Probleme führen schließlich dazu, dass Menschen das Team oder die Organisation verlassen.

Projekte, die aus diesen Gründen scheitern, beginnen mit uninformierten Mandaten vom oberen Management. Jemand an der Spitze hat von verteilten Systemen erfahren und möchte sie in seinem Unternehmen haben, hat aber die in diesem Buch beschriebenen Anforderungen nicht berücksichtigt.

Ein Projekt mit diesen Ausgangspunkten stellt das höchste Risiko von Misserfolgen dar, mit der geringsten Wertschöpfung. Obwohl ein Buch keine spezifischen Ratschläge zur Vermeidung eines solchen Ergebnisses geben kann, empfehle ich dringend, das Risiko/die Belohnung dieser Projekte neu zu bewerten.

Verwaltung und Erstellung realistischer Ziele

Vielleicht ist das schwierigste Problem des oberen Managements die Schaffung realistischer Erwartungen und Ziele für die Data Teams. Führungskräfte werden oft gezielt aggressiv vom Marketing-Hype um die Möglichkeiten von Datenprodukten und den Wert, den sie schaffen, angesprochen. Dieses Marketing kann wiederum von den anderen Führungskräften, die Informationen aus zweiter oder dritter Hand darüber haben, was möglich ist, an den Rest der Organisation weitergegeben werden. Diese Aktivitäten können zu einer gesamten Abteilung oder Organisation mit unrealistischen Zielen und Vorstellungen davon führen, was im Rahmen der Möglichkeiten ist.

Ein Data Team, das von Anfang an mit unrealistischen Zielen konfrontiert ist, hat ein lähmendes Problem. Es wird zurückfallen oder am Ende nicht liefern können. Ich empfehle dringend, diese Erwartungen so früh wie möglich im Prozess zu managen. Denken Sie daran, dass Sie nicht nur gegen das kämpfen, was in Ihrer Organisation gesagt wird – Sie kämpfen gegen das, was die verschiedenen Verkaufsleute und Marketingmaschinen der Anbieter sagen, was möglich ist. All diese Leute lassen wichtige Details und Vorbehalte aus, die gemanagt werden müssen.

Anwendungsfälle und Technologieauswahl

Anwendungsfälle, die ich in diesem Buch von Zeit zu Zeit erwähnt habe, sind entscheidend für Ihren Erfolg mit verteilten Systemen.

Bei kleinen Daten und nicht verteilten Systemen könnten 99,9 % der Projekte den gleichen Technologie-Stack verwenden. Für mich persönlich bedeutete das, dass ich 99,9 % meiner Arbeit mit Java, einer relationalen Datenbank wie MySQL und einer Webanwendungstechnologie wie Apache Tomcat gemacht habe. Wenn ich in ein Meeting ging, um ein neues Feature zu besprechen, gab es selten eine Diskussion darüber, welche Technologien wir möglicherweise benötigten oder das Projekt verbessern könnten. Es ging immer darum, wie wir unsere bestehenden Technologien anders nutzen oder unsere Nutzung verbessern könnten.

Bei verteilten Systemen müssen Sie die Anwendungsfälle grundgehend verstehen, bevor Sie überhaupt darüber sprechen, welche Technologien Sie verwenden sollten.[2]

---

[2]Lesen Sie mehr in meinem Blogbeitrag „Dies ist nutzlos" (ohne Anwendungsfälle) (https://www.jesse-anderson.com/2017/07/this-is-useless-without-use-cases/).

Dies liegt daran, dass verteilte Systeme Kompromisse aufweisen, die bei kleinen Daten nicht vorhanden sind. Die Art und Weise, wie diese Systeme skalieren müssen, und die verschiedenen Teile des Systems, die Gefahr laufen, Engpässe zu werden, bestimmen, wie das jeweilige verteilte System schummelt. Ich spreche nicht von Schummeln im negativen Sinne. Diese Tricks sind notwendig, um die Skalen zu erreichen, die Big Data bietet. Ohne sie können Sie einfach nicht skalieren. Siehe „Die Rolle der Architekten" Abschnitt in Kap. 4 und mein Blogbeitrag.[3]

Technologieentscheidungen zu treffen, bevor der Anwendungsfall vollständig verstanden ist, lässt Sie mit der Wahrscheinlichkeit zurück, dass die Technologien den Anwendungsfall möglicherweise nicht bewältigen können. Sie könnten das falsche Werkzeug für den Job wählen, und das könnte bedeuten, dass es eine Stunde dauert, um etwas zu tun, von dem der Anwendungsfall erwartet, dass es eine Sekunde dauert. Es könnte bedeuten, dass die Technologie nur Batchverarbeitung durchführen kann, oder dass die Technologie mindestens 1000 ms benötigt, um Eingaben zu verarbeiten, während der Anwendungsfall eine Verarbeitung in Echtzeit in weniger als 200 ms erfordert.

Das Verständnis der Anwendungsfälle vor der Auswahl der Technologien ist eine der ersten Dinge, die ich versuche, neuen Data-Engineering-Teams und neuen Data Engineers beizubringen. Wenn ich eine Architekturüberprüfung durchführe, verbringen wir Stunden mit dem Anwendungsfall. Wir gehen jedes Detail durch, was sie tun wollen und was die geschäftlichen Gründe dafür sind. Oft werden die Data Engineers ungeduldig, um mit dem Whiteboarding und dem Diagrammieren der Architektur zu beginnen. Ich dränge sie dazu, tiefer in den Anwendungsfall und die Gründe dahinter einzusteigen. Erst dann beginnen wir über Technologie zu sprechen. Auf diese Weise wissen wir wirklich, was wir wissen müssen, bevor wir überhaupt über technische Architektur oder Implementierung nachdenken.

Sich der Herausforderung stellen

Ein mittleres bis spätes Problem für das obere Management ergibt sich aus den Daten selbst. Manchmal stehen die Daten oder Analysen Ihrer Organisation im Widerspruch zu einer Entscheidung oder Strategie einer Führungskraft. Das Data Team muss in der

---

[3]Lesen Sie mehr in meinem Blogbeitrag „Über das Schummeln mit Big Data" (www.jesse-anderson.com/2017/10/on-cheating-with-big-data/).

Lage sein, sich der Herausforderung zu stellen, ohne Angst vor Entlassung zu haben. Die Angst, Projekte zu verlieren oder entlassen zu werden, führt dazu, dass die Data Teams den Führungskräften nicht die ganze Geschichte erzählen. Das schlimmste Ergebnis ist, dass die Teams anfangen werden, ihre Ergebnisse zu ändern, um mit den vorgefassten Vorstellungen der Führungskraft übereinzustimmen. Einem datengesteuerten Unternehmen geht es nicht um Politik; es geht darum, das Geschäft und die Entscheidungen zu verbessern.

Führungskräfte können verzerrte Ansichten haben, die auf früheren Erfahrungen beruhen, die nicht datenunterstützt waren. Die Vorhersagen oder Analysen eines Modells können gegen ihre früheren Erfahrungen sprechen. Data Scientists und Führungskräfte müssen möglicherweise zusammenarbeiten, um diese Vorstellungen zu zerstreuen und das Vertrauen in die Ergebnisse aufzubauen. Vertrauen in die Ergebnisse kann aufgebaut werden, indem einerseits die Hypothesen, die entweder bestätigt oder widerlegt wurden, und andererseits die Arbeit, die in die Erstellung dieser Ergebnisse eingeflossen ist, gezeigt werden.

Diese Toleranz für schlechte Nachrichten wächst mit der Reife der Organisation. Eine datenunterstützte Organisation wird lernen oder wissen, wie man mit Daten umgeht und sie maximal nutzt. Organisationen, die gerade erst lernen, wie man Daten bei Entscheidungen verwendet, benötigen eine Eingewöhnungsphase.

Sich der Herausforderung zu stellen, bedeutet nicht, dass das Data Team streitsüchtig sein sollte. Das passiert manchmal und sollte beachtet und unterbunden werden.

Aufmerksamkeit auf Führungsebene

Die Mehrheit der täglichen Arbeit wird vom mittleren Management der Organisation erledigt, aber Führungskräfte sind ein wesentlicher Beitrag zum Erfolg von Data Teams. In dem früheren Abschnitt „Personal" dieses Kapitels haben wir gesehen, dass sie sich früh zu Wort melden müssen, um das Data Team der Organisation zu finanzieren. Diese Entscheidungen sollten auf der Datenstrategie und auf ständig verfeinerten Schätzungen des Werts basieren, den die Daten der Organisation schaffen können.

Einige für Data Teams erforderliche Änderungen müssen von oben kommen. Dies kann passieren, weil es notwendig ist, mit anderen Teilen der Organisation zu koordinieren und zusammenzuarbeiten. Ich habe gesehen, wie das mittlere Management kämpfte, um Änderungen nach oben zu drücken, eine herkulische

Aufgabe. Diese Änderungen sind viel besser und effizienter, wenn sie von oben gemacht werden.

Eine spätere Entscheidung dreht sich um den Erfolg des Projekts. Wenn der Fortschritt ins Stocken gerät oder ein Projekt scheitert, wird das Management auf Führungsebene entscheiden, ob es weitergeführt wird.

Umgang mit Unsicherheit

Data Science ist größtenteils ein Forschungsunterfangen. Das tatsächliche Ergebnis eines Data-Science-Projekts ist unsicher. Wird es überhaupt funktionieren? Wird auch ein Problem gefunden, das mit einem Algorithmus lösbar ist?

Dies steht im Gegensatz zu den meisten Ingenieuraufgaben. Bei einigen technischen Aufgaben besteht eine 99,9-prozentige Chance, dass die Ingenieure etwas finden, um die Daten zu verbessern oder mit diesen zu arbeiten. Bei Data Science gibt es keine 99,9-prozentige Chance auf ein positives Ergebnis. Ein völlig gangbares Ergebnis ist, dass nichts dabei herauskommt, die der Data Scientist für die Aufgabe aufwendet. Die möglichen unsicheren Ergebnisse sind etwas, das das Management oft nicht kennt oder versteht.

Diese Unsicherheit betrifft nicht nur das Ergebnis; sie erstreckt sich auf die benötigte Zeit, um die Machbarkeit zu prüfen. Das macht Data Science so schwierig zu führen, weil man sie nicht wie ein Engineering Team führen kann. Man muss sie eher wie ein Forschungs- und Entwicklungsteam führen.

Eine bedeutende Ausnahme von dieser Unsicherheit besteht, wenn der Anwendungsfall oder die Daten eindeutig festgelegt sind, um Anwendungen in Data Science zu haben. Einige dieser klaren Beispiele sind Betrugserkennung in Finanzanwendungsfällen oder Empfehlungsmotoren in verschiedenen Branchen. Wir wissen, dass es möglich ist, die Daten für diese Anwendungsfälle zu verwenden. Die große Frage ist, wie gut die Ergebnisse sind und welche Auswirkungen sie auf das Geschäft haben.

Datenquellen ändern sich

Zu dieser Schwierigkeit kommt die sich ändernde Natur der Daten hinzu. Dies ist noch schlimmer bei hoher Periodizität der Daten oder wenn es wenig historische Daten gibt. Das bedeutet, dass sich die Daten für Modelle oft ändern, aber Sie haben nicht genug historische Daten, um die periodischen Trends zu sehen.

Selbst in gut etablierten Unternehmen und Branchen werden sich die Daten ändern. Ich habe gesehen, dies kann aus verschiedenen Gründen geschehen, aber ich möchte ein leicht verständliches Beispiel geben. In der Finanzbranche ist es üblich, maschinelles Lernen zur Betrugserkennung zu verwenden. Auf der anderen Seite dieser Modelle sind die Menschen, die versuchen, den Betrug zu begehen. Diese Betrüger warten nicht einfach ab, um zu sehen, ob sie mit Betrug Glück haben. Sie suchen ständig nach neuen und fortschrittlicheren Möglichkeiten, andere zu betrügen. Das Data-Science-Team muss sich über die Änderungen der Datenquelle auf dem Laufenden halten – ob absichtlich oder zufällig.

Manchmal müssen wir in der Lage sein, die Ergebnisse eines Modells zu reproduzieren. Dies kann aufgrund einer regulatorischen Umgebung oder eines tatsächlichen Gesetzes erforderlich sein. Sie müssen möglicherweise beweisen oder zeigen, wie ein Modell ein Stück Daten bewertet hat. Sie benötigen verschiedene Datenteile, die sich im Laufe der Zeit ändern können. Sie müssten den genauen Code kennen, der für das Training und die Bewertung verwendet wurde, und die korrekten Daten, die zum Trainieren des Modells verwendet wurden. Einige Organisationen denken, dass dies mit Zeitstempeln und Rückverfolgung möglich ist, aber das ist nicht immer möglich, insbesondere wenn sich die Datenquellen ändern. Einige Organisationen betten diese Metadaten in jede Nachricht ein, um zu verstehen, was im System während der Bewertung passiert.

Ausgabe von Modellen ist ein Grad an Sicherheit

Die Ausgabe eines Modells zur Bewertung oder Inferenz ist kein wahres/falsches Feld. Es handelt sich tatsächlich um ein Sicherheits- oder Vertrauensintervall. Für Menschen, die nicht an Data Science gewöhnt sind, kommt dies als echter Schock – besonders für Ingenieure. Das Modell gibt Ihnen eine positive oder negative Sicherheit (normalerweise eine Gleitkommazahl) darüber, was es für wahrscheinlich hält. Die endgültigen

Verbraucher dieses Datenprodukts müssen die Ebenen oder Werte entscheiden, die sie als normal oder innerhalb ihrer Toleranz erwarten.

Fürchten Sie nicht die Datenprodukte des Sensenmanns

Die Analyse und Ergebnisse des Data Scientists – in einer ironischen Wendung – werden oft nicht genutzt oder ignoriert. Dies kann daran liegen, dass die Organisation die Ergebnisse nicht glaubt, sie fürchtet oder die Mathematik dahinter nicht versteht. Schließlich können sie natürlich nicht handeln, weil die Ergebnisse der Meinung des Höchstbezahlten widersprechen.[4] Es ist traurig, wenn eine Organisation den Aufwand und die Kosten für die Schaffung einer Data-Science-Organisation auf sich nimmt und dann ihre Ergebnisse ignoriert.

Dies ist ein Punkt, an dem die Wurzel des Problems nicht Technologie oder Data Science ist. Das Problem ist rein menschlich – mit dem Mangel an Vertrauen als Kern des Problems. Es ist ein Mangel an Vertrauen in die Person oder das Team, das den Algorithmus erstellt hat. Die Lösung besteht darin, Ihre Organisation dazu zu bringen, einem Algorithmus und dem Team, das ihn erstellt hat, zu vertrauen.

Dieses Problem ist besonders verbreitet in altmodischen Organisationen. Dies sind Organisationen, in denen die Intuition einer Führungskraft die treibende Kraft hinter Entscheidungen war. Für diese Art von Organisationen empfehle ich, das Modell oder die Ausgabe als Ergänzung zur Entscheidung oder zum Entscheidungsträger zu positionieren, anstatt sie vollständig zu ersetzen. Obwohl dies nicht das optimale Szenario für das Data-Science-Team ist, bringt es ihr Datenprodukt in Gebrauch und gibt den Menschen die Zeit und den Raum, um aufzuholen.

---

[4] Dies ist eine gängige Umgangssprache im Geschäftsleben. Manchmal basieren Entscheidungen nicht auf den Daten oder Ergebnissen. Sie basieren auf der Meinung der Person im Raum, die am meisten Geld verdient – und daher als die klügste anerkannt werden muss – anstatt auf dem, was die Person, die am meisten Fachwissen über das Thema hat, sagt.

Vergessen Sie nicht die menschliche Seite

Geschäftsveränderungen – insbesondere solche, die von Data Teams geschaffen werden – könnten Menschen in der gesamten Organisation betreffen. Diese Menschen sind ebenso entscheidend für den Erfolg oder Misserfolg von Projekten, da ihre Begeisterung oder Widerstand das Data Team positiv oder negativ beeinflussen kann.

Wenn ich mit einer Organisation zusammenarbeite, stelle ich nicht nur Fragen zum Geschäftswert oder technischen Problemen – ich frage nach der Politik und der Akzeptanz innerhalb der Organisation. Dies muss im gesamten Unternehmen berücksichtigt werden, um zu verhindern, dass die harte Arbeit des Data Teams ins Leere läuft.

Weiß das Vertriebsteam zum Beispiel, welche Auswirkungen die Daten auf seine Arbeit haben sollen, und haben Sie sich mit ihm über die vorgeschlagenen Optimierungen für Leads unterhalten? Wissen die Kundendienstmitarbeiter, wie Sie die Anrufweiterleitung basierend auf ihren Spezialisierungen und Schulungen optimieren werden? Versteht das Außendienstteam die Änderungen und Vorteile, die Sie für die Lead-Weiterleitung erhoffen?

Wenn Sie die menschliche Seite nicht berücksichtigen, könnten Sie eine Meuterei riskieren. Der Aufstand ist völlig vermeidbar und hängt mit der Kommunikation zusammen. Kommunizieren Sie, was passiert und warum. Gewinnen Sie die Menschen für sich oder diese könnten das Data Team sabotieren. Es gibt viele Möglichkeiten, dies zu tun: keine Beiträge liefern, Empfehlungen ignorieren oder sogar aktiv daran arbeiten, das Projekt scheitern zu lassen.

Data Warehousing/DBA-Mitarbeiter

Eines der Teams, das vor großen Veränderungen mit dem Aufkommen moderner Data Teams steht, sind die Data-Warehouse-Teams und DBAs. Die neuen Data Teams übernehmen und ersetzen die Anwendungsfälle, die derzeit von diesen Teams bearbeitet werden.

Ehrlich gesagt, haben die meisten Organisationen Datenbanken für etwas missbraucht, für das sie nicht gut waren. Zum Beispiel sind groß angelegte analytische Abfragen, die den gesamten Datensatz durchsuchen müssen, keine guten Anwendungen für relationale Datenbanken. Wenn Sie diesen Missbrauch entfernen und andere Technologien verwenden, sind Sie besser dran. Besser dran bedeutet, dass das

Herumbasteln und ständige Probleme, die die Data-Warehouse-Teams beschäftigt hielten, verschwinden. Und das bedeutet wiederum, dass Ihr DBA-Team nicht so groß sein muss.

Das Managementteam muss sich die direkten Auswirkungen auf die Nicht-Data Teams ansehen und eine 6- bis 12-monatige Bewertung vornehmen. Sie werden mit einigen schwierigen Fragen zur Personalplanung konfrontiert sein. Wie viele Menschen müssen in den anderen Teams sein, sobald die Data Teams ihre Anwendungsfälle bearbeiten? Wie viele können auf Data Engineers aufgerüstet und umgeschult werden? Wie viele können anderswo im Unternehmen Platz finden? Sind Positionen außerhalb des Unternehmens finden?

Verstehen Sie mich nicht falsch – Organisationen mit DBAs und Data-Warehouse-Teams verschwinden nicht vollständig. Allerdings wird ihre Anzahl an Menschen allmählich sinken und nicht wieder aufgefüllt werden. Das heißt, Organisationen, die nie Data-Warehouse-Teams hatten und die neue Big-Data-Teams erstellen, gehen nicht zurück und starten Data-Warehouse-Teams.

SQL-Entwickler/ETL-Entwickler

SQL- und ETL-Entwickler sind ebenfalls eine schwierige Gruppe. Häufiger sind die Anwendungsfälle zu kompliziert für ihre technischen Fähigkeiten. Sie haben Schwierigkeiten, Data Engineers zu werden. Die meiste Zeit sind ihre Programmierfähigkeiten nicht bereit und es wird viel Zeit benötigen, um vorbereitet zu werden. Aus Sicht der Organisation benötigen Sie möglicherweise immer einige SQL-Abfragen, aber Ihr Bedarf kann nicht hoch genug bleiben, um die ETL- oder SQL-Entwicklungsteams bei ihren aktuellen Mitarbeiterzahlen zu halten.

Einige Leute diskutieren, ob SQL eine Programmiersprache ist. Unabhängig davon ist der Wechsel von SQL zu Java kein seitlicher Wechsel wie von C# zu Java. Zwischen SQL und Java gibt es einen großen Sprung in der syntaktischen Komplexität und den objektorientierten Konzepten. Dies bedeutet ein Lernen von Grund auf, mehr als eine Anwendung von vorherigem Wissen. Im Gegensatz dazu ist ein Wechsel von C# zu Java eher eine Übersetzung von „Ich weiß bereits, wie man das in C# macht, und ich muss nur herausfinden, wie man es in Java macht".

SQL-fokussierte Mitarbeiter können möglicherweise eine Abfrage schreiben, um einen Bericht zu erstellen. Sie müssen nur wissen, dass sie möglicherweise auf andere für fortgeschrittene Programmierhilfe angewiesen sind und diese Datenprodukte nur aus einem von dem Data-Engineering-Team erstellten Datenprodukt erstellen können. Für einige Organisationen besteht genug Bedarf an Berichten, um SQL- und ETL-Mitarbeiter beschäftigt zu halten. Für andere Organisationen wird vom Benutzer – oft einem Geschäftsbenutzer – erwartet, dass er sein eigenes SQL schreibt und daher selbst bedient. An diesem Punkt benötigen Sie noch weniger SQL-fokussierte Personen.

SQL ist großartig für bestimmte Dinge, aber wenn jemand nur auf SQL beschränkt ist, wird es missbraucht. Ich habe massive und ineffiziente Abfragen gesehen, die in SQL geschrieben wurden und die Sprache missbrauchten. Die Abfrage funktionierte ausreichend, war aber unglaublich brüchig. Nur die Person, die die ursprüngliche Abfrage geschrieben hat, konnte sie verstehen, und es wäre besser gewesen als eine Kombination von SQL mit einem Code in einer traditionellen Programmiersprache wie C.

Betrieb

Änderungen an den Mitarbeiterzahlen für den Betrieb hängen davon ab, ob der Cluster vor Ort oder in der Cloud sein wird. Dies hängt auch davon ab, ob das Data-Engineering-Team DevOps praktiziert.

Cloud-Dienste, insbesondere verwaltete Dienste, benötigen weniger Personal, das dem Betrieb gewidmet ist. Die täglichen Hardwareprobleme werden hauptsächlich vom Cloud-Anbieter behandelt. Bei verwalteten Diensten werden die Framework Operations auch hauptsächlich vom Cloud-Anbieter behandelt.

Nicht jede Betriebsperson kann verteilte Systeme lernen. Das Operations Team muss sich darauf spezialisieren, jedes verteilte System zu überwachen und zu beheben. Dieser Druck, sich weiter auf verteilte Systeme zu spezialisieren, kann die Notwendigkeit für ein separates Operations Team schaffen, das sich nur mit verteilten Systemen befasst.

Wenn die Organisation sich dafür entscheidet, DevOps zu praktizieren, muss das Operations Team möglicherweise innerhalb des Data-Engineering-Teams integriert werden oder herausfinden, wie man Probleme bei ihrem Auftreten triagiert.

Business Intelligence und Data-Analysten-Teams

Im Allgemeinen wird die Mitarbeiterzahl für Business Intelligence oder Data-Analysten-Teams während des Übergangs zu Big Data sehr wenig, wenn überhaupt, ändern. Mit Data Teams erhalten die Business Intelligence und Data-Analysten-Teams neue Datenprodukte zur Analyse, nicht zur Übernahme.

Einige Organisationen befördern oder versetzen einige ihrer technisch versierteren Data Analysten in die Position von Data Scientists oder in das Data-Science-Team. Wenn diese Personen nicht zu 100 % auf dem erforderlichen technischen oder mathematischen Niveau sind, sollte die Organisation sicherstellen, dass sie die notwendigen Lernressourcen bereitstellt.

Einrichten von Key Performance Indicators (KPIs)

Das Erstellen von KPIs für Data Teams gibt ihnen eine spezifische Richtung und Ziele, die sie erreichen sollen. Abgesehen von unternehmensweiten KPIs oder Zielen glaube ich, dass alle KPIs des Data Teams sich um die Frage drehen sollten: „Erstellen Sie ein Datenprodukt, das einen Geschäftswert schafft?" Wenn ein Data Team kein nutzbares Datenprodukt erstellt, sollte es einen KPI geben, damit das Management darauf hinweisen kann, was nicht erfüllt wurde.

Hier sind einige Vorschläge für KPIs für jedes Team.

Data-Science-Team

- Steigerung der Automatisierung einer manuellen Aufgabe

- Verringerte Zeit, Kosten oder Betrug

- Steigerung von Verkäufen, Konversionen oder Widgets

- Verringerte Bearbeitungszeit für eine Analyse oder ein maschineller Lern-Algorithmus

Data-Engineering-Team

- Verbesserung der Datenqualität

- Sozialisierung von Daten intern und/oder extern

- Erhöhte Selbstbedienung von Daten für den internen Verbrauch

- (für neue Data-Engineering-Teams) Ermöglichen des Data-Science-Teams, zuvor unmögliche Aufgaben zu erledigen

- Verbesserungen zur Qualität der Arbeitsleben des Data Scientists

- Erhöhte Automatisierung des maschinellen Lernens, der Code-Bereitstellung oder der Code-Erstellung

Betrieb

- Verringerte Ausfallzeiten

- Verringerte mittlere Zeit bis zur Wiederherstellung des Dienstes

- Erhöhte Sicherheit von Daten und Datenzugriff

- Erhöhte Automatisierung von Bereitstellungen

- Erhöhte Erfassung und Überwachung von Metriken

KAPITEL 9

Management von Big-Data-Projekten

Loving you whether, whether
Times are good or bad, happy or sad

—„Let's Stay Together" von Al Green

In früheren Kapiteln haben wir Ihre Data Teams besetzt und Unterstützung für diese innerhalb der größeren Organisation gefunden. Dieses Kapitel behandelt eine Reihe von täglichen und langfristigen Problemen, mit denen Manager konfrontiert sind, wenn die Teams vorankommen:

- Planung der Erstellung und Nutzung von Datenprodukten

- Zuweisung von Aufgaben an das richtige Team

- Die besonderen Bedürfnisse von Data Scientists

- Langfristiges Projektmanagement

- Technologieauswahl

- Wenn alles schiefgeht

- Unerwartete Konsequenzen

J. Anderson, *Daten-Teams*, https://doi.org/10.1007/979-8-8688-0072-6_9

Planung der Erstellung und Nutzung von Datenprodukten

Der Wert, den Data Teams liefern, kommt in Form ihrer Datenprodukte, die sich über eine Reihe von Lebensdauern erstrecken. Einige können einzelne, einmalige Berichte sein, während andere über bequeme Kanäle zugänglich gemacht werden, wo Geschäftsanwender immer wieder auf die Datenprodukte zurückgreifen während der Entscheidungsfindung.

Manchmal beginnt das Data-Engineering-Team, indem es neue oder bestehende Datenprodukte erstellt oder verbessert. Das Data-Science-Team nutzt diese Datenprodukte. Im Rahmen dieser Nutzung kann das Data-Science-Team abgeleitete Datenprodukte erstellen. Schließlich sorgen die Operations Teams dafür, dass alles korrekt und optimal läuft, damit die Datenprodukte weiterhin automatisch generiert werden.

Einmalige und Ad-hoc-Einblicke

Data Engineering konzentriert sich in der Regel auf die Erstellung von Data Pipelines, die mit einer langfristigen Perspektive in Produktion sind. So wird die Data Engineering überwiegend durchgeführt, aber nicht jedes Datenprodukt benötigt diesen Grad an Strenge.

Ein einmaliger oder Ad-hoc-Einblick muss nicht das gleiche Maß an Engineering haben, weil sie keine langfristige Sichtweise benötigt. Stattdessen würde sie durch zu viel Engineering-Aufwand verlangsamt werden. Wann immer möglich, sollten die Ad-hoc-Einblicke bestehende Datenprodukte und Infrastrukturen nutzen, die bereits vorhanden sind. Wenn Ad-hoc-Einblicke häufiger werden und eine schnellere Bearbeitungszeit benötigen, sollte das Team in Erwägung ziehen, ein DataOps-Team zu erstellen. Dies könnte das Geschäft mit schnelleren Bearbeitungszeiten zufriedener machen.

In diesen Szenarien sollten der Erfolg des Teams oder die KPIs in der Fähigkeit des Teams gemessen werden, schnell zu handeln und bestehende Ressourcen so weit wie möglich zu nutzen. Wenn Sie feststellen, dass eine Ressource ständig genutzt wird, aber nicht als nutzbares Datenprodukt ausgestellt ist, muss das Data-Engineering-Team möglicherweise den Engineering-Aufwand in die kontinuierliche und automatische Bereitstellung der Data Pipeline investieren. Von dort aus können die Ad-hoc-Bemühungen die neue Data Pipeline effektiver nutzen.

Auf einer anderen, höheren Nutzungsebene, wenn Sie eine Reihe von ähnlichen Ad-hoc-Nutzungen bemerken, ist es Zeit für das Data-Engineering-Team, eine konsistente Analysepipeline oder einen Bericht in Produktion zu bringen.

Schließlich sollte das Management wissen, was schnell und ad hoc bedeutet. Es bedeutet, dass das Team nicht mit der üblichen technischen Strenge in einer Erkenntnis vorgeht. Stattdessen konzentriert sich das Team auf Geschwindigkeit über Engineering. Dieser Unterschied in der Geschwindigkeit kann dazu führen, dass andere Manager sich fragen, warum nicht alles so schnell ist. Sie könnten auch missverstehen, wann ein Einblick produktionswürdig ist oder nur ein Ad-hoc-Einblick. Sie könnten denken, ein Einblick sei bereit für eine langfristige Nutzung, wenn er es nicht ist. Das Data Team sollte darauf achten, dem Management der Organisation zu helfen zu verstehen, wann ein Datenprodukt produktionswürdig ist oder nicht.

Ausstellen von Datenprodukten

Es ist wichtig, dass Ihr Unternehmen weiß, wie es die Datenprodukte des Data Teams nutzen kann. Dies ist der Schlüssel zur Annahme und Nutzung. Die tatsächlichen Datenprodukte sollten mit den richtigen Technologien ausgestellt werden. Beachten Sie, dass der Begriff „Technologien" hier im Plural steht. Dies liegt daran, dass verteilte Systeme auf verschiedene Weisen schummeln (siehe Abschnitt „Die Rolle der Architekten" in Kap. 4).

Die tatsächlich verwendeten Technologien zur Ausstellung von Datenprodukten hängen vollständig vom Anwendungsfall ab. Beispielsweise könnten Abfragen, die schnell laufen und eine geringe Menge an Daten zurückgeben, mit einem RESTful-Aufruf ausgestellt werden.[1] In der Zwischenzeit müssen Abfragen, die auf große Datenmengen zugreifen und große Datenmengen zurückgeben, die Daten direkt über das verteilte System ausstellen. Qualifizierte Data Engineers und Architekten werden sicherstellen, dass die Datenprodukte auf die richtige Weise ausgestellt werden.

Oft wird das Management wollen, dass Datenprodukte mit einer einzigen Technologie ausgestellt werden. Dies ist nicht immer möglich aufgrund der spezifischen Lese- und Schreibmuster eines Anwendungsfalls.

---

[1]Ein RESTful-Aufruf ist eine webbasierte API, die mit HTTP-Verben ausgestellt wird, um mit Daten zu interagieren. Beispielsweise könnte ein Team einen REST-Aufruf mit einem GET-Verb ausstellen, um Daten über einen Kunden abzurufen.

Ein bestimmter Betrug eines verteilten Systems wird es zu einer ausgezeichneten Wahl für eine Technologie und zu einer schrecklichen Wahl für eine andere machen. Dies zwingt das Data-Engineering-Team – in Zusammenarbeit mit der Geschäftsseite – ein neues verteiltes System aufzustellen, um Anwendungsfälle zu bewältigen, die einen Zugriff über eine andere Technologie benötigen.

Zuweisung von Aufgaben an Teams

Obwohl Teil 2 versucht hat, klare Unterschiede zwischen Data Science, Data Engineering, Betrieb und anderen verwandten Teams zu zeigen, ist das wirkliche Leben ungenauer. Manchmal, wenn ein neues Projekt beginnt, muss jemand bestimmen, welche Aufgaben zu welchem Team gehören.

Das Management wird die erste Triage-Ebene sein, wenn es um eine Aufgabe, ein Projekt oder einen Anwendungsfall geht. Das Managementteam muss entscheiden, welches Team oder welche Teams benötigt werden, um an dem Projekt zu arbeiten. Es ist wichtig, dies richtig einzuschätzen, damit die richtigen Teams von Anfang an in das Projekt eingebunden sind, anstatt zu spät herauszufinden, dass sie Hilfe von einem anderen Team benötigen. Data Teams müssen bestätigen, dass sie das richtige Team für den Job sind und die Anfragen erfüllen können. Wenn von vornherein die falsche Wahl getroffen wird, könnte ein Team aufholen müssen oder die Arbeit von einem anderen Team komplett neu machen müssen.

Data Engineering, Data Science oder Betrieb?

Bei der Auswahl von Teams zur Aufgabenverteilung sollten Sie über das Problem nachdenken, das dem Hauptanwendungsfall zugrunde liegt. Natürlich müssen Entscheidungsträger verstehen, was jedes Team wirklich tut und was seine Kernkompetenz ist.

Das Data-Engineering-Team ist die richtige Wahl für Engineering-Aufgaben. Beispiele für geeignete Aufgaben für das Data Engineering weisen eine oder mehrere der folgenden Eigenschaften auf:

- Schwerpunkt auf Code-Entwicklung

- Optimierung eines Algorithmus, anstatt einen von Grund auf neu zu erstellen

- Beschleunigung eines Berichts oder einer Analyse durch Änderung der zugrunde liegenden Technologie oder des Stacks

Das Data-Science-Team ist die richtige Wahl für fortgeschrittene Analyse- und Maschinenlernaufgaben, die durch eine oder mehrere der folgenden Eigenschaften gekennzeichnet sind:

- Mathematik- oder statistikorientiert

- Optimierung eines Geschäftsansatzes oder -ergebnisses

- Verbesserung der Qualität oder Statistik hinter einer Analyse oder einem Bericht

Das Operations Team ist gut für Dinge, die bereits in Produktion sind oder bereit sind, in Produktion zu gehen, mit einer oder mehreren der folgenden Eigenschaften:

- Eine einfache Aufgabe, die skriptgesteuert werden könnte

- Automatisierung einer bestehenden Pipeline oder eines Code-Beispiels

- Ein Datenprodukt, das bereits in Produktion ist und nicht richtig funktioniert

Zusammenarbeit

Einige Aufgaben können alle drei Teams gleichzeitig benötigen. Das ist der Moment, in dem die Dinge wirklich kompliziert werden, weil Sie eine scheinbar einfache Aufgabe in mehrere unabhängige Aufgaben aufteilen müssen. Von dort aus müssen Sie verschiedene Teile der Organisation in getrennten Teams koordinieren. Schließlich kommen die unabhängigen Aufgaben wieder zusammen zu einem interdependenten Aufgabensatz, der zusammenarbeitet.

Wenn Sie eine Aufgabe erhalten, stellen Sie sicher, dass Sie eine Schätzung der Zeit einbeziehen, die für den reinen Overhead zur Koordination einer Aufgabe aufgewendet wird, die sich über alle drei Teams erstreckt. Dieser Overhead beinhaltet die Meetings, die abgehalten werden müssen, die wiederum die Vorbereitung auf die Meetings, die tatsächlich in den Meetings verbrachte Zeit und die erhöhten Kommunikationsknotenpunkte, die geschaffen werden müssen, beinhalten. Die Mitglieder der Data Teams müssen alle synchron sein, damit die Aufgabe korrekt abgeschlossen werden kann.

Probleme mit bestehenden Teams beheben

Manchmal sind Ihre Data Teams nicht effektiv. Sie arbeiten nicht gut zusammen, halten keine Verbindung mit hoher Bandbreite aufrecht und schaffen keinen Wert mit Daten. Wenn ein Problem auftritt, gibt es viel Fingerzeigen und keine wirkliche Lösung. Das Unternehmen kann die erstellten Datenprodukte nicht nutzen. In solchen Fällen ist die Hauptaufgabe der Organisation, die Data Teams zu reparieren.

Wenn ich mit Organisationen zusammenarbeite, verbringe ich genauso viel Zeit mit dem Gespräch mit der Geschäftsseite wie mit dem Gespräch mit der technischen Seite. Indem ich mit der Geschäftsseite spreche, spreche ich mit den Menschen, die die tatsächlichen Endnutzer der Daten sind und somit ständig mit den Daten interagieren.

Das Gespräch mit den Datenverbrauchern offenbart die Probleme in den Data Teams. Wenn das Data-Science-Team nicht mit dem Data-Engineering-Team zusammenarbeitet, werden Sie es am geringen Wert der erstellten Erkenntnisse hören. Wenn das Data-Engineering-Team keine guten Datenprodukte produziert, werden Sie feststellen, dass das Unternehmen den Ergebnissen nicht vertraut. Wenn das Operations Team die Dinge nicht in Produktion hält, werden Sie von den ständigen Produktionsausfällen hören, die das Unternehmen daran hindern, wirklich darauf zu vertrauen, dass das Datenprojekt funktioniert, wenn dies gebraucht wird.

Sobald Sie die reflektierten Probleme gesehen haben, können Sie ihre Existenz mit dem Team bestätigen. Und nach der Bestätigung der Probleme können Sie beginnen, zur Wurzel von ihnen zu gelangen und sie zu beheben.

Die Ursachen von Problemen mit bestehenden Teams können vielfältig sein. Teams, die aus großartigen Einzelpersonen bestehen, sowohl im Management als auch einzelne Mitarbeiter, können sich immer noch missverständlich ausdrücken und schlechte Ergebnisse erzielen. Andererseits können Teams, die aus nicht so großartigen Einzelpersonen bestehen, vielleicht nicht ihren Teil beitragen. Es braucht einige ehrliche Blicke auf das Team, um die wirkliche Ursache zu ermitteln und nicht nur das oberflächliche Problem.

Auswirkungen der Verwendung des falschen Teams für eine Aufgabe

Die Auswirkungen der Auswahl des falschen Teams für eine Aufgabe werden erheblich verstärkt durch die Komplexität und Koordination, die für verteilte Systeme erforderlich sind.

Eine schlechte Wahl, die besonders bei neuen Managern häufig vorkommt, besteht darin, das Data-Science-Team mit Aufgaben zu betrauen, die von Data Engineers erledigt werden sollten. Diese Wahl könnte getroffen werden, weil es kein Data-Engineering-Team gibt, oder weil dieses in der Organisation zu neu ist. Die Person, die die Aufgaben verteilt, könnte einfach den Unterschied zwischen diesen Teams nicht verstehen.

Um Ihnen eine Vorstellung von den Auswirkungen der Verwendung von Data Science für das, was eine Data-Engineering-Aufgabe wäre, zu geben, möchte ich ein Szenario zeigen, das ich in vielen verschiedenen Organisationen gesehen habe. Das Symptom des Problems sind Data Scientists, die entweder feststecken oder nur sehr langsam Fortschritte bei einer Aufgabe machen. Der Manager wird mich bitten, mit dem Data Scientist darüber zu sprechen, was passiert. Normalerweise hat der Data Scientist die Aufgabe schon einen Monat oder länger bearbeitet und hat praktisch keine Fortschritte gemacht.

Was wir feststellen, ist, dass der Data Scientist eine Aufgabe angegangen ist, die zu 99 % Data Engineering ist. Nach Data-Engineering-Standards wäre die Aufgabe relativ einfach und innerhalb weniger Tage machbar. Aber den Data Scientists fehlt die technische Fähigkeit oder das Wissen, um das richtige Werkzeug, den richtigen Ansatz oder den richtigen Algorithmus für die Aufgabe zu wählen. Stattdessen versucht der Data Scientist, das zu verwenden, was er immer verwendet hat, um das Problem zu lösen. Wenn ein Projekt blockiert ist, funktioniert es selten, den vorherigen Ansatz zu verdoppeln; das Team sollte stattdessen nach einer anderen Methode suchen.

Es gibt Gegenbeispiele, bei denen Data-Science-Aufgaben einem Data Engineer zugewiesen wurden. Es läuft einfach nicht gut.

Langfristiges Projektmanagement

Wenn Data Teams langfristige Projekte ähnlich wie in der Softwareentwicklung haben, müssen Organisationen einen allgemeinen Fahrplan erstellen. Dies liegt daran, dass Data Teams mit anderen Teams, Abteilungen und Geschäftseinheiten koordinieren müssen. Der Fahrplan könnte die Operationalisierung neuer Technologien, die Erstellung neuer Datenprodukte oder Verbesserungen bestehender Datenprodukte beinhalten. Ohne einen guten Plan werden die Data Teams rein reaktiv bei der Erstellung und Implementierung von Datenprodukten sein.

Einige Teams versuchen, zu weit in die Zukunft zu planen. Kurzfristige Pläne – etwa ein Jahr im Voraus – sollten relativ konkret sein und Einzelheiten nennen, während langfristige Pläne, die mehr als ein Jahr im Voraus liegen, viel lockerer und konzeptioneller sein sollten.

Dies liegt daran, dass sich Ihr Data Team innerhalb eines Jahres ändern sollte. Diese Änderungen könnten sowohl positiv als auch negativ sein. Ein Beispiel für eine positive Änderung könnte sein, dass die Data Teams ihre Geschwindigkeit verbessern (siehe den Abschnitt „Projektdatengeschwindigkeit" in Kap. 7), sodass ein Projekt, das für sechs Monate geplant war, jetzt nur noch drei dauert. Ein Beispiel für eine negative Änderung könnte der Verlust eines Projektveteranen oder eines anderen Schlüsselmitglieds des Teams sein. Jetzt würde ein Projekt, das dem Projektveteranen zugewiesen und in drei Monaten abgeschlossen werden sollte, mehreren Junior-Mitgliedern des Teams zugewiesen und würde neun Monate dauern.

Bei wirklich langfristigen Plänen besteht die Gefahr, dass die Geschwindigkeit, mit der sich verteilte Systeme weiterentwickeln, ignoriert wird. Eine Planung drei Jahre im Voraus könnte drastische technische Auswirkungen auf ein Data Team haben. Eine neuere Technologie oder eine neuere Version der Technologie, die die Organisation verwendet, könnte Sie dazu veranlassen, zu überdenken, wie Sie ein Feature implementieren. Und diese Änderung könnte wiederum beeinflussen, wie lange das Team benötigt, um das Feature zu implementieren. Dies zwingt das Team dazu, einen neuen Plan oder Zeitrahmen für die Implementierung des Features zu erstellen.

Technologieauswahl

Von Managern wird nicht erwartet, dass sie die von Data Teams verwendeten Technologien kennen, die nicht nur kompliziert sind, sondern sich ständig ändern. Dieser Abschnitt richtet sich an Manager, um ihnen zu helfen, Technologien zu prüfen und ihre Data Teams in Richtung Entscheidungen zu lenken, die der gesamten Organisation Nutzen bringen. In einigen Abschnitten spreche ich über bestimmte Technologien (insbesondere Programmiersprachen), aber ich erkläre die Schlüsselkonzepte, die Manager benötigen.

Ein mentaler Rahmen für das Hinzufügen oder Auswählen von Technologien

Das Management kann den Data Teams helfen, die richtigen Technologien auszuwählen, indem es den mentalen Rahmen verwendet, den ich in diesem Abschnitt darlege. Technologien kommen und gehen, aber dieser Rahmen bleibt gleich.

Wenn eine Organisation darüber entscheidet, eine neue Technologie hinzuzufügen, schlage ich vor, eine Risiko-Nutzen-Berechnung durchzuführen. Dazu gehört auch die Ermittlung des eindeutigen geschäftlichen Nutzens einer neuen Technologie. Die Risiko-Nutzen-Berechnung wird helfen, etwaige Gegenargumente des Managements hinsichtlich der Kosten der Hinzufügung der neuen Technologie zu beantworten. Durch die Festlegung des Geschäftswerts sollten die Data Teams in der Lage sein, kurz und bündig zu beantworten, was sie innerhalb des Unternehmens durch die Hinzufügung einer Technologie ermöglichen können.

Bedenken Sie, dass nicht alle Technologien direkt einen Geschäftswert hinzufügen; einige sind eher grundlegend. Diese grundlegenden Technologien werden zukünftige Anwendungsfälle ermöglichen, die vorausgesehen werden, oder eine schnellere oder einfachere Implementierung neuer Funktionen ermöglichen.

Das Management sollte die langfristigen Auswirkungen der Hinzufügung neuer Technologie verstehen. Ist diese Technologie oder Implementierung eine abscheuliche Notlösung, die wir bereuen werden? Dies kann einige wirklich heikle und herausfordernde Gespräche mit dem Architekten oder Ingenieur, der die Technologie vorschlägt, erfordern. Denken Sie daran, dass es oft viele verschiedene Möglichkeiten gibt, ein Projekt zu lösen. Das Management wird wissen wollen, welche anderen

Möglichkeiten untersucht wurden sowie die Gründe für die Wahl des vorgeschlagenen Wegs. Obwohl das Management möglicherweise nicht technisch genug ausgebildet ist, um die Entscheidungen zu verstehen oder ehrlich zu kritisieren, kann es versuchen, die Motivation für die Entscheidung zu verstehen.

Seien Sie vorsichtig mit dem Versprechen, dass eine neue Technologie alles einfacher machen wird. Dieses Versprechen könnte vom Team selbst oder vom Anbieter, der es vorantreibt, kommen. Das Hinzufügen einer neuen Technologie könnte bestimmte Teile einfacher machen, während es andere Elemente viel schwieriger macht. Bei anderen Technologien sehen Sie möglicherweise erst Monate oder Jahre nach der Implementierung den Nutzen. Meiner Meinung nach können verteilte Systeme nicht einfach gemacht werden. Einige Teile können einfacher gemacht werden, aber die Möglichkeiten zur Verbesserung sind begrenzt. Wenn ich von einem Anbieter höre, dass sein verteiltes System einfach ist, werde ich hellhörig und schlage vor zu prüfen, was er sonst noch lügt oder zu viel verspricht.

So können Manager manchmal falsche Entscheidungen abwenden. Wenn die Organisation einen Architekten oder leitenden Ingenieur einstellt, sollte der potenzielle Kandidat nach seiner Tendenz gefragt werden, neue Technologien auszuwählen. Fragen Sie sie, was passiert ist, als er eine neue Technologie oder ein neues Design hinzugefügt hat. Hat es wirklich das getan, was sie dachten, dass es tun würde? Wenn nicht, wie hat er reagiert? Hat er versucht, das Problem zu vertuschen und die Schuld abzuschieben, oder hat er versucht, seine eigenen und die Risiken der Organisation zu mindern? Eine Organisation sollte versuchen, Personen zu vermeiden, die bestrebt sind, einem System Komplexität hinzuzufügen – entweder wissentlich oder unwissentlich – denn sie könnten aus den falschen Gründen Komplexität hinzufügen.

Technologieauswahl einschränken

Manager wehren sich oft, wenn von ihnen der Kauf von Technologien verlangt wird. Sie fragen, ob Data Teams wirklich 10 bis 30 verschiedene Technologien benötigen. Sicherlich, sie denken, das Data-Engineering-Team überkonstruiert eine Lösung oder peppt seine Lebensläufe auf. Sie berücksichtigen die Kosten für die Operationalisierung jeder dieser Technologien und entscheiden, dass die Technologien nicht alle wirklich für ein Datenprodukt benötigt werden.

Ein zweiter typischer Einwand, den ich höre, ist, ob die Technologien für verteilte Systeme wirklich so kompliziert sind, wie ich sie darstelle. Dieses Gefühl kann entstehen, wenn man das Big-Data-Team mit anderen Softwareentwicklungs- oder Data-Warehouse-Teams innerhalb der Organisation vergleicht, die oberflächlich betrachtet produktiver zu sein scheinen, während sie die gleichen Aufgaben erledigen. Diese Wahrnehmung geht auf das vorherige Missverständnis des Managements zurück. Die Data Teams interagieren mit – und benötigen tatsächlich – etwa 10 bis 30 verschiedenen Technologien, um erfolgreich zu sein, während die Softwareentwicklungs- und Data-Warehouse-Teams mit ein bis drei Technologien interagieren. Das Management stellt oft die Anschlussfrage, warum Data Teams nicht einfach ein bis drei Technologien verwenden oder ihre angeforderten 10 bis 30 verschiedenen Technologien auf einige wenige zusammenfassen können.

Die Antwort ergibt sich aus den Beobachtungen, die ich im Abschnitt „Anwendungsfälle und Technologieauswahl" in Kap. 8 gemacht habe. Wenn Data Teams Datenprodukte bereitstellen, optimieren sie diese für einen bestimmten Anwendungsfall. Eine neue Technologie, die noch nicht Teil Ihres Ökosystems ist, könnte eine viel bessere Wahl für den Anwendungsfall sein. Indem es sich auf die Ermöglichung des Anwendungsfalls konzentriert, muss das Data Team das richtige Werkzeug für die Aufgabe auswählen, und das könnte bedeuten, eine neue Technologie zu operationalisieren.

Als Management ist es zulässig, sich gegen die Operationalisierung einer neuen Technologie zu wehren. Dies liegt daran, dass Data Teams nicht immer die besten oder altruistischsten Motive für die Auswahl einer neuen Technologie haben. Diese eigennützigen Technologieauswahlen könnten darin begründet sein, dass sich die Teams mit den Technologien, die die Organisation derzeit verwendet, langweilen. Es könnte sein, dass ein Data Engineer das Gefühl hat, dass sein Lebenslauf stagniert und nicht mit den neuesten und besten Technologien bestückt ist. Er bereitet sich darauf vor, die Organisation zu verlassen und muss sicherstellen, dass sein Lebenslauf zeigt, dass er neue und aufregende Dinge tut.

In den meisten Fällen liegt der Grund jedoch darin, dass sie das richtige Werkzeug für die jeweilige Aufgabe verwenden.

In jedem Fall gibt es einen inhärenten Kostenfaktor bei der Operationalisierung einer neuen Technologie. Bei der Einführung einer neuen Technologie sollte es einen klaren und vorteilhaften Geschäftsfall geben, den die neue Technologie ermöglicht oder beschleunigt.

TECHNOLOGIE LIEBEN, UM SIE ZU HASSEN

Viele Leute haben mir von ihrem Stress erzählt, eine Technologie für ihre zukünftigen Projekte auszuwählen. Ich denke, das Hauptproblem bei dieser Aufgabe ist, dass sie so viele Unbekannte beinhaltet. Es gibt die Unbekannten der Anforderungen und des Umfangs des zukünftigen Projekts. Dann gibt es die Unbekannten über neuere Technologien, mit denen Sie möglicherweise keine direkte Erfahrung haben. Dazu kommt, dass wir mit Werbung für die neueste und coolste Technologie bombardiert werden und tatsächlich finanziell belohnt werden, wenn wir eine Technologie auswählen, die neu vermarktet wird. Also, was tun und wo anfangen?

Der folgende Rat ist für denjenigen, der in erfolgreichen Projekten sein will, während er sich auch für die Zukunft positioniert. Lernen Sie, nur Technologie auszuwählen, die Sie hassen, und streben Sie danach, jeden Tag mehr Technologie zu hassen. Das scheint zunächst ein seltsamer Rat zu sein, aber hören Sie für eine Minute zu.

Wenn Sie mehr über eine Technologie erfahren, erfahren Sie, was sie kann und was nicht. Ich finde, die beste Technologieauswahl ist, wenn Sie ganz genau wissen, was an einer Technologie schlecht ist, aber diese trotzdem die beste Technologie für die Aufgabe ist. Wenn Sie diesem Paradigma folgen, werden Sie nie in die folgenden Fallstricke geraten:

- Die überbeworbene Technologie
- Die Technologie, die superhochqualifiziertes Personal zur Verwaltung benötigt
- Die Technologie, die Probleme löst, die Sie nicht haben

—Ted Malaska, Autor, Direktor für Unternehmensarchitektur, Capital One

---

Unterstützung von Programmiersprachen

Unternehmen und sogar kleine Organisationen können mehrere verschiedene Programmiersprachen verwenden. Während einige Organisationen versuchen, eine einzige Sprache zu haben, ist dies aufgrund der Mischung aus Data-Science-Teams und Data-Engineering-Teams nicht immer möglich. Andere Organisationen überlassen die Wahl der Programmiersprachen vollständig den Data Teams und hoffen, dass sie das richtige Werkzeug für die Aufgabe auswählen. Dies kann dazu führen, dass in

Produktionssystemen viele, viele verschiedene Sprachen verwendet werden. Da Daten freigegeben werden, müssen Sie sich damit auseinandersetzen, Datenprodukte in jede dieser Sprachen zu integrieren.

Das Bereitstellen von Datenprodukten – im Gegensatz zu einem API-Endpunkt – ist einer der Schlüsselunterschiede zwischen Datenprodukten und reinen Softwareprodukten. Management und technische Entscheidungsträger müssen berücksichtigen, wie sie Datenprodukte in jeder Sprache bereitstellen, wenn sie entscheiden, ob sie diese Sprache unterstützen wollen.

Die Unterstützung für ein verteiltes System variiert erheblich zwischen verschiedenen Programmiersprachen. Einige Sprachen haben eine hervorragende erstklassige Unterstützung, während andere eine quasi erstklassige Unterstützung haben. Im zweiten Fall ist die Sprache nur teilweise auf dem neuesten Stand, hinkt aber den neuesten Funktionen hinterher.

Andere Sprachen bieten Unterstützung als separates Open-Source-Projekt an. Beispielsweise könnte das verteilte System als Apache-Foundation-Projekt existieren und eine einzige Sprache unterstützen. Jemand außerhalb des Projekts sieht die Notwendigkeit oder hat den Wunsch, seine bevorzugte Sprache zu unterstützen. Er wird seine eigene Implementierung erstellen, um dieses verteilte System zu unterstützen.

Oft werden diese anderen Sprachunterstützungsimplementierungen auf GitHub gehostet. Nicht alle diese Implementierungen sind gleichwertig. Einige werden aus der Leidenschaft einer einzelnen Person heraus gestartet, während andere von einem Unternehmen erstellt werden, um ihre eigenen Bedürfnisse zu unterstützen. Ich empfehle generell, dass Organisationen die Implementierungen wählen, die in einem Unternehmen in Produktion sind und Wert für etablierte Unternehmen generieren. Diese Projekte haben eine höhere Wahrscheinlichkeit, die kontinuierliche Pflege und Aufmerksamkeit zu erhalten, die sie benötigen.

Von Data Scientists verwendete Sprachen

Data Scientists verwenden hauptsächlich Python, aber einige verwenden Scala, das mit Java-Bibliotheken kompatibel ist. Die überwiegende Mehrheit der Produkte, die sich an Data Scientists richten, stellt eine Python-API bereit, möglicherweise zusammen mit anderen Sprachen.

DER WERT DER JVM

Ein wenig technischer Hintergrund ist hier nützlich.

Java wird in ein schnell laufendes Format umgewandelt (kompiliert), das in einem Framework namens Java Virtual Machine (JVM) läuft. Viele andere Sprachen wurden so konzipiert, dass sie in die gleiche JVM kompiliert werden können, sodass sie problemlos mit Java arbeiten und die vielen leistungsstarken in Java erstellten Bibliotheken voll ausnutzen können. Neben Java ist Scala die beliebteste auf der JVM basierende Sprache. Scala hat einige modernere Programmiersprachenfunktionen als Java und nimmt weniger Platz ein, daher ist sie normalerweise schneller zu codieren.

Das Data-Science-Team ist ein Verbraucher von Datenprodukten, die vom Data-Engineering-Team erstellt wurden. Das Data Engineering hat sich die Mühe gemacht, Datenprojekte mit den richtigen Technologien zu präsentieren. Dies hilft, die Einschränkungen der Nicht-Java-Sprachunterstützung zu mildern. Die neueren oder vollständigen Funktionen für die Unterstützung der Sprache sind möglicherweise nicht erforderlich, da die Data Engineers sie richtig freigegeben haben.

Von Data Engineers verwendete Sprachen

Data Engineers verwenden hauptsächlich Java für ihre Arbeit. Einige Teams verwenden Scala, normalerweise zusammen mit Java. Und einige verwenden Python.

Als Ersteller der Datenprodukte tragen die Data Engineers die technische Hauptlast. Sie stehen vor dem technisch anspruchsvollsten Teil der Verantwortung der Data Teams, Datenprodukte zu erstellen und freizugeben. Diese technische Herausforderung erfordert, dass Data Engineers so viele Werkzeuge wie möglich zur Verfügung haben, um Datenprodukte korrekt freizugeben. Die Wahl der Sprache beeinflusst direkt die Fähigkeit, überhaupt eine Technologie auszuwählen, da diese Technologie möglicherweise keine API unterstützt, die in der bevorzugten Sprache des Teams unterstützt wird. Fehlende Unterstützung für Ihre bevorzugte Sprache könnte bedeuten, dass ein Anwendungsfall nicht möglich ist oder dass das Team warten muss, bis das verteilte System die Sprache unterstützt. Das könnte bei sowohl Closed-Source- als auch Open-Source-Technologien Monate oder Jahre dauern.

Die meisten verteilten Systeme – insbesondere Big-Data-Technologien – zielen auf Java zuerst ab und unterstützen es. Dies liegt daran, dass die Technologie oder das verteilte System selbst programmiert wurde, um auf einer JVM zu laufen (siehe im Kasten „Der Wert der JVM" früher in diesem Kapitel).

Daten über Sprachen hinweg bereitstellen

Es gibt mehrere Probleme bei der Bereitstellung von Datenprodukten über Sprachen hinweg. Welches Format sollten Sie verwenden? Wie werden Sie die Unterschiede in den Typsystemen zwischen den Sprachen berücksichtigen? Ist der Typ ein Gleitkomma oder eine Ganzzahl? Wie groß ist die Ganzzahl: 32-Bit oder 64-Bit? Ist die Ganzzahl signiert oder unsigniert?

Jede dieser Fragen mag wie Informatikthemen klingen, die keinen wirklichen Unterschied machen, aber sie tun es. Ein falscher Typ könnte den Unterschied zwischen einer korrekten Zählung und einer falschen Zählung für einen Bericht bedeuten. Die Quelle eines ungenauen Berichts zu ermitteln, könnte Tage dauern und erfordert möglicherweise einige tiefe Einblicke in die Funktionsweise einer Programmiersprache. Hier wird auch nur die geringste Prävention entscheidend sein.

Die Architekten und Data Engineers werden darauf achten, gut durchdachte Antworten auf diese Fragen zu haben, bevor sie auftauchen. Binärformate wie Googles Protobuf und Apache Avro werden oft verwendet, um diese Probleme zu lösen. Bitte nehmen Sie diesen Abschnitt als starke Empfehlung, diesen entscheidenden Teil der Bereitstellung von Datenprodukten richtig zu machen.

Projektmanagement

Für das Projektmanagement verwenden Data Teams normalerweise entweder Kanban oder eine Version von Scrum. Kanban und Scrum können auch zusammen verwendet werden.

Die Wahl des Projektmanagement-Frameworks hängt teilweise von der geschätzten Dauer eines Projekts ab. Die Bedürfnisse von Data-Engineering-Teams können denen eines traditionellen Software-Engineering-Teams ähnlich oder leicht unterschiedlich sein. Für konventionellere Software-Engineering-Aufgaben kann ein Scrum-Stil-Framework gut funktionieren. Eine konventionellere Aufgabe ist ein langfristiges Projekt, ähnlich wie traditionelle Softwareprojekte.

Für andere Aufgaben und Projekte, die schneller abgeschlossen werden müssen, kann ein Scrum-Stil-Framework zu viel Overhead sein. Dies wird die Reaktionsfähigkeit verringern und die Zeit für die Berichterstattung über kurzlebige Aufgaben erhöhen. Für diese Art von Betrieb könnte Kanban das richtige Projektmanagement-Framework sein.

Data Teams haben spezifische und einzigartige Bedürfnisse an Projektmanagement-Frameworks. Für ein Data Team passt das Lesen einer wissenschaftlichen Arbeit zur Vorbereitung auf ein Projekt nicht gut in ein Scrum. Der Fokus des Teams auf Experimente, mit der Möglichkeit oder dem Potenzial, eine Hypothese zu widerlegen, passt nicht gut zu Scrum-Stilen. Das lässt einem Data-Science-Team die Wahl zwischen Kanban oder einem anderen Projektmanagementrahmen mit geringem bis gar keinem Overhead. Einige Data Teams erstellen ihr eigenes Projektmanagement-Framework, das zu ihrem Arbeitsstil passt.

Das Operations Team bevorzugt möglicherweise ein Kanban-Projektmanagement-Framework. Dies ermöglicht es dem Operations Team, alle nicht kritischen Arbeiten zu verfolgen und zu priorisieren.

Ich habe festgestellt, dass einige Teams immer noch Wasserfall oder ein ähnliches Derivat verwenden, und ich schlage vor, zu einem agilen Framework zu wechseln. Dies liegt daran, dass Data-Engineering-Teams – insbesondere neue Data-Engineering-Teams – anfangen müssen, auf kurzfristiger Basis Wert zu zeigen. Das Arbeiten nach Wasserfall-Zeitplänen verhindert, dass das Team Wert schafft oder Datenprodukte erstellt, bis Jahre vergangen sind.

Wenn ein Data Team kein Scrum verwendet, wie sollte es sich wieder in ein Data-Engineering-Team integrieren oder neben einem Data-Engineering-Team arbeiten, das Scrum verwendet? Zum Beispiel könnte ein Data-Engineering-Team in 2-Wochen-Sprints arbeiten, während das Data Team an offenen oder zeitlich begrenzten Projekten arbeitet.

In einer solchen Situation warten einige Organisationen, bis die Data Scientists mit etwas fertig sind und dann in ihren Sprint einplanen. Andere halten das Data-Engineering-Team auf einer niedrigeren Kapazität, um Zeit für die Interaktion mit dem Data Team zu haben. Zum Beispiel, wenn ein Data-Engineering-Team normalerweise zu 90 % ausgelastet wäre, würde der Manager die Auslastung auf 70 % oder eine andere geeignete Zahl senken, um zusätzliche Zeit für die Arbeit mit den Data Scientists zu ermöglichen.

Wenn alles schiefgeht

Manchmal geraten Projekte trotz Ihrer besten Bemühungen als Manager aus den Fugen. Es erfordert zusätzliche Initiative, um die Quelle – oder normalerweise mehrere Quellen – des Problems herauszufinden und zu beheben. Allein die Aufgabe, das Problem herauszufinden, kann unglaublich schwierig sein. Nach meiner Erfahrung lösen sich Probleme in Data Teams nicht von selbst ohne konzertierte Anstrengung.

Vielleicht haben Sie schon einmal Fehlerbalken auf Diagrammen gesehen. Diese zeigen die Messunsicherheit, die gemessen wurde, als die Messungen oder Daten aufgenommen wurden (Abb. 9-1).

Bei kleinen Daten sind die Fehlerbalken eines Projekts relativ klein. Selbst wenn ein kleines Datenprojekt aus den Fugen gerät, kann es Wochen, Monate oder ein Jahr dauern, um es zu beheben. Bei verteilten Systemen sind die Fehlerbalken eines Projekts viel größer. Das bedeutet, dass das Projekt möglicherweise miserabler scheitern könnte, als Sie es jemals erlebt haben. (Auf der positiven Seite könnte es erfolgreich sein und weit mehr Wert generieren, als Sie sich vorstellen könnten.) Ein Big-Data-Projekt, das aus den Fugen gerät, wird viele Monate oder Jahre dauern, um es zu beheben.

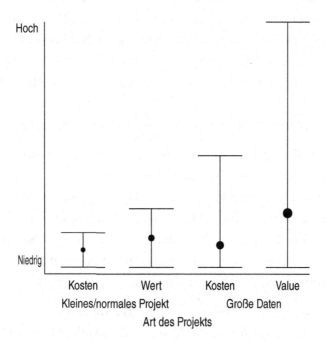

Abb. 9-1. *Große Datenprojekte haben ein(e) viel höhere(s) Risiko/Belohnung als kleine Daten*

Nur mit einer ordnungsgemäßen Planung, dem richtigen Team und den richtigen Ressourcen hat ein Team eine echte Chance auf Erfolg. Das Management muss ständig auf Anzeichen achten, dass ein Projekt aus dem Ruder läuft. Nach meiner Erfahrung ist es nie zu spät, ein Projekt zu retten. Je älter ein Projekt ist, desto teurer wird es sein, es zu retten, sowohl in Bezug auf Zeit als auch auf Geld. Wenn ein Unternehmen jedoch daran denkt, seine Big-Data-Projekte einzustellen, liegt das wahrscheinlich daran, dass so viel Zeit vergangen ist und so wenig Wert geschaffen wurde. Ich schlage vor, dieses Buch als Leitfaden zu verwenden, um herauszufinden, was getan werden muss, um die Projekte wieder voranzubringen. Dies wird dem Management die spezifischen Schritte und Änderungen geben, die mit den Managementteammitgliedern geteilt werden können, die dafür sind, das Projekt einzustellen.

Achten Sie auf N-te Ordnungsfolgen

Normalerweise ist die wahre Ursache eines Problems verborgen, und was Sie sehen, ist eine dritte, vierte oder fünfte Ordnungsfolge. Ich kann nicht jede einzelne Manifestation von Problemen aufgrund von Zeit- und Platzbeschränkungen durchgehen. Sie müssen nur wissen, dass es weitere Probleme gibt, wenn das Team voranschreitet und seine Geschwindigkeit erhöht. In diesem Buch konzentriere ich mich auf die ersten und zweiten Ordnungsfolgen und die häufigsten langfristigen Folgen. Einige fortgeschrittene oder ältere Teams werden auf zusätzliche Probleme stoßen, die ich in diesem Buch nicht anspreche.

Um Ihnen einen Vorgeschmack zu geben, lassen Sie mich einige Beispiele geben:

- Wie gehen Sie mit dem Weggang Ihres Teamveteranen um? Er verfügt wahrscheinlich über einen Großteil von tradiertem Wissen, wie die Dinge funktionieren. Wie gehen Sie damit um, wenn Sie hauptsächlich – wenn nicht ausschließlich – Anfänger zurücklassen, die sich wirklich auf den Veteranen verlassen haben, um Dinge herauszufinden? Schlimmer noch, was tun Sie, wenn der Projektveteran wirklich der Einzige war, der produktiv war?

- Was sollten Sie tun, wenn Ihr Team so erfolgreich ist, dass andere Organisationen beginnen, Ihr Personal abzuwerben? Wie behalten Sie Ihre Leute, während andere Organisationen ihnen eine kräftige Gehaltserhöhung anbieten, die Ihre Organisation nicht bieten wird?

Dies sind nur einige Beispiele für die dritten, vierten und fünften Ordnungsfolgen des Erfolgs oder manchmal eine Mischung aus Erfolg und Misserfolg. Einige Probleme können branchenspezifisch sein, ein historischer Grund innerhalb des Unternehmens oder ein rein politisches Problem. Je spezifischer das Problem ist, desto weniger offensichtlich könnte es für interne Beobachter sein, und desto schwieriger wird es sein, es zu beheben.

KAPITEL 10

Ein Team gründen

We'll find a place where there is room to grow
And yes, we've just begun

—„We've Only Just Begun" von Carpenters

In früheren Kapiteln haben wir über die Teams und deren Management gesprochen. Dieses Kapitel behandelt die Schritte und Überlegungen zum Start und zur Einstellung der ersten Teammitglieder. Für Organisationen, die bereits mit der Einstellung begonnen haben, wird dies eine Erinnerung daran sein, was hätte getan werden sollen oder eine Bestätigung, dass die richtigen Entscheidungen getroffen wurden.

- Sicherstellen, dass das Team richtig startet

- Entscheiden, wo die Teams in der Organisation angesiedelt werden sollen

- Die Überlegungen, was mit den vorherigen Teams zu tun ist

- Das Team richtig aufstellen, abhängig von der Größe der Organisation

- Wie sollte die Berichtsstruktur der Data Teams sein

- Zusammenarbeit mit den Personalressourcen bei Titeln und Gehalt

Neue Teams gründen

Einige Organisationen müssen ein Data Team von Grund auf neu aufbauen. Dies beinhaltet die Einstellung oder Auswahl eines Managers, der das Team leitet. Dann müssen Sie die einzelnen Mitarbeiter in den Teams einstellen. Dies ist eine

J. Anderson, *Daten-Teams*, https://doi.org/10.1007/979-8-8688-0072-6_10

hervorragende Gelegenheit für die Organisation, ihre Teams und das Management von Anfang an richtig aufzustellen.

Wenn Sie einen Zeitplan für Einstellungen erstellen, achten Sie darauf, dass Sie die Vorlaufzeiten für den gesamten Prozess berücksichtigen. Sie sollten die Personalabteilung fragen, wie lange es dauert, von der Genehmigung der Stellenbesetzung bis jemand tatsächlich einen Platz einnimmt. Die Personalabteilung hat möglicherweise keine Daten zur Einstellung eines Mitglieds des Data Teams, aber Sie können ähnliche Titel als Anhaltspunkt dafür verwenden, wie lange es dauert. Wenn beispielsweise die durchschnittliche Einstellungszeit für einen Software Engineer drei Monate beträgt, können Sie davon ausgehen, dass es mindestens drei Monate dauert, einen Data Engineer einzustellen – wenn nicht länger.

Wenn die Vorlaufzeiten für die Einstellung nicht berücksichtigt werden, kann das Team von Anfang an in einem Projektplan zurückbleiben. Auch das Warten, bis das Team tatsächlich bereit ist oder das neue Teammitglied benötigt, bringt Sie in Verzug. Idealerweise schätzt das Team ein, wie bald ein neues Teammitglied benötigt wird, und der Einstellungsprozess beginnt vorher, wobei die durchschnittliche Anzahl von Monaten berücksichtigt wird, die es dauert, eine Einstellung zu tätigen.

Der erste Data Engineer

Da Data Engineers die Schöpfer von Datenprodukten sind, empfehle ich, zuerst Data Engineers einzustellen. Sie müssen anfangen, alles für die nachfolgenden Mitglieder des Data Teams vorzubereiten. Wie Sie im Kap. 11 sehen werden, benötigen Sie einen qualifizierten Data Engineer in den Vorstufen. Dies liegt daran, dass nur ein qualifizierter Data Engineer einige der kritischen frühen Entscheidungen darüber treffen kann, was Data Teams tun und nicht tun sollten.

Der erste Data Engineer muss anfangen, die Infrastruktur und die Datenprodukte aufzubauen. Bis zu diesem Zeitpunkt würden andere Mitglieder des Data Teams größtenteils untätig sein und auf Datenprodukte warten. Die einzelnen oder eine kleine Gruppe von Data Engineers benötigen möglicherweise mehrere Iterationen, bevor die nächste Einstellung vorgenommen werden sollte.

STELLEN SIE ZUERST KEINEN DATA SCIENTIST EIN

Ein häufiger Fehler bei der Gründung eines Data Teams besteht darin, zuerst die Data Scientists einzustellen. Dies resultiert aus einem Missverständnis des Managements und der Personalabteilung über die Unterschiede zwischen einem Data Scientist und einem Data Engineer.

Bei der Einstellung von Grund auf gibt es ein Henne-Ei-Problem. Wie Sie gelesen haben, sind die Data Teams sehr eng miteinander verbunden und Sie benötigen alle drei Teams. Aber wenn Sie anfangen, Leute einzustellen, müssen Sie einmal mit einer Person anfangen. Einige Organisationen stellen den Data Scientist ein, in der Annahme, dass der größte Gewinn darin besteht, einige Analysen zu starten. Das Problem mit dieser Denkweise ist, dass Data Scientists oft die Data-Engineering-Fähigkeiten fehlen, um überhaupt genug Daten zusammenzubekommen, um sie zu analysieren. Wie ich bereits erwähnt habe, sind Data Scientists die Verbraucher der von Data Engineers erstellten Datenprodukte.

Darüber hinaus hassen viele Data Scientists es wirklich, Data-Engineering-Aarbeiten zu erledigen. Es gibt wirklich eine unterschiedliche Denkweise zwischen den beiden Gruppen. Einige Data Scientists treten einem Team bei in der Erwartung, dass die Organisation kurz darauf einen Data Engineer einstellen wird. Wenn eine Organisation keinen Data Engineer einstellt, könnte der Data Scientist nach etwa sechs Monaten kündigen.

Der erste Data Scientist

Ein Data Scientist sollte eingestellt werden, sobald die Organisation ihre Date Pipelines und Dateninfrastruktur eingerichtet hat. Bis zu diesem Zeitpunkt ist die Zeit des Data Scientists größtenteils untätig, während er auf Datenprodukte und die Infrastruktur wartet, mit der er Hypothesen testen kann. Dies liegt daran, dass die Data Scientists die Verbraucher von Datenprodukten sind, nicht die Schöpfer von Datenprodukten.

Betrieb

Bevor eine Daten Pipeline in Produktion geht, muss die Organisation Operations Engineers einstellen. Für einige Organisationen und Anwendungsfälle muss möglicherweise früher eine Betriebsperson eingestellt werden. Dies kann der Fall sein, wenn das zu erstellende System sehr kompliziert ist und ein Operations Engineer mehr Zeit benötigt, um sich mit der Daten Pipeline vertraut zu machen.

Einige Organisationen praktizieren DevOps und lassen ihr Data-Engineering-Team die Operations der verteilten Systeme handhaben. Das Managementteam muss sicherstellen, dass dem Data-Engineering-Team die Ressourcen zur Verfügung gestellt werden, um zu lernen, wie man die verteilten Systeme betreibt, die es warten soll.

Wenn eine Organisation DevOps nicht praktiziert und dennoch erwartet, dass ihr Data-Engineering-Team den gesamten Support übernimmt, könnten mehrere Probleme auftreten. Einige Data Engineers mögen es wirklich nicht, operative Aufgaben zu erledigen und werden kündigen. Manchmal sind die Data Engineers nicht die beste operative Unterstützung, weil es eine andere Denkweise für die Unterstützung von Systemen gibt, die einigen Data Engineers fehlt. Ein unvorsichtiger Data Engineer, der ein Produktionssystem unterstützt, kann Datenverlust verursachen. Außerdem hält der latente Drucksituationen des Betriebs die Ingeneure von ihrer Hauptaufgabe, nämlich der Erstellung von Daten Pipelines, ab. Wenn dies oft genug passiert, werden die Data Engineers keinen Fortschritt machen können.

In jedem Szenario, auch bei der Nutzung der Cloud, müssen Personen den Cluster unterstützen und betreiben. Für einige Organisationen kann dies eine 24/7-Support-Service-Level-Vereinbarung beinhalten. Professionelles Betriebspersonal ist das einzige, das eine solche Verantwortung übernehmen kann und dies auch tun sollte.

Wenn Mitglieder des Operations Teams eingestellt werden, sollte das Management erwarten, dass die Operations Engineers die operative und Support-Belastung der Data Engineers reduzieren. Für eine brandneue Daten Pipeline kann die anfängliche Unterstützung durch den Betrieb auf allgemeinere Operations beschränkt sein. Mit der Zeit sollte das Operations Team mehr Erfahrung sammeln und eine größere Support-Belastung für die anderen Data Teams übernehmen.

Die kritische erste Einstellung

Die erste Person, die für das gesamte Data Team und die erste innerhalb eines Teams eingestellt wird, ist eine kritische Einstellung. Zu diesem Zeitpunkt gibt es niemanden, der Widerstand gegen eine schlechte Idee leisten kann, und diese erste Einstellung trifft alle Entscheidungen. Diese Ein-Mann-Show spielt eine wesentliche Rolle beim Erfolg oder Misserfolg der Datenprodukte. Ihre Rolle als Manager besteht darin, die richtige Person für den Job zu finden.

Die erste Einstellung legt den Grundstein für alle, die danach kommen, und legt das frühe Fundament für die Datenprodukte. Ihre Entscheidungen – ob gut, schlecht oder eine Mischung aus beidem – werden alle beeinflussen, die danach kommen. Schlechte Entscheidungen können außergewöhnlich lang anhaltende Auswirkungen haben.

Schlechte Entscheidungen, Architekturprobleme und schlechte Technologieauswahl werden Sie in die Enge treiben. Die Verwendung von verteilten Systemen vergrößert Probleme. Das bedeutet, dass Sie sich nicht einfach eine Woche Zeit nehmen können, um etwas Code umzuschreiben oder die Architektur zu beheben. Oft können Umschreibungen von Codes und architektonische Änderungen Monate oder ein ganzes Jahr dauern.

Die erste Person legt auch die technische Kultur des Teams fest, stößt zukünftige Kandidaten und Mitarbeiter ab oder zieht sie an. Die erste Einstellung bestimmt Kernfragen wie die folgenden:

- Ist es ein Team, das Kritik und Feedback fürchtet?

- Ist es ein Team, das sich auf Best Practices und Iteration konzentriert?

- Ist ihr Design so schrecklich, dass neue Bewerber nicht damit umgehen wollen?

- Ist ihr Design so gut, dass der Bewerber erkennt, dass er vom Team lernen kann?

Wie Sie sehen können, wird eine gute Data-Engineering-Kultur die richtigen Leute anziehen und anlocken. Von außen werden die Kandidaten die angewandten Best Practices wahrnehmen und Teil des Teams sein wollen. Sie werden sehen, dass sie mit dem Team lernen und sich verbessern können. Darüber hinaus wird eine gute Data-Engineering-Kultur diejenigen aussortieren, die sich nicht an Best Practices halten wollen.

Eine schlechte oder mangelhafte Data-Engineering-Kultur kann gute Kandidaten abschrecken. Von außen können sie Unruhen und Probleme sehen, die durch schlechte Technologieentscheidungen und problematische Architekturen verursacht werden.

Standort und Status des Data Teams

Die tägliche Arbeit und die organisatorische Struktur tragen entweder zur Effektivität der Data Teams bei oder verringern sie.

Einbettung des Data Teams in die Geschäftseinheit

Eine häufige Entscheidung ist, ob die Mitglieder eines Data Teams in die Geschäftseinheit eingebettet werden sollen. Führungskräfte tun dies manchmal, wenn eine Geschäftseinheit das Gefühl hat, dass ihr Anwendungsfall oder ihre Anforderungen nicht genügend Beachtung findet. Sie werden denken, dass der einzige Weg, jemandes Aufmerksamkeit zu erregen, darin besteht, eine eigene engagierte Person zu haben. Diese Beschwerde könnte von einem echten Bedarf ausgehen. Es könnte das Ergebnis eines Data Teams sein, das nicht richtig oder fair priorisiert. In jedem Fall erfordert die Entscheidung aufgrund der Auswirkungen auf die Data Teams einige ernsthafte Überlegungen.

Eine Überlegung ist, dass die Verlagerung von Data Engineers und Data Scientists außerhalb des Kernteams diese langweilen oder unglücklich machen könnte. Der Anwendungsfall der Geschäftseinheit könnte von Anfang an langweilig gewesen sein, und das könnte der Grund sein, warum niemand daran arbeiten wollte. Langweilige Projekte führen zu unglücklichen Menschen, und unglückliche Menschen neigen dazu, nach einer Beschäftigung außerhalb des Teams oder der Organisation zu suchen. Die Einheit, in die Sie Menschen einbetten, könnte zu einem Ort werden, an dem Menschen die Organisation verlassen wollen.

Um Langeweile und Unzufriedenheit zu vermeiden, muss die Organisation möglicherweise Maßnahmen ergreifen, um die Probleme zu beheben. Dies könnte beinhalten, Teammitglieder in einer Geschäftseinheit ein- und auszuwechseln. Die Rotation gibt den Teammitgliedern zumindest eine Frist, nach der sie wieder in das zentrale Team wechseln und vielleicht etwas Interessanteres tun.

Die entscheidende Variable, die bestimmt, ob die Rotation funktioniert, ist das Maß an Fachwissen, das eine Geschäftseinheit benötigt. Wenn die Geschäftseinheit relativ geringe Anforderungen an das Fachwissen hat, können die Leute leichter und schneller rotieren. Wenn die Geschäftseinheit hohe Anforderungen an das Fachwissen hat, wird es schwieriger sein, Leute ein- und auszuwechseln. Dies ist ein Bereich, in dem das Management wirklich einen guten Kompromiss zwischen dem Aufbau von Fachwissen und der Vermeidung von Kündigungen finden muss.

Eine andere Methode besteht darin, dass Mitarbeiter der Geschäftseinheit eine gestrichelte Linie zu einem oder mehreren Mitgliedern der Data Teams haben. Diese gestrichelte Linie bedeutet, dass die Person Mitglied des Data Teams bleibt, aber anerkennt, dass ihre Belohnungen davon abhängen, die Bedürfnisse der Geschäftseinheit zu erfüllen. Dies hilft den Mitgliedern des Data Teams, mit der Einsamkeit umzugehen, die beginnen kann, wenn jemand Data-Team-Probleme bearbeitet, aber nicht bei anderen Mitgliedern des Data Teams ist, um seinen Verstand zu bewahren.

Ein großes Problem, das Geschäftseinheiten plagt, die ihre eigenen Leute einstellen, ist, dass die Einstellungsmanager wenig bis gar nichts von Data Scientists oder Data Engineers verstehen bei deren Einstellung. Dieser Mangel an Wissen verurteilt die Geschäftseinheit in der Regel dazu, die falsche Person oder eine unqualifizierte Person zu beschäftigen. Dies belastet die Data Teams, die Geschäftseinheit und die Person, die für diese Arbeit eingestellt wurde, und führt zu einem problematischen und angespannten Versuch, die Dinge zu erledigen. Im weiteren Verlauf werden die dezentralisierten Data Scientists oder Data Engineers nicht mit den Best Practices oder den Werkzeugen der Organisation vertraut gemacht und leiden unter inkonsistenter Ausbildung und Karriereentwicklung.

Nabe und Speiche

Eine weitere Variante der Arbeit innerhalb einer Organisation ist das Nabe-und-Speiche-Modell. Dieses Modell verfügt über ein zentralisiertes Naben-Team. Sobald das Team groß genug ist, können mehrere Mitglieder des Teams abziehen und eine Speiche starten, die direkt in der Geschäftseinheit ist.

Der Vorteil dieses Modells ist, dass die abgespaltenen Teammitglieder immer noch enge Verbindungen zum Naben-Team haben und die Anwendung von Best Practices weiterhin durchsetzen können.

Kompetenzzentrum

Einige Organisationen entscheiden sich dafür, ein Kompetenzzentrum zu schaffen. Abhängig von der Größe der Organisation wird dieses Kompetenzzentrum Teil des unternehmensweiten Teams sein, oder das Kompetenzzentrum könnte sich in einer Geschäftseinheit befinden. Dieses Kompetenzzentrum-Team hat die Aufgabe, die Best Practices in der gesamten Organisation zu erstellen und zu modellieren.

Damit das Kompetenzzentrum funktioniert, müssen die Manager sicherstellen, dass das Team wirklich Best Practices modelliert und verwendet. Andernfalls wird das Kompetenzzentrum die Probleme und Dysfunktionen verbreiten, die dazu führen, dass Teams innerhalb der Organisation unterdurchschnittlich abschneiden oder versagen.

Datendemokratisierung

Andere Organisationen gehen jedoch den Weg, die Daten einfach nur den Geschäftsbereichen zur Verfügung zu stellen. Dieser Ansatz wird oft als *Datendemokratisierung* oder *Selbstbedienung* bezeichnet. Die Organisation erstellt Daten und die Infrastruktur, auf der Analysen durchgeführt werden können, aber manchmal hat niemand ein spezifisches Mandat, die Analysen durchzuführen. Einige Organisationen entscheiden sich für eine Kombination, bei der einige Teams ein Mandat zur Analyse haben und andere Teams Analysen durchführen können, wenn sie Bedarf haben.

Wenn Daten verfügbar gemacht werden, denken Sie daran, dass wenn jeder für eine Aufgabe verantwortlich ist, niemand die Aufgabe erledigt. Jedes Team hat schon genug zu tun. Eine weitere optionale Aufgabe wird nirgendwo hinführen, es sei denn, die Teams haben wirklich einen dringenden Bedarf an Analysen.

Dieser Ansatz unterschätzt auch oft die Komplexität der Analyse. Selbst wenn das Data-Engineering-Team eine hervorragende Arbeit bei der Bereitstellung der Datenprodukte leistet, kann die Komplexität der Durchführung der Analyse immer noch ein Problem darstellen. Das kann bedeuten, dass viele verschiedene Menschen versuchen, Analysen durchzuführen, dies aber nicht schaffen.

Manchmal liegt das eigentliche Problem der Datendemokratisierung im Mangel an Ressourcen der Organisation – insbesondere in Bezug auf Bildung und Lernen – die es den Geschäftseinheiten ermöglichen, sich selbst zu bedienen oder nicht. Ohne diese

Ressourcen könnte der Rest der Organisation einen schlecht funktionierenden Code schreiben oder die Analyse überhaupt nicht durchführen können.

Die Datendemokratisierung wirft auch Sicherheitsbedenken auf, wenn die Organisation mit sensiblen Daten umgeht. Es sollte darauf geachtet werden, die Wirksamkeit der Sicherheitsrichtlinien der Organisation zu überprüfen und zu validieren, um sensible Daten sicher zu halten.

ERFOLGREICHE DATENDEMOKRATISIERUNG

Organisationen, die Hadoop frühzeitig übernommen haben, neigten dazu, die Datendemokratisierung fast zufällig zu übernehmen, aufgrund der begrenzten Funktionen in den frühen Hadoop-Versionen. Die Kosten für den Betrieb eines Hadoop-Clusters gaben Anreize für einen einzigen großen Cluster mit allen Daten, und die schwache Unterstützung für Zugriffskontrollen führte dazu, dass Daten weitgehend zugänglich waren. Darüber hinaus zwang der Mangel an Unterstützung für Transaktionen und veränderbare Datenspeicherung die Nutzer zu Workflows auf der Basis von unveränderlichen Datensätzen und Daten Pipelines. Unveränderliche Daten können mit geringem betrieblichen Risiko geteilt werden, sodass die Reibung für die Wiederverwendung von Daten in einer auf Pipelines basierenden Verarbeitungsumgebung minimal ist. Die frühen Hadoop-Nutzer waren schnell wachsende und häufig wechselnde Organisationen, die bereit waren, neue Workflows zu übernehmen. Als Ergebnis brachen sie effektiv Datensilos auf, und Daten von einem Team konnten für Innovationen in der gesamten Organisation genutzt werden. Die Unternehmensübernahme von Hadoop hat nicht den gleichen demokratischen Effekt gehabt; die Unternehmen sind weniger bereit, Workflows zu ändern, und Hadoop-Anbieter haben daraufhin eine bessere Unterstützung für feinkörnige Zugriffskontrollen und Datenveränderbarkeit hinzugefügt, was ironischerweise den disruptiven Effekt von Hadoop verwässert hat.

In einer Organisation, in der Daten nicht demokratisiert sind, kann der Zugang zu Daten eine Herausforderung sein. Ein Feature-Team mit einer innovativen Idee, die Daten von Systemen benötigt, die von anderen Teams betrieben werden, benötigt die Aufmerksamkeit dieser Teams. Sie benötigen Unterstützung beim Extrahieren von Daten, Dokumentation zum Verständnis, Hilfe bei der Umwandlung von der internen Struktur des Quellsystems und operative Zusammenarbeit, um die Produktionsquellsysteme nicht zu stören. Für all diese Schritte müssen die Quellsystemteams Zeit im Backlog einplanen. Diese Synchronisation von Backlogs und Prioritäten fügt der datengetriebenen Innovation Reibung hinzu. Ein Feature-Team, das in einer Organisation arbeitet, in der Daten, einschließlich Metadaten und Dokumentation, demokratisiert sind, kann datengetriebene Features schneller in Produktion bringen.

Das Datenplattformteam ist der Schlüssel zur erfolgreichen Datendemokratisierung. Ihre Anreize und Definitionen von Erfolg sollten mit den Definitionen von Erfolg der Analyse- und Feature-Teams übereinstimmen, während sie das globale Risiko managen. Der Produktmanager des Datenplattformteams hat die heikle Aufgabe, die Wünsche der Feature-Teams, Daten ohne Reibung zu nutzen, mit der Aufrechterhaltung notwendiger Governance- und Sicherheitspraktiken in Einklang zu bringen. Es besteht die Gefahr von Spannungen zwischen Plattform- und Feature-Teams, insbesondere wenn sie geografisch getrennt sind. Das Verschieben von Einzelpersonen zwischen Teams hat sich als wirksam erwiesen, um solche Spannungen zu überwinden. Das Einbetten von Mitgliedern des Plattformteams bei ihren internen Kunden bietet effizientes Feedback für die Plattformentwicklung. Ebenso ermöglicht es das temporäre Zuweisen von Aufgaben zur Erstellung von Plattformfunktionen an Mitglieder des Feature-Teams, das Verständnis der Plattformbeschränkungen zu verbreiten.

—Lars Albertsson, Gründer, Mapflat

Das Team von Anfang an richtig aufstellen

Frühere Kapitel dieses Buches beschrieben die drei Hauptteams, die jedes Big-Data-Projekt haben sollte, und die grundlegende Mischung der benötigten Fähigkeiten. Die Gründung eines Teams stellt besondere Herausforderungen dar, die für verschiedene Arten von Organisationen beschrieben werden.

Data-Science-Start-ups

Wenn Ihr Geschäft sich der Data Science widmet, sei es als Beratung oder im Dienste eines einzelnen Projekts wie der Arzneimittelentwicklung, werden Sie unter Druck stehen, sofort loszulegen und direkt aus dem Stand heraus Data Science zu betreiben.

Es sei denn, Sie haben Glück, dann werden Sie immer noch alle drei in Teil 2 beschriebenen Data Teams benötigen. Ein Team, das nur aus Data Scientists besteht, wird sich bei den Data-Engineering-Teilen in Schwierigkeiten bringen und technische Schulden erzeugen, die abgebaut werden müssen.

Unternehmen ohne Datenfokus

Einige Organisationen sind unglaublich gut in ihrem Bereich – Produktion, Einzelhandel, Gesundheit – aber nicht so gut auf der IT-Seite. Selbst bei der Arbeit mit kleinen Daten kommen sie gerade so zurecht oder sind kaum kompetent. Organisationen wie diese sind möglicherweise nicht in der Lage, erfolgreich Daten zu sammeln und daraus Erkenntnisse zu gewinnen, weil dies nicht ihre Stärke ist.

Überlegen Sie, ob Ihr Unternehmen die Managementfähigkeiten für Daten und IT hat, und ob Sie bereit sind für die großen Veränderungen, um ein technologieorientiertes Unternehmen zu werden. Sie sollten definitiv versuchen, die Vorteile der Analytik zu nutzen, aber vielleicht durch die Vergabe eines Auftrags an einen Auftragnehmer, dessen Expertise dort liegt.

Und seien Sie gewarnt: Das wirklich Schwierige daran, von Big Data zu profitieren, ist nicht das Sammeln und Ableiten von Analysen. Das Schwierige ist herauszufinden, wie Analysen in Ihrer Organisation bedeutende Verhaltensänderungen fördern können, und den Mut zu haben, durchzuhalten und die Änderungen, die Ihre Analysten empfehlen, durchzuführen.

Einige Organisationen setzen ihr Vertrauen in ein False Positiv, dass sie bereit sind, ihre eigenen Data Teams zu gründen. Dieses False Positiv könnte sein, dass die Organisation ein Standardprogramm zur Durchführung ihrer Analysen verwendet, oder dass sie eine Beratung in Anspruch nimmt. Eine Organisation könnte ein sehr fortgeschrittener Nutzer eines Standardprogramms sein, aber noch lange nicht auf dem notwendigen technischen Niveau, um ihre eigenen Datenprodukte zu erstellen. Wenn eine Organisation eine Beratung in Anspruch nimmt, könnten die Berater die wirklich schwierigen Teile der Implementierung übernehmen, und die eigenen Leute der Organisation könnten wirklich hinter ihrer harten Arbeit herhinken. Organisationen, die ihre Kernkompetenzen nicht ehrlich betrachten, könnten auf die harte Tour herausfinden, welche Komplexitäten für sie erledigt wurden.

Kleine Organisationen und Start-ups

In kleinen Organisationen ist jede Einstellung eine große Entscheidung, da sie nur wenige Möglichkeiten haben, Personal hinzuzufügen. Die erste Einstellung in einem Data Team spiegelt wider, wo die Organisation die bedeutendste oder beste Investition sieht.

Kleine Organisationen verfügen oft nicht über die Ressourcen, um alle benötigten Mitglieder eines Data Teams einzustellen. Wenn eine Person die Aufgaben aller drei Data Teams übernehmen muss, müssen sich die Personalverantwortlichen für jemanden entscheiden, der in all diesen Bereichen ungleiche Fähigkeiten hat und darauf achten, welche Stärken am wichtigsten sind.

Ich empfehle, dass Menschen in dieser Situation einen Data Engineer mit einigem Wissen über Analytik finden. Wenn es ein Business-Intelligence-Team gibt, könnte der Data Engineer beginnen, mit dem Business-Intelligence-Team zusammenzuarbeiten, um Analysen mit den Datenprodukten zu erstellen, die der Data Engineer erstellt hat. Während dieser Zeit sollte der Data Engineer für die nächste Phase vorbereitet werden, wenn Sie Data Scientists und anderes Personal einstellen.

Sie könnten auch feststellen, dass die Analysen, die Sie benötigen, nicht so kompliziert sind, wie Sie zunächst dachten, und daher vom Data Engineer erstellt werden können. Es ist auch nützlich, den Data Engineer mit der Verwaltung Ihrer Daten zu beschäftigen, wenn Sie verzögern müssen oder einen anderen Weg finden müssen, um dieses schicke maschinelle Lernmodell zu nutzen, das Sie Ihren Investoren versprochen haben.

Wenn Sie zuerst einen Data Scientist einstellen, denken Sie daran, dass es eine Zeit geben wird, in der selbst die technischeren Data Scientists technische Schulden aufbauen (siehe den Abschn. „Technische Schulden in Data-Science-Teams" in Kap. 3), die Sie später begleichen müssen. Erwarten Sie, dass diese technischen Schulden zwischen der Einstellung Ihres Data Scientists und der Einstellung Ihres ersten Data Engineers ansteigen.

Außerdem haben Sie wahrscheinlich noch keine Betriebsperson eingestellt. Wenn Sie Glück haben, ist Ihr Data Engineer in DevOps etwas bewandert. Dies zwingt Sie dazu, Ihre Betriebslast so weit wie möglich zu reduzieren, wahrscheinlich durch umfangreiche Nutzung von verwalteten Diensten in der Cloud. Wie ich im Abschn. „Cloud vs. On-Premises-Systeme" in Kap. 5 erwähnt habe, negieren diese Dienste nicht vollständig die Notwendigkeit von Operations, reduzieren aber den Betriebsaufwand erheblich. Ja, verwaltete Dienste sind teurer als ein Do-it-yourself-Weg, aber der Kostenvorteil des Inhouse-Machens wird schnell von der ersten bedeutenden und zeitaufwendigen Ausfallzeit aufgefressen.

Denken Sie auch daran, dass je mehr Zeit Ihre Mitarbeiter mit Operations verbringen, desto weniger Codes schreiben sie.

Folgen einer schlechten Einstellung

Kleine Teams finden sich in einer prekären Position wieder, weil sie nur das Budget für eine Person haben und diese eine Person für die Einstellung nachfolgender Teammitglieder verantwortlich ist.

Wenn Sie jemanden einstellen, der die Anforderungen der Data Science oder die Bedürfnisse Ihres Unternehmens nicht versteht, werden die nachfolgenden Einstellungen diese falsche Entscheidung mehrmals wiederholen. Die erste Person, die Sie einstellen, könnte tatsächlich ausgezeichnete Kandidaten ablehnen, die sie übertreffen oder viel besser abschneiden könnten. Ihre architektonischen und gestalterischen Entscheidungen könnten die guten Mitarbeiter abschrecken, weil niemand seine Zeit damit verbringen möchte, den Müllhaufen von jemandem aufzuräumen oder sich von Anfang an mit seinem eigenen Manager auseinanderzusetzen.

Daher ist diese erste Person für ein Anfangsteam eine entscheidende Einstellung. Die Behebung der Folgen dieser Entscheidung könnte Monate oder Jahre dauern.

Dies wirft die Frage auf, ob die Einstellung eines vernünftig aussehenden Kandidaten, auch wenn Sie Zweifel an ihren Fähigkeiten haben, besser ist als die Verzögerung des Starts eines Data Teams. Nach meiner Erfahrung lohnt es sich zu warten und die richtige Person zu finden.

Folgen der Einstellung nur von Junior-Mitarbeitern

Einige Organisationen versuchen, die Probleme der korrekten Einstellung zu umgehen, indem sie mehrere Junior-Mitarbeiter anstelle einer erstklassigen, erfahrenen Person einstellen. Die Logik der Organisation ist, dass die Fähigkeiten des Teams sich ausgleichen und dass ein Mitglied alle Lücken füllen kann, die ein anderes Mitglied hinterlässt. In jedem Fall wird es genügend Arbeiter geben, um jeden Code zu schreiben. Wenn es ein Problem gibt, wird eine große Gruppe von Menschen da sein, die daran arbeitet.

Die Realität ist, dass eine Gruppe von Junior-Mitarbeitern keine komplementären Fähigkeiten besitzt. Sie werden alle die gleichen Anfängerverständnisse davon haben, was zu tun ist. Manager stellen sich ein Tortendiagramm mit zehn leeren Stellen vor, die die notwendigen Fähigkeiten für ein Data Team zeigen (Abb. 10-1). In ihrem Kopf werden die Junior-Mitarbeiter sich verteilen und schön in alle zehn leeren Slots passen,

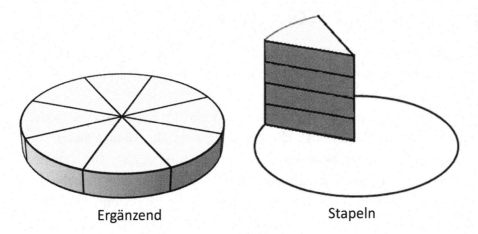

Ergänzend   Stapeln

Abb. 10-1. *Anfänger stapeln sich übereinander und korrekte Teams ergänzen einander*

mit nur kleinen Lücken dazwischen, wo die Person nicht 100 % dieser Fähigkeit hat. Das imaginäre Tortendiagramm ist zu 90 bis 95 % gefüllt. Aber das ist nicht die Realität. Tatsächlich ist das Tortendiagramm nur zu 10 % gefüllt, weil die Fähigkeiten und Fertigkeiten der Junior-Mitarbeiter alle übereinander gestapelt sind.

Normalerweise ist der Erfolg in diesen Teams das Ergebnis von purem Glück, wie wenn man auf eine stehengebliebene Uhr schaut, die zweimal am Tag richtig ist. Sie könnten am Ende eine Junior-Person mit enormem Potenzial finden, die Ihre Erwartungen übertrifft. Aber das ist unwahrscheinlich – besser, das Geld für eine erfahrene Person auszugeben und das Organigramm später mit Junior-Mitarbeitern zu füllen, die die erfahrene Person ausbilden kann.

Mittelgroße Organisationen

Dies ist eine Organisation, die bereits über eine IT- oder Softwareentwicklungsabteilung verfügt. Einige dieser Software Engineers in der IT-Abteilung könnten das Zeug dazu haben, Data Engineers zu werden. Einige Software Engineers haben möglicherweise sogar bereits einige Data-Engineering-Projekte durchgeführt. Auf der Seite der Data Science sollte es bereits ein Analyse- oder Business-Intelligence-Team im Unternehmen geben.

Es liegt nahe, sich das Personal anzusehen, dem Sie vertrauen und dessen Fähigkeiten Sie kennen, um Ihr Data Team zu besetzen. Aber seien Sie vorsichtig, bestehende Unternehmensfunktionen und interne Politik zu stören. Ihr Softwareentwicklungs- oder Business-Intelligence-Team wird ein Mitglied verlieren. Oft handelt es sich dabei um leitende Mitarbeiter, was einen erheblichen Verlust für das Team darstellen kann. Die Personen, die wechseln, haben auch bestehende Projekte und Verantwortlichkeiten. Stellen Sie sicher, dass die Person nicht zwischen ihrem neuen Data-Engineering-Team und ihrem vorherigen Softwareentwicklungsteam hin- und hergerissen ist. Die Person wird keinen Fortschritt machen können, wenn sie ständig durch vorherige Verantwortlichkeiten unterbrochen wird.

Manchmal kann das Management einer mittelgroßen Organisation ehrgeizige Ziele haben, die weit über das Budget und die Fähigkeiten des Teams hinausgehen. Diese Organisationen neigen dazu, sich in der Nachahmung der Architektur oder Idee eines innovativen Unternehmens oder einer auf einer Konferenz gehörten Idee zu verzetteln.[1] Diese Projekte und Teams neigen dazu zu versanden und keinen Fortschritt bei wichtigen Dingen zu machen. Es mag möglich sein, dass eine Organisation die Fähigkeiten des innovativen Unternehmens nachbildet, aber dies könnte lange dauern. Diese langen Zeiträume sind nicht aufregend oder schaffen genug Wert, und die Projekte werden abgebrochen.

Suchen Sie statt der Nachahmung von etwas, das für Unternehmen zu funktionieren scheint, nach Projekten, die einen einzigartigen Wert aus Daten für Ihre Organisation schaffen. Wie können Ihre Organisation und Ihre Kunden von Daten profitieren? Geeignete Projekte sind für Führungskräfte aufregend und erhalten mehr Finanzierung. Im Gegensatz dazu werden Projekte, die stecken bleiben oder weniger Wert erzeugen als die Kosten des Teams, tendenziell gekürzt oder abgebrochen.

---

[1]Manchmal schicken mittelgroße Organisationen ihre Top-Leute zu einer Konferenz in der Hoffnung, günstige Ratschläge und Unternehmensarchitekturen zum Kopieren zu finden. Sie suchen ein Unternehmen, das innovative Dinge mit Daten macht, und versuchen, es zu kopieren. Sie wissen nicht, wie schwierig und kostspielig es ist, innovative Dinge zu tun. Andere Vorträge behandeln eine neue technische Idee oder ein Konzept. Diese Vorträge kommen oft von oder werden von einem Anbieter gefördert, dessen Technologie diese Idee ermöglicht. Die Idee könnte in etwas Bewährtem in der realen Welt verwurzelt sein, oder es könnte das Unternehmen sein, das versucht, etwas technisch Unbewiesenes oder im schlimmsten Fall eine wirklich schlechte Idee zu ergreifen.

Im Allgemeinen müssen mittelgroße Organisationen darüber informiert werden, wo sie ihre Ressourcen einsetzen sollen. Sie sind gerade groß genug, um zu ehrgeizig zu sein. Sie sind aber auch klein genug, um den Schmerz eines gescheiterten Datenprojekts wirklich zu spüren. Richtig durchgeführte Datenprojekte können ein Katalysator für beeindruckendes Wachstum in einer mittelgroßen Organisation sein.

Große Organisationen

Große Organisationen haben in der Regel zusätzliches Einkommen, um in Data Teams zu investieren und gute Kandidaten anzuziehen, daher sind die Hauptprobleme dort meist politischer Natur. Diese Politik kann aus allen Arten von Vorläufern entstehen, wie fusionierenden Unternehmen, verschiedenen Befehlsketten oder Abteilungen und nationalen oder kulturellen Unterschieden.

Unabhängig von der Ursache für die Politik zeigt sich, dass Daten in viele verschiedene Teile aufgeteilt werden. Sie hören vielleicht Ihre Data Analysten oder Data Scientist darüber klagen, dass sie nicht alle Daten, die sie von einem Team benötigen, bekommen können oder dass es zu lange dauert, alle Daten an einem einzigen Ort zusammenzubringen. Wenn Sie sich diesen Projekten nähern, stellen Sie sicher, dass Sie verstehen, dass es sowohl ein technisches Problem (Zusammenstellung und Harmonisierung vieler verschiedener Datensätze) als auch ein Managementproblem (Umgang mit verschiedenen Organisationskulturen und Wettbewerb) gibt. Wenn Sie es Ihren einzelnen Mitarbeitern überlassen, diese politischen Kämpfe Tag für Tag auszutragen, werden die Leute wahrscheinlich gehen.

Ebenso kann der langsame Fortschritt einer großen Organisation bei der Behebung identifizierter Probleme oder bei jeder anderen Änderung für Data Teams mühsam sein. Dieser Mangel an Bewegung kann jeden Fortschritt zunichtemachen und dem Team das Gefühl geben, trotz all seiner Bemühungen festzustecken. In diesen großen Organisationen müssen Sie möglicherweise mit Abteilungen zusammenarbeiten, die noch nie mit einer anderen zusammengearbeitet haben oder für ihre weniger als hervorragende Leistung gefürchtet sind. Und doch müssen Sie einen Weg finden, mit ihnen zusammenzuarbeiten.

Ein weiteres Problem kann entstehen, wenn eine Organisation sehr schnell von keinem Data Team auf 20 bis 30 Personen umsteigt. Dies kann zu einer Blockade führen, bei der alle 30 Personen untätig sind und auf Daten oder auf eine Person warten, die ihnen etwas gibt. Insbesondere Data Scientists neigen dazu, untätig zu sein, während sie auf Daten und Infrastruktur zum Arbeiten warten. Dies setzt das Data-Engineering-Team unter höheren Druck, das zu schaffen, was es braucht – oft mehr Stunden als im Durchschnitt – während die Data Scientists sich beschweren, dass sie nichts zu tun haben. Die Lektion: Machen Sie das Team nicht groß, bis Sie Ihre Grundlagen erreicht haben, die aus der Technologie und den Datensätzen bestehen, die die Data Scientists nutzen können.

In großen Organisationen ist manchmal das größte Vermögen eines einzelnen Mitarbeiters sein Wissen über die Eigenheiten und die Geschichte der Organisation. Ich habe diese Leute als Datenarchäologen bezeichnet. Sie müssen diese Leute vielleicht im Team haben, um aufzudecken oder zu erzählen, was passiert ist. Diese Leute sind ein wertvoller Teil des Fachwissens eines Data Teams.

Wie sollte die Berichtsstruktur aussehen?

Die Berichtsstruktur von Data Teams ist entscheidend für die Interaktion des Unternehmens mit den Data Teams. Die richtige Berichtsstruktur kann zu organisatorischer Ausrichtung und gemeinsamen Zielen führen. Die falsche Berichtsstruktur kann zu Reibung und nicht überschneidenden oder widersprüchlichen Zielen führen.

Unter der richtigen Führung können Data Teams produktiver werden. Es kann schwierig sein, die richtige Führung für das Data Team zu finden, da sich nicht jede Abteilung gut für die Aktivitäten und Rollen von Data Teams eignet.

Betrachten wir einige mögliche Führungskräfte, die alle Data Teams leiten könnten. Je nach Größe der Organisation können die Data Teams einer Person unter dieser Führungskraft berichten.

VP of Engineering

Ein VP of Engineering mit einer kompetenten mathematischen Grundlage kann eine gute Wahl sein. Seine Erfahrung in Mathematik könnte die in Data Science herrschende Unsicherheit reduzieren. Der VP of Engineering könnte genug Einblick in die Statistik haben, um einige der von Data Scientists auf hohem Niveau verwendeten Mathematik und Konzepte zu verstehen.

Vertrautheit mit Statistik ist nicht nur nützlich, damit die VP of Engineering die statistischen Modelle verstehen (auf diesem hohen Niveau ist ein solches Verständnis möglicherweise nicht notwendig), sondern auch, um die richtigen Erwartungen an Data-Science-Projekte im Allgemeinen zu haben. Das Ziel eines Projekts besteht oft darin, eine Hypothese zu widerlegen. Das Team könnte nach monatelanger Beschäftigung mit dem Problem berichten, dass ein Projekt oder eine Idee nicht möglich ist. Diese Situation gibt es in der Softwareentwicklung nicht und könnte für die Führung eine böse Überraschung sein.

Ein VP of Engineering, dem es an statistischem Wissen fehlt, könnte der richtige Manager für Data Engineering und Betrieb sein, aber nicht für Data Science.

Einige Leute argumentieren, dass das Data-Engineering-Team unbedingt Teil der größeren Engineering-Organisation sein muss. Andernfalls wird das Data Engineering als kein echtes Engineering abgetan. Und im Gegenzug könnte der Rest der Organisation das Data-Engineering-Team nicht als gleichwertig mit dem Softwareengineering-Stammbaum der anderen Software Engineers behandeln. Dies kann zu Streitigkeiten und einem Mangel an der Zusammenarbeit führen, die die Data Engineers mit den Software-Engineering-Teams benötigen.

CTO

Der CTO hat möglicherweise keinen sehr ähnlichen Hintergrund wie der zuvor für einen VP of Engineering beschriebene. Der CTO könnte auf die gleiche Weise aufgestiegen sein und sogar den Titel eines VP of Engineering innegehabt haben. Wie beim VP of Engineering hängt die Entscheidung davon ab, wie sattelfest er in Mathematik ist. Wenn er mit der Statistik nicht zurechtkommt, könnte dies der richtige Ort für Data Engineering und Betrieb sein, aber nicht für Data Science.

CEO

Der CEO hat viele Ideen, was gut ist, wenn sie richtig umgesetzt werden. Aber viele Ideen können bedeuten, dass sich der CEO verzettelt. Das bedeutet, dass Data Teams unter dem CEO jeden Tag eine brandneue Priorität bekommen könnten. Dies ist offensichtlich keine gute Position, um das Team zu motivieren.

Wenn einem Team eine neue Priorität gegeben wird, die Wochen oder Monate dauert, muss das Team mindestens einen Tag zur Planung aufwenden. Wenn der CEO eine weitere Aufgabe gibt, die Wochen oder Monate dauert, wird das Team den nächsten Tag nur mit Planung verbringen. Nach etlichen brandneuen Aufgabestellungen wird das Team all seine Zeit mit Planung verbringen und nicht mit der Ausführung.

Diese absurde Sequenz führt schließlich dazu, dass das Team einfach aufhört zu planen und nur noch wartet – in dem Wissen, dass jede Zeit, die für das Design oder die Implementierung eines Projekts aufgewendet wird, einfach verschwendet wird. An diesem Punkt wird das Team einfach anfangen zu kündigen.

CIO

Der Titel und die Aufgaben des CIO können sehr unterschiedlich sein. Die Wahl des CIO als Leiter für Data Teams hängt wirklich von der Definition des CIO in der Organisation ab. Einige CIOs haben möglicherweise Softwareentwicklungsteams oder Analyseteams unter sich. Diese CIOs könnten eine großartige Wahl sein, da sie bereits mit den Anforderungen an Softwareentwicklung und Analyse vertraut sind. Andere CIOs haben eine andere Definition, die mehr auf IT-Ausgaben und Betrieb ausgerichtet ist. Dies ist möglicherweise nicht der richtige Ort für Data Teams.

VP of Marketing

Der VP of Marketing ist möglicherweise nicht der beste Manager für Data Teams. Sie können zu sehr auf Key Performance Indicators (KPIs) fokussiert sein, als dass Data Science den Raum für ordnungsgemäße Experimente, Hypothesenbildung und Scheitern hätte. Jede Marketingabteilung einer Organisation kann unterschiedlich sein, aber Marketing und Data Engineering passen möglicherweise nicht gut zusammen.

VP of Product

Der VP of Product ist möglicherweise nicht der beste Ort für Data Teams. Ähnlich wie der VP of Marketing können sie zu sehr auf KPIs fokussiert sein. Sie können auch zu sehr darauf fokussiert sein, ein Produkt zu erstellen, anstatt auf die Daten, die andere Teile des Unternehmens verbessern können. Dies kann zu Streitigkeiten und Kämpfen um die

Ressourcen führen, die die Kosten senken oder einem Unternehmen anderweitig helfen, effizienter zu sein.

Der VP of Product ist ein weiterer Jobtitel, der eine große Vielfalt beinhaltet. In einigen Organisationen berichten die Software-Engineering-Teams und Operations Teams an sie. Dies könnte der richtige Ort für die Data-Engineering-Teams und Operations Teams sein, aber Vorsicht ist geboten.

VP of Finance

Einige Leute empfehlen den VP of Finance sehr als den Ort für Data Science. Dies liegt daran, dass der VP of Finance eine gute Grundlage auf der mathematischen Seite haben wird. Er könnten sogar mit der Unsicherheit statistischer Modelle umgehen, wenn er diesen Zweig der Mathematik studiert hat.

Nach meiner Erfahrung wird der VP of Finance zu sehr auf Kosten drängen. Obwohl er den Wert und die inhärenten Kosten für die Einstellung eines Data-Science-Teams erkennen kann, versteht er möglicherweise nicht die Notwendigkeit aller drei Teams, um erfolgreich zu sein. Diese Schwierigkeit kann darauf zurückzuführen sein, dass er die Komplexität, die dem Data Engineering und dem Betrieb innewohnt, nicht realisiert.

Chief Data Officer (CDO)

Der CDO ist eine aufkommende Rolle, die einige Organisationen als Heimat für ihre Data Teams wählen. Wie bei jedem aufkommenden Titel oder Position kann die Definition des CDO in Organisationen erheblich variieren. In einigen Organisationen kann es sich um eine technische Person handeln, die durch technisches Management aufgestiegen ist, oder um eine Person mit fast keiner Erfahrung mit Daten. Einige CDOs haben wenig bis keine Erfahrung in der Leitung eines Data Teams. Andere können aus stark regulierten Branchen kommen, in denen Datenstrategien um defensive Strategien und Denkweisen kreisen, die das Schaffen von Wert aus Daten behindern könnten.

VP of Data

Der VP of Data ist eine weitere aufkommende Rolle. Dies könnte der richtige Ort für das Data-Science-Team sein.

Je nach Hintergrund des VP könnten er umfangreiche Erfahrungen in der Software- oder Datenentwicklung haben. Aber oft ist die Person durch die Reihen der Data Scientists aufgestiegen und es fehlt der Hintergrund in der Software- oder Datenentwicklung. Dies könnte dazu führen, dass die Person mit den für den Erfolg notwendigen Engineering-Rigorosen nicht vertraut ist oder diese nicht durchsetzt.

Zusammenarbeit mit Personalabteilungen

Einige organisatorische Änderungen müssen auf Organigrammen und auf Papier stattfinden, anstatt mit Codes und Technologie. Dies bedeutet, dass die Personalabteilung (HR) einer Organisation einbezogen werden muss. Ihre Arbeit mit HR kann von einem kurzen Gespräch zur Festlegung von Stellenbeschreibungen bis zu einer Reise durch ein labyrinthartiges Labyrinth der Unternehmens-HR reichen. In jedem Fall muss die HR-Abteilung Teil des Gesprächs über die für die Data Teams erforderlichen Änderungen sein.

Die Probleme mit HR sind Teil des Grundes, warum das Management eine C-Level-Unterstützung benötigt. Sie könnten von HR Widerstand gegen die Gründe, Inhalte und Methoden zur Bildung des Data Teams erhalten. Der Rekrutierungsteil von HR könnte durch die Unterschiede in der Rekrutierung und Einstellung von Data Teams blockiert werden, wenn ihre üblichen Taktiken zur Einstellung nicht funktionieren. Sie könnten C-Level-Druck benötigen, um eine HR-Blockade zu durchbrechen.

Es geht nicht nur um Titel

Ein typischer Widerstand dreht sich um Titeländerungen. Die HR-Abteilung könnte die Notwendigkeit neuer Titel in Frage stellen. Zum Beispiel könnten sie fragen, warum ein Data Engineer sich von einem Software Engineer unterscheidet. Sie könnten fragen, warum sich ein Data Scientist von einem Data Analysten oder Business-Intelligence-Analysten unterscheidet.

Ein Teil des Aufgabenbereichs von HR besteht darin zu definieren, was ein Titel tut und was ein Mitarbeiter bezahlt bekommt. Daher geht es in Ihrer Diskussion mehr um die Stellenbeschreibung und Bezahlung als nur um Titel.

Spezialisten wie Data Engineers oder Data Scientists erwarten eine höhere Vergütung als eine Person ohne Spezialisierung. Tatsächlich würde ich argumentieren, dass Data

Engineers und Data Scientists Unter-Unterspezialisierungen sind. Zum Beispiel ist ein Data Engineer jemand, der sich auf verteilte Systeme, Softwareentwicklung und Technologie spezialisiert hat. Aufgrund dieser Spezialisierungen wird ein Data Engineer wahrscheinlich nicht die Gehaltsskala eines Software Engineers akzeptieren.

Einige Organisationen werden versuchen, das obere Ende einer Gehaltsskala für einen Software Engineer anzubieten, aber das funktioniert selten, weil selbst das obere Ende nicht hoch genug ist. Andere Organisationen werden versuchen, ihre Gehaltsangebote für Mitglieder des Data Teams individuell zu gestalten und jede Gehaltsverhandlung separat zu führen. Dies dauert und beansprucht mehr Zeit von Führungskräften als es sollte. Als direktes Ergebnis zu strenger Richtlinien bei der Bezahlung habe ich erlebt, dass meine Kunden hervorragende Kandidaten verpassen.

Dieser Fokus auf Bezahlung bedeutet nicht, dass diese Mitglieder des Data Teams geldhungrig sind. Die Einzelpersonen haben sich entschieden, sich weiter zu spezialisieren, um eine höhere Nachfrage nach ihren Fähigkeiten und daher eine höhere Gehaltsskala zu haben. Für Data Scientists besteht die Aussicht, die Studienkredite für ihren Doktortitel zurückzuzahlen. Aus rein monetärer Sicht liegen die unspezialisierten Gehälter oft 20 bis 40 Prozent oder mehr unter dem Marktpreis im Vergleich zu den tatsächlichen Spezialgehältern.

Neue Titel hinzufügen

In den meisten Organisationen ist es die Aufgabe der HR-Abteilung, neue Job-Titel zu segnen und zur anerkannten Liste der Jobklassifikationen hinzuzufügen. Es kann Zeit in Anspruch nehmen, HR davon zu überzeugen, dass eine neue Spezialisierung tatsächlich erforderlich ist. Ich würde dieses Buch als Mittel zur Überzeugung von HR und zur Darstellung der Unterschiede zwischen den spezialisierten Stellenbeschreibungen und den weniger qualifizierten Stellenbeschreibungen vorlegen.

Einige Organisationen haben möglicherweise bereits die Titel für die Mitglieder des Data Teams. Nachdem Sie wirklich verstanden haben, was jeder Titel wirklich tut, müssen Sie möglicherweise überprüfen, ob die HR-Stellenbeschreibung wirklich der Realität entspricht. Wenn dies nicht der Fall ist, müssen Sie mit der HR-Abteilung zusammenarbeiten, um die Stellenbeschreibung zu einer korrekteren Definition zu überarbeiten. Eine falsche Stellenbeschreibung für den Titel wird dazu führen, dass die falschen Leute sich für offene Stellen bewerben. Einige Organisationen haben weitere HR-Unterlagen und Beschreibungen, die Sie suchen und möglicherweise korrigieren müssen.

Titel des Data Scientists

Das Hinzufügen des Titels eines Data Scientists zu einer abgesegneten Liste von Stellenbeschreibungen ist normalerweise eine der einfacheren Aufgaben aufgrund des Hypes um die Bezeichnung Data Scientist. Viele HR-Leute haben davon gelesen. Die HR-Leute könnten bereits versuchen, den Titel aufgrund des externen und internen Drucks hinzuzufügen, um mit der Data Science zu beginnen.

Wenn der Titel bereits existiert, müssen Sie sicherstellen, dass der Titel korrekt definiert ist. Dies wird die täglichen Aufgaben beinhalten. Die Stellenbeschreibung sollte auch die realen technischen Erwartungen an die Data Scientists und die vom Team verwendeten Sprachen spezifizieren.

Überprüfen Sie die Anforderungen an einen Data Scientist. Wenn eine Stellenbeschreibung für einen Data Scientist einen Doktortitel erfordert, spiegelt dies wirklich wider, was der Job verlangt oder das Bildungsniveau des restlichen Teams? Einige Universitäten haben Data-Science-Programme, aber sie sind nicht weit verbreitet. Es gibt Bootcamps und andere Nicht-Doktorandenprogramme, die kompetente Data Scientists hervorbringen können. Die Stellenbeschreibung muss klarstellen, ob diese Bootcamp-Absolventen, Doktoranden ohne Spezialisierung in Data Science oder Personen ohne Doktortitel akzeptiert werden.

In einigen Organisationen gibt es Bestrebungen, den Titel eines Data Scientists weiter in granularere Teile zu unterteilen. Einige Data Scientists konzentrieren sich möglicherweise mehr auf die Forschungsseite oder auf die Anwendung der Data Science auf Geschäftsprobleme. Andere konzentrieren sich möglicherweise auf einen spezifischen technischen Bereich wie die natürliche Sprachverarbeitung (NLP) oder Computer Vision. Einige Organisationen listen solche Spezialitäten mit unterschiedlichen Jobtiteln von dem eines Data Scientists auf.

Titel des Data Engineers

Das Hinzufügen des Titels eines Data Engineers kann schwieriger sein. Aus HR-Sicht scheint der Unterschied zwischen einem Software Engineer und einem Data Engineer Haarspalterei zu sein. Es kann schwierig sein, die Zunahme der Komplexität zwischen den verteilten Systemen, mit denen ein Data Engineer zu tun hat, und den kleinen Datensystemen, mit denen ein Software Engineer arbeitet, zu erklären. Es sollte darauf geachtet werden, die Gründe für die Notwendigkeit des Titels eines Data Engineers zu erklären.

Wenn der Titel bereits existiert, stellen Sie sicher, dass die Stellenbeschreibung korrekt definiert ist. Einige Definitionen von Data Engineer konzentrieren sich auf kleine Daten und SQL-basierte Systeme anstatt auf die verteilten Systeme und den starken Programmierhintergrund, den ein Data Engineer, wie in diesem Buch definiert, benötigt.

Nur wenige Universitäten bieten Data Engineering als Spezialität an. Einige Data Engineers kommen aus Bootcamps, während andere sich selbst in verteilten Systemen und Data Engineering unterrichtet haben. Stellen Sie sicher, dass die Jobanforderungen den Erfahrungsgrad angeben, den die Organisation bereit ist zu akzeptieren.

Titel des Operations Engineers

Das Hinzufügen des Titels – oder genauer gesagt der Spezialisierung innerhalb des Betriebs – eines Operations Engineers könnte am schwierigsten sein, HR zu überzeugen. Die HR-Abteilung könnte es wirklich schwierig finden zu verstehen, wie schwierig es ist, laufende verteilte Systeme zu beheben und zu warten. HR könnte versuchen zu sagen, dass jeder Operations Engineer den Betrieb eines Clusters bewältigen kann.

Wenn der Titel existiert, stellen Sie sicher, dass die Stellenbeschreibung ausreichend die verteilten Systemtechnologien hervorhebt, die die Operations Engineers unterstützen sollen. Die Mehrheit der Operations Engineers in Data Teams wird aus einem Betriebsbackground kommen und gerade erst anfangen, sich auf die Unterstützung verteilter Systeme zu spezialisieren.

Fokus auf Technologiekenntnisse

Ich stelle fest, dass Stellenbeschreibungen und Screenings im HR-Bereich zu sehr auf Technologie-Schlagwörtern basieren. Hat die Person X verteilte Systemtechnologie in ihrem Lebenslauf? HR geht davon aus, dass der Kandidat, wenn die Technologie nicht aufgeführt ist, die Arbeit nicht ausführen kann. Die Realität ist, dass die Antwort nuancierter ist.

HR sollte wissen, dass der Umstieg von kleinen Datentechnologien auf verteilte Systeme ein großer Schritt ist. Verteilte Systeme sind weitaus komplizierter. Die Person muss mit Daten umgehen, auf eine Weise, die kleine Datensysteme nicht tun. Es ist keineswegs ein unmöglicher Schritt, und das HR-Team sollte das berücksichtigen.

Der Umstieg von einem verteilten System auf ein anderes verteiltes System ist viel weniger kompliziert. Zum Beispiel, wenn der Kandidat ein verteiltes System kennt, das dem erforderlichen verteilten System ähnlich ist, stehen die Chancen gut, dass es die Person viel leichter haben wird, das neue verteilte System zu erlernen. Das Lernen wird eher das Verständnis der Unterschiede zwischen den beiden verteilten Systemen und das Erlernen der neuen API beinhalten. In diesem Sinne ist der Umstieg von einem verteilten System auf ein anderes eher ein kleiner Seitenschritt.

Viele Bewerber haben keine berufliche Erfahrung mit verteilten Systemen. Dies wird in den kommenden Jahren die Norm sein, da nur wenige Universitäten Kurse über verteilte Systeme anbieten. Neue Mitarbeiter werden Schwierigkeiten haben, in verteilte Systeme einzusteigen, ohne Erfahrung zu haben.

Zunächst einmal korreliert die berufliche Erfahrung in verteilten Systemen nicht direkt mit tatsächlichen Fähigkeiten. Einige Lebensläufe sehen fantastisch aus, und doch ist die Person nicht annähernd qualifiziert. Es ist möglich, Technologien für verteilte Systeme zu erlernen, ohne praktische Erfahrungen zu haben. Es liegt immer noch am Kandidaten zu beweisen, dass sie Systeme mit verteilten Systemen erstellen können, und ich empfehle diesen Kandidaten, ein persönliches Projekt zu starten, um ihre Fähigkeiten zu zeigen.[2]

Bei der Bewertung von Personen ohne Erfahrung mit verteilten Systemen möchten Sie vielleicht einige Nachfragen stellen. Hat der Kandidat schon einmal etwas Ähnliches wie verteilte Systeme gemacht? Langweilt er sich mit kleinen Datentechnologien, und sind diese Fähigkeiten zu einfach? Das sind einige konstante Marker, die ich bei Menschen gesehen habe, die bereit sind, den Wechsel von kleinen Daten zu verteilten Systemen zu machen.

---

[2]Siehe Kap. 7 „Wie bekommt man einen Job?" in meinem Buch *„Ultimativer Leitfaden zum Karrierewechsel in Big Data"*, um mehr Diskussionen über persönliche Projekte und deren Nutzung zur Demonstration von Kompetenz und Meisterschaft zu sehen.

KAPITEL 11

Die Schritte für erfolgreiche Big-Data-Projekte

South Central does it like nobody does
This is how we do it

—„This Is How We Do It" von Montell Jordan

Große Datenprojekte zu leiten unterscheidet sich von der Leitung kleiner Datenprogrammierungs- oder Analyseprojekte. Jenseits offensichtlicher Aufgaben wie der Auswahl von Datensätzen und Technologien müssen Manager und Data Teams viele subtile Bausteine aufstellen. Einige dieser Arbeiten können bereits erledigt sein, bevor das Data Team überhaupt eingestellt wird. Die Schritte für jedes Datenprojekt werden in diesem Kapitel dargelegt, ungefähr in der Reihenfolge, in der sie auftreten sollten.

Die Schritte in diesem Kapitel sind die universellsten und gelten praktisch für jedes Projekt und jede Organisation. Andere Schritte können spezifisch für bestimmte Branchen, für Organisationen bestimmter Größen oder für bestimmte Organisationen sein.

Vorschritte

Diese Schritte sollten unternommen werden, bevor die erste Codezeile geschrieben wird und sogar bevor irgendwelche Technologieentscheidungen getroffen werden. Erfolgreiche Projekte sind lange vor der ersten Codezeile erfolgreich. Sie beginnen mit einer ordnungsgemäßen Planung und Konzentration.

Das Managementteam ist das Hauptteam, das diese Vorschritte durchführt. Es benötigt jedoch die Hilfe eines qualifizierten Data Engineers oder Datenarchitekten. Die Einbeziehung von technischen Personen in diesem frühen Stadium könnte Probleme bereiten, da diese Schritte so früh im Prozess kommen könnten, dass möglicherweise noch niemand im Data Team eingestellt wurde. Es könnte sein, dass Sie nur einen Junior-Data-Engineer zur Beratung haben, wenn ein qualifizierter Data Engineer für diese Schritte erforderlich ist. Je nach Größe der Organisation könnte es ein anderes Team mit einem Datenarchitekten oder qualifizierten Data Engineer geben. Einige Organisationen suchen extern nach Hilfe. Genau und kompetent Hilfe in diesem Stadium zu bekommen, wird sich wirklich auszahlen.

Einige Data Teams sind versucht, die Vorarbeit zu überspringen und direkt mit dem Projekt zu beginnen, indem sie Technologien auswählen und mit dem Codieren beginnen. Wenn ein Data Team diese Vorbereitungsschritte überspringt, riskiert das Team, untätig zu werden und keinen Fortschritt zu machen, während jemand hastig versucht, die Vorarbeit zu erledigen. Das sind teure Fehler.

Betrachten Sie Daten und Datenprobleme

Da die Ergebnisse von Analysen in erster Linie von den Daten der Organisation abhängen, muss das Management die gesamte Organisation durchgehen, um herauszufinden, wo es Probleme mit Daten gibt. Dies wird Gespräche mit dem Geschäft und anderen nicht technischen Nutzern oder potenziellen Nutzern von Daten beinhalten. Die besten Informationsquellen sind die technischeren Nutzer. Diese Gespräche werden die verfügbaren Daten, ihren Zustand und ihren Besitzer offenbaren. Sie geben auch einen Einblick, wie isoliert die Daten sind und wie politisch der Kampf um die Daten sein wird.

Fragen Sie in dieser Phase die Nutzer, was sie nicht tun können, obwohl sie es gerne tun würden. Dieses „Nicht-Können" sollte technisch sein; sonst können die Data Teams sie möglicherweise nicht lösen. Dieses Nicht-Können sollte auf folgenden Dingen beruhen:

- Es dauert zu lange, bis der Bericht/die Analyse usw. ausgeführt wird.

- Immer wenn ich darum bitte, einen Bericht auszuführen, wird mir gesagt, dass dies die Produktionsdatenbank zum Absturz bringen würde.

- Das Team sagt mir, dass mein Anwendungsfall nicht möglich ist,
  aber ich habe den leisen Verdacht, dass es möglich ist – nur nicht für
  das Team.

Einige Fragen, die das Managementteam stellen könnte, sind:

- Was können Sie jetzt nicht tun?

- Wenn Sie das tun könnten, welchen Wert würden Sie der
  Organisation hinzufügen?

- Wenn Sie einen Geldwert auf das Nicht-Können setzen würden, wie
  viel glauben Sie, dass es wert wäre, es zu beheben?

- Warum glauben Sie, dass es nicht getan werden kann?

Sobald Sie eine gute Vorstellung von Ihren Daten und der sie umgebenden Politik,
können Sie eine Datenstrategie formulieren. Hier wird der Input von technischen
Experten entscheidend. Ohne ihn wird das Management einen Plan erstellen, der
unpraktikabel oder zu kompliziert ist. Ich stelle fest, dass das obere Management dazu
neigt, eine Strategie zu erstellen, die zu ätherisch oder mit Schlagworten überladen ist,
um sie durchzuführen. Um dieses Problem zu vermeiden, schlage ich vor, kurz- oder
mittelfristige Datenstrategien mit fokussierten und erreichbaren Zielen zu erstellen. Das
Management sollte sich wirklich mehr auf einen iterativen Plan konzentrieren, der
regelmäßig aktualisiert wird, während das Team und die Datenprodukte voranschreiten.

Geschäftsbedürfnisse identifizieren

Alle Datenprojekte sollten einen klaren Geschäftsbedarf haben. Einige Datenprojekte
sind grundlegend und werden in der Hoffnung gestartet, zukünftige Verbesserungen im
Geschäft zu ermöglichen. Aber der nächste Schritt nach einem grundlegenden
Datenprojekt sollte einen klaren Geschäftsbedarf haben. Einfach nur Cluster von
verteilten Systemen hochzufahren, hat keinen Wert, bis es eine klare Vision davon gibt,
wie sie genutzt werden und dem Geschäft nutzen werden.

Die Festlegung von Geschäftsbedürfnissen oder -werten kann für Manager, die neu
in der Leitung von Data Teams sind, schwierig sein. Das Management kann nicht direkt
fragen, was der Geschäftsbedarf wäre und ihn umsetzen. Es könnte sein, dass
der Geschäftsseite das technische Wissen fehlt, um diese Frage zu beantworten. Sie

weiß vielleicht noch nicht, welchen Wert Daten haben oder was Daten für ihr Geschäft tun könnten. Oder die Geschäftsanforderung könnte so technologiespezifisch und entscheidend sein, dass die Lösung nur ein spezifisches taktisches Problem klärt anstatt eines breiteren Bedarfs.

Wenn keine Seite weiß oder artikulieren kann, was getan werden muss, gerät das Data Team in eine Sackgasse. Dies passiert manchmal, wenn das Geschäft erwartet, dass die Data Teams die Treiber aller Daten- und technischen Dinge sind. Wenn dies passiert, schlage ich vor, einen Workshop mit der Geschäftsseite und der technischen Seite abzuhalten, um darüber zu sprechen, was getan werden könnte. Bei diesem Treffen muss ein qualifizierter Data Engineer anwesend sein, um sicherzustellen, dass das, was besprochen wird, machbar ist.

Der Workshop wird nicht in der Lage sein, die direkte Frage zu beantworten, welche Datenprodukte erstellt werden müssen, daher müssen Sie sich auf die sekundären Auswirkungen des Datenwerts konzentrieren. Wie viel Geld könnte die Organisation sparen, wenn sie Daten besser nutzen würde? Wie viel Geld könnte die Organisation verdienen, oder wie sehr könnte sie den Verkaufsprozess optimieren? Könnte das Geschäft die Kundenzufriedenheit erhöhen, indem es die Kundenbindung durch Verbesserung der Website, E-Mail oder persönlicher Interaktionen optimiert?

Indem Sie Fragen zu sekundären Effekten stellen und einen guten Dialog darüber führen, was zu tun ist, kann die Organisation beginnen, einen klaren Geschäftsbedarf zu artikulieren. Data Teams ohne einen präzisen Geschäftsbedarf haben eine schwierige Zeit, Wert aus Daten zu schaffen.

Ist das Problem ein Big-Data-Problem?

Eine weitere wichtige Frage, die beantwortet werden muss, ist, ob die Daten oder Anwendungsfälle Big Data betreffen. Die übliche Definition von „Big Data" gibt keine bestimmte Größe an, sondern definiert sie als Daten, die zu groß sind, um sie mit den aktuellen Systemen zu verarbeiten. Dies ist wirklich eine komplexe Frage. Haben Sie jetzt Big Data? Wird es in der Zukunft Big Data sein?

Wenn Sie kein Big-Data-Problem haben, ist vielleicht ein anderes Team besser geeignet, die Aufgabe zu übernehmen, wie zum Beispiel ein Data-Warehouse-Team oder ein Software-Engineering-Team. Wenn es ein Big-Data-Problem ist, können Sie anfangen, einen Fall für Data Teams aufzubauen.

Wenn Sie entscheiden, ob ein Anwendungsfall Big Data ist, stellen Sie sicher, dass Sie Zugang zu jemandem haben, der technisch kompetent ist und die Entscheidung validiert. Sie möchten diese zweite Meinung, weil das Management die wirklichen Nuancen des Anwendungsfalls oder der Aufgabe vielleicht nicht versteht. Nur ein qualifizierter Data Engineer oder Datenarchitekt kann wirklich eine verbindliche Antwort geben.

Wenn diese technische Person sich äußert, muss sie feststellen, ob die Aufgabe oder die Daten in Frage Teil eines größeren Datenprodukts sein werden. Teil eines größeren Datenprodukts zu sein, könnte bedeuten, dass, obwohl ein Datenstück nicht ausdrücklich als Big Data qualifiziert ist, es in ein Gesamtdatenprodukt einfließen könnte, das Big Data ist. Dies würde die Daten qualifizieren, ein Datenprodukt zu sein, das von den Data Teams bereitgestellt wird.

Entscheiden Sie sich für eine Ausführungsstrategie

Während der Vorarbeiten sollte das Management eine grobe Vorstellung vom Projekt und seinem anfänglichen Umfang haben. Wie lange wird es dauern, es zu erreichen? Wie viele Leute werden benötigt, um das Projekt abzuschließen? Sind diese Leute bereits in der Organisation? Wenn ja, wie schwierig wird es sein, sie zum neuen Data Team zu bewegen? Wird es notwendig sein, Mitarbeiter von außerhalb der Organisation einzustellen, um das Team zu besetzen? Wie lange dauert es normalerweise, bis Ihre Organisation jemanden Neues einstellt? Sind die Leute – sowohl intern als auch extern – überhaupt kompetent, um das Projekt auszuführen?

Menschen, die ganz neu in Daten und verteilten Systemen sind, werden Zeit brauchen, um sich einzuarbeiten. Wie lange wird es dauern, bis das Team dies tut? Welche Ressourcen werden sie vom Management benötigen? Wie lange sollte das Managementteam warten, nachdem es dem Team genügend Zeit und Ressourcen gegeben hat, um Produktivität von ihm zu erwarten?

Das Team wird eine Art Projektmanagement-Framework benötigen, um die Dinge in Bewegung zu halten und ihren aktuellen Status zu verfolgen. Es gibt einen Kompromiss zwischen der Bereitstellung der Struktur, die ein Team benötigt, um Fortschritte zu zeigen, und der Auferlegung eines zu schwerfälligen Projektmanagement-Frameworks (siehe Kap. 3). Wenn es zu viel Prozess gibt, wird das Team mehr Zeit damit verbringen, den Prozess durchzugehen, anstatt tatsächlich die Arbeit zu erledigen.

Zwischen Planung und Start

Es gibt eine magische Stunde zwischen der Planung des Projekts und dem tatsächlichen Start. Was während dieser Zeit passiert und wann, hängt von der Organisation und ihren Data Teams ab. Manchmal geschehen diese Schritte gleichzeitig während der Planung und dem Projektstart. Andere Male treten sie während der Planungsphase auf. Bei neueren Teams werden diese magischen Stundenschritte während des Projektstarts auftreten.

Es ist unerlässlich, diese Schritte umzusetzen. Wenn sie weggelassen werden, wird das die Data Teams aufhalten.

Finden Sie einige leicht zu erreichende Ziele

Kap. 7 führte das Konzept der Geschwindigkeit eines Data Teams ein. Diese Geschwindigkeit ist, wie schnell das Data Team tatsächlich arbeiten kann, basierend auf der wachsenden Erfahrung des Teams mit verteilten Systemen. An den frühesten Punkten in der Reise des Data Teams wird ihre Geschwindigkeit niedriger sein. Es ist in dieser Phase des Projekts, wo die Geschwindigkeit des Data Teams auf den Komplexitätsgrad trifft, der erforderlich ist, um Geschäftswert zu schaffen.

An diesem Punkt im Projekt haben Sie wahrscheinlich eine Rückstandsliste von Dingen, die für das Projekt erledigt werden müssen. Was sollten Sie priorisieren? Was liegt sogar innerhalb der Fähigkeit des Teams, zu diesem Zeitpunkt zu erreichen? Was ist die herausforderndste Aufgabe in der Rückstandsliste? Was ist für das Geschäft am wichtigsten? Dies sind alles schwierige Fragen, die beantwortet werden müssen und erfordern die Einbindung mehrerer verschiedener Stakeholder.

Manchmal zielen Teams zuerst auf Aufgaben ab, die den höchsten Geschäftswert schaffen. Andere Male beginnen sie mit dem schwierigsten Teil des Projekts. Ich schlage vor, mit einigen leicht zu erreichenden Zielen zu beginnen. Dieser Teil des Projekts sollte Geschäftswert zeigen, liegt aber innerhalb der technischen Reichweite des Teams. Dadurch beginnt das Management zu bestätigen, dass das Data Team die Arbeit erledigen kann, ohne ewig zu brauchen, um einen Wert zu zeigen.

Lassen Sie den Rest des Managementteams wissen, dass Sie mit leicht zu erreichenden Zielen beginnen. Einige weniger technisch versierte Manager könnten denken, dass nach diesem die Data Teams fertig sind und dass weitere Anstrengungen nicht notwendig sind. Stattdessen müssen die Data Teams ganz klar darüber sein, was bereits getan wird und was noch nicht. Auch das Management muss klar darüber sein, wie viel diese Anstrengung oder Aufgabe die Fähigkeiten des Data Teams beweist.

Warten auf Daten

In jeder Organisation gibt es Datenverteilung. Ein Teil des Werts des Data Teams besteht darin, alles an einem Ort zusammenzubringen, um leicht zugänglich zu sein. Allerdings hängt der Erfolg hier vom Rest der Organisation ab, mit all ihrer organisatorischen Vielfalt und Politik.

In dieser Lücke kann sich ein Data Team eine Weile lang in der Warteschleife befinden, um die Daten zu bekommen. In großen Organisationen habe ich große Teams gesehen, die monatelang auf Daten warten. In diesen stark politischen Unternehmen warten Sie auf ein anderes Team mit wenig oder keiner Investition in Ihren Erfolg, um den Datenfluss zu ermöglichen. Diese Wartezeiten sind ein echter Produktivitätskiller.

Hier sind einige Beispiele für Wartezeiten, die ich gesehen habe:

- Warten auf den DBA (Datenbankadministrator) oder das Data-Warehouse-Team, um das Data-Engineering-Team mit Zugangsdaten zu einer Datenbank zu versorgen, damit die Daten in ein verteiltes System fließen können

- Warten auf das InfoSec-Personal (Informationssicherheit), um Ihren Datenfluss, Ihre Speichermethode und Ihre Sicherheitsüberprüfung des verteilten Systems zu bestätigen

- Ein anderes Team davon überzeugen müssen, seine Daten mit dem Data-Engineering-Team zu teilen

- Einen politischen Feind oder jemanden, der glaubt, dass sein Team durch das Auftauchen von Data Teams negativ beeinflusst wird, dazu zu bringen, Daten freizugeben und dann festzuhalten, um das Team daran zu hindern, Fortschritte zu machen

Das Management sollte darauf achten, den Prozess der Datenerfassung so schnell wie möglich zu starten. Bis dahin werden die Data Teams ihre Räder drehen und nirgendwo hinkommen, weil sie die Daten nicht haben.

Die Anwendungsfälle grundlegend verstehen

Frühere Schritte sollten die allgemeinen Geschäftsbedürfnisse der Organisation identifiziert haben. Normalerweise wird dieses Verständnis auf einer hohen Ebene durchgeführt. An diesem Punkt im Prozess muss das Verständnis der Geschäftsbedürfnisse viel tiefer werden, indem die Anwendungsfälle gründlich ausgearbeitet werden.

Kap. 8 sprach darüber, was es bedeutet, die Anwendungsfälle tiefgehend zu verstehen. Ich habe Teams gesehen, die das Ausmaß, in dem sie den Anwendungsfall verstehen müssen, missverstanden haben. Es geht nicht nur darum zu wissen, dass ein Team auf einige Daten zugreifen muss. Stattdessen muss das Team wissen, wann, wo und warum es auf die Daten zugreift.

Erst nach tiefgehender Untersuchung des Anwendungsfalls sollte das Data-Engineering-Team eine Technologieauswahl in Betracht ziehen. Entscheidungen über Technologien oder Implementierungen vor diesem Punkt zu treffen, ist mit Gefahren verbunden. Ein tiefgehendes Verständnis der Anwendungsfälle ermölicht es dem Team, Vorbehalte gegenüber Technologien zu erkennen und das richtige Werkzeug für die Aufgabe zu wählen.

Start des Projekts

Nachdem das Management und das Data Team alle Vorarbeiten erledigt haben, sollte das Data Team alle notwendigen Informationen und Daten haben, um das Projekt zu beginnen.

Externe Hilfe in Anspruch nehmen

Zu diesem Zeitpunkt im Projekt sollte das Management sollte ein sehr gutes Verständnis für das Projekt, die Fähigkeiten des Data Teams und den Schwierigkeitsgrad der Projektimplementierung haben. Dies sollte dem Managementteam eine gute Vorstellung davon geben, wo es Hilfe von einem Berater oder einem Drittanbieter benötigt.

Die Entscheidung, Hilfe in Anspruch zu nehmen, erfordert eine große Menge an Ehrlichkeit und Mut. Es erfordert einen ehrlichen Blick auf das Team, um zu sehen, ob es die Komplexität des Projekts bewältigen kann. Es ist nichts Falsches daran zu sagen, dass ein Team Hilfe braucht, insbesondere wenn das Team neu in verteilten Systemen ist. Die schiere Komplexität von verteilten Systemen bedeutet, dass die meisten Anfänger in verteilten Systemen Hilfe benötigen werden.

Probleme in den Teams lösen sich nicht von selbst. Es erfordert eine konzertierte Anstrengung, um die Veränderung herbeizuführen, und es kann externe Hilfe benötigen. Einige Probleme können schwer selbst zu diagnostizieren sein. Auch hier kann externe Hilfe benötigt werden, um die Probleme zu finden und zu beheben.

Zwei gängige Formen von externer Hilfe sind Schulung und Beratung.

Schulung

Schulung ist eine Möglichkeit für einzelne Mitarbeiter und das Management, schnell eine neue Fähigkeit zu erlernen. Schulungen sind besonders hilfreich bei neuer und komplexer Technologie. Es gibt eine Vielzahl von Schulungsmethoden, die es Teams erleichtert haben, neue Technologien zu erlernen. Nicht jede Schulungsmethode ist gleichwertig, und es gibt einen Kompromiss zwischen Preis und Lernen.

Eine gute persönliche, zwei- bis dreitägige Schulung kann ein Team von zwei Wochen bis zu zwei Monaten Entwicklungszeit sparen. Wenn der Kurs von einem echten Experten geleitet wird, kann das Team die Technologie wirklich verstehen und wissen, wie es sie im Projekt anwenden kann. Wenn nicht, könnte die Person vorne im Raum stehen und Folien lesen. Ein Hinweis auf die Qualität eines Schulungskurses kann im Preis des Kurses gesehen werden, wo ein niedriger Preis für den Kurs bedeutet, dass das Budget für den Lehrer knapp ist. Ein schlecht bezahlter Lehrer ist selten ein Experte für die Technologien.

Online- und virtuelle Klassen haben die höchste Variabilität in der Qualität. Bei der Betrachtung von Online-Schulungsmaterialien sollte das Managementteam das endgültige Ziel der Schulung im Auge behalten. Wenn das Managementteam möchte, dass das Data Team lediglich ein oberflächliches Wissen über die Technologie hat, wird ein Einführungskurs ausreichen. Wenn das Management erwartet, dass das Team die Technologie tatsächlich in einem Projekt implementiert, wird ein Einführungskurs nicht ausreichen. Die Mehrheit der Online- und virtuellen Kurse mag sich als „Master Level" oder „in-depth" vermarkten, aber man kann schnell erkennen, dass der Kurs zu kurz ist, um eine Beherrschung des Themas zu liefern.

In gewisser Weise ist die Schulungsindustrie ihr eigener schlimmster Feind. Sobald eine Technologie heiß wird, wird die Schulungsindustrie Produkte von fragwürdiger Qualität produzieren, die sich auf den Preis und nicht auf den wirklichen Erfolg konzentrieren. Bei der Betrachtung eines Schulungskurses sollten Sie daran denken, dass ein billiges Material auf lange Sicht teurer sein wird als ein teurerer Kurs, der von einem Experten geleitet wird. Seien Sie vorsichtig bei Unternehmen, die Warmduscher vorstellen, um Folien zu präsentieren.

Wenn sie richtig durchgeführt werden, haben Schulungskurse den höchsten ROI für die Data Teams. Dem Team wird beigebracht, wie es seine eigenen Lösungen erstellen kann, anstatt die Lösung entwerfen zu lassen. Anstatt durch Versuch und Irrtum zu lernen, kann das Team sein Lernen mit einem Experten beschleunigen.

Beratung

Beratung ist eine weitere Möglichkeit, wie Data Teams Hilfe erhalten können. Es gibt verschiedene Ebenen von Beratungsleistungen, die von hochrangig bis tief in die Details reichen. Am tiefsten Ende schreiben Berater den gesamten Code und erstellen die gesamte Lösung. Beratung ist nützlich, um das Team zu beschleunigen, und das Management sollte entscheiden, welches das richtige Niveau ist angesichts der Fähigkeiten und Ambitionen des Teams.

Je nach Wissen des Beraters und der Komplexität des Projekts kann der Berater die Arbeit des Teams beschleunigen. Allerdings wird der Berater den Großteil – wenn nicht alle – der komplizierten Teile im Projekt erledigen. Das Data Team wird seine Geschwindigkeit nicht erhöhen. Dies könnte eine falsche Fährte für den Rest der Organisation sein, wo es so aussieht, als ob das Data Team Fortschritte macht und den Berater nicht mehr braucht. Die Realität kann sein, dass der Berater die ganze Arbeit gemacht hat und das Team selbst seine Expertise nicht vertieft hat. Je nach Kenntnisstand des Teams über die Technologien kann die Organisation zusätzliche Zeit und Budget für den Wissenstransfer von der Beratung zur Organisation einplanen.

Bei der Auswahl eines Unternehmens für die Beratung seien Sie vorsichtig bei Beratungsunternehmen, die gerade erst mit verteilten Systemen, Programmierung oder Data Science begonnen haben. Dies kann dazu führen, dass die Hilflosen (Ihre Organisation) von den Ahnungslosen (das Beratungsunternehmen) geführt werden. In dieser Situation hat Ihre Organisation möglicherweise nicht die Erfahrung oder das

Wissen, um zu erkennen, dass das Beratungsunternehmen ahnungslos ist. Organisationen können ein gewisses Risiko bei der Auswahl der falschen Beratung mindern, indem sie Empfehlungen von Personen einholen, die direkte Kenntnisse über eine reibungslos verlaufene Beratungsleistung haben.

Ich war in der Situation, einem Kunden sagen zu müssen, dass sein anderes Beratungsunternehmen ahnungslos ist. Um klarzustellen: Dies war keine Meinungsverschiedenheit. Dies war eine Situation, in der dem Beratungsunternehmen die Programmier- und verteilten Systemkenntnisse völlig fehlten. Sie hatten genug gelernt, um die richtigen Worte zu sagen und ein wenig Fortschritt zu machen. Sobald das Projekt etwas komplizierter war als das minimale Verständnis des Beratungsunternehmens für verteilte Systeme, konnten sie keinen weiteren Fortschritt mehr machen.

Wählen Sie die richtigen Technologien

Die Wahl der richtigen Technologien resultiert nur aus einem tiefen Verständnis der Anwendungsfälle. Technologieauswahl kann eine bedeutende Rolle im Erfolg oder Misserfolg Ihres Projekts spielen. Die Wahl des falschen Werkzeugs für die Aufgabe führt zum Zusammenbruch und die Auswahl des richtigen Werkzeugs führt zum Erfolg. Eine erhebliche Schwierigkeit für neue Teams besteht darin, die schiere Anzahl der verfügbaren verteilten Systemtechnologien zu durchforsten. Obwohl die Data Teams 10 bis 30 verschiedene Technologien implementieren und nutzen müssen, gibt es einen Pool von mehr als hundert andere Technologien, die sie durchsuchen müssen.

Der Prozess des Durchsuchens aller Technologien kann viel Zeit in Anspruch nehmen, wenn das Team keine Erfahrung mit verteilten Systemen hat. Das bedeutet, dass das Team auf Architektur- und Technologieentscheidungen wartet. Um später keinen Code umschreiben zu müssen, muss das Team einige Zeit damit verbringen, die richtige Strategie zu erforschen, und das sind teure Wartezyklen.

Wenn neue Teams anfangen, Technologien auszuwählen, neigen sie oft zu hochgelobten Technologien, die andere in der Branche als die neuesten und besten betrachten. Es besteht ein inhärentes Risiko bei der Verwendung der neuesten und besten Technologien. Zum Beispiel könnte ein Team eine Technologie wählen, die neu ist, aber die Gemeinschaft um sie herum fehlt, um Unterstützung zu bekommen und

Probleme zu lösen. Oft sind die Technologien, die schon eine Weile existieren, die bessere erste Wahl. Sie sind vielleicht nicht so cool und trendy, aber sie haben höhere Erfolgschancen.

Um die richtige Wahl zu treffen, braucht das Team einen qualifizierten Data Engineer oder Projekterfahrenen im Raum. Dieser Experte bringt seine Erfahrung in der Produktion von verteilten Systemen und in den Problemen, die mit der langfristigen Nutzung von verteilten Systemen einhergehen. Diese Erfahrung bei der Auswahl von Technologien wird dazu beitragen, das Risiko der Auswahl der falschen Technologie oder der falschen Technologie für die Langzeit zu mindern.

Wenn ein Data Team anfängt, seine Technologien auszuwählen, neigt es vielleicht zu verteilten Systemen, aber nicht jeder Anwendungsfall erfordert ein verteiltes System. Schauen Sie sich immer den Umfang des Anwendungsfalls und das potenzielle Wachstum der Daten oder Verarbeitung an, bevor Sie ein verteiltes System wählen. Die Verwendung eines unnötig komplexen Werkzeugs für die Aufgabe könnte in diesem Fall eine massive Überkonstruktion eines Anwendungsfalls bedeuten. Das Team wird viel zu viel Zeit mit etwas verbringen, das viel schneller hätte erledigt werden sollen. „Schneller" könnte in diesem Kontext sowohl die Zeit, die es dauerte, den Code zu schreiben, als auch die Zeit, die eine Abfrage dauert, bedeuten.

Manchmal wurde der ursprüngliche Code – ob kleine Daten oder mit einem verteilten System – so schlecht geschrieben, dass er die eigentliche Quelle der Probleme ist. Obwohl ein Systemwechsel helfen kann, ist es in diesem Fall wichtiger, den schlecht funktionierenden Code neu zu schreiben.

Die Auswahl von Technologien ist ein iterativer Prozess, der in Verbindung mit Ihrer Kriech-, Geh-, Laufstrategie und der Zunahme der Geschwindigkeit des Data Teams arbeitet. Mit dem Fortschritt des Teams werden es neue Technologien hinzufügen müssen, die für den nächsten Schritt erforderlich sind. Die ersten Technologieentscheidungen müssen in Einklang mit dem stehen, was das Team in seiner aktuellen Geschwindigkeit bewältigen kann. Mit der Verbesserung der Geschwindigkeit des Teams können neue Technologien hinzugefügt werden, um einen Anwendungsfall besser zu verwalten oder sogar einen fortgeschrittenen Anwendungsfall zu beginnen.

Schreiben Sie den Code

Erst nach viel Vorarbeit kann das Team anfangen, den tatsächlichen Code zu schreiben. Dieses Niveau und die Menge an Vorarbeit stehen im Gegensatz zu kleinen Datensystemen. Kleinere Projekte erforderten nie dieses Niveau an Vorarbeit, bevor sie die erste Codezeile schrieben. Aufgrund ihrer Erfahrung mit kleinen Daten werden einige Teams einfach anfangen zu codieren, ohne ihre Vorarbeit zu erledigen. Dies ist eine weitere Fehlerquelle für Teams, weil die Technologien sich ändern müssen und es kein ausreichendes Verständnis für die Anwendungsfälle gibt, um korrekt zu codieren.

Je nach Phase könnte die Qualität des Codes variieren. Das Team könnte einen Prototyp-Code schreiben. Es ist wichtig zu wissen, dass der Prototyp-Code eines Anfängerteams weggeworfen oder komplett umgeschrieben werden muss. Deshalb führt die Verwendung von einem Prototyp-Code in der Produktion zu technischen Schulden, die das Team abzahlen muss.

An diesem Punkt möchte das Management vielleicht seine Entscheidung überdenken und Hilfe holen. Wenn das Management sich entscheidet, keine Hilfe zu holen, sollte es die Data Teams genau beobachten, um zu sehen, ob sie steckenbleiben oder ob der Fortschritt schleppend ist. In diesen Fällen möchte das Managementteam vielleicht sofort Hilfe in Anspruch nehmen. Wenn das Management sich entschieden hat, Hilfe zu holen, sollte der Wert, den der externe Berater bietet, offensichtlich sein. Wenn der Berater wenig bis keinen Wert liefert, muss das Management möglicherweise einige Personaländerungen vornehmen.

Erstellen Sie das Computer-Cluster

Die Data Teams müssen mehrere Computer-Cluster erstellen. Diese Cluster ermöglichen es einem Team, seinen Code im großen Maßstab auszuführen oder zu testen. Die Menge und Architektur dieser Cluster hängt von den Team- oder Einzelanforderungen ab. Zum Beispiel, welche Art von Cluster-Ressourcen werden die Data Engineers entwickeln und ihren Code testen? Welche Art von Cluster-Ressourcen werden die Data Scientists benötigen, um ihren Code zu entwickeln und zu testen?

Die Data-Engineering- und Data-Science-Teams benötigen möglicherweise sowohl einzelne virtuelle Maschinen als auch Cluster. Die einzelnen virtuellen Maschinen werden verwendet, um den Code zu entwickeln, während die Prozesse des verteilten Systems auf einem Einzelmaschinen-Cluster laufen. Die Cluster werden verwendet, um

Code und Leistung im großen Maßstab zu testen. Diese Aufteilung ermöglicht eine einfachere Fehlersuche und ein schnelleres Schreiben eines Codes.

Das Qualitätssicherungsteam (QA) hat seine eigenen Anforderungen. Wie wird QA ihre Tests sowohl auf automatisierte als auch auf manuelle Weise durchführen? Wie werden QA-Lasttests oder Leistungstests durchgeführt? Das QA-Team benötigt möglicherweise mehrere Cluster oder verschiedene Arten von Clustern. Wenn die Organisation vor Ort einsetzt, sollte die Hardware des QA-Teams genau dem entsprechen, was in der Produktion ist. Andernfalls werden die Ergebnisse der Last- und Leistungstests nicht dem entsprechen, was der Produktionscluster leisten kann oder wie er eingerichtet ist.

Für viele Organisationen ist die Nutzung der Cloud eine großartige Möglichkeit, Data-Engineering-, Data-Science- und Qualitätssicherungs-Cluster aufzubauen. Die Nutzung der Cloud bietet eine große Flexibilität, wie Cluster aufgebaut und genutzt werden. Viele Organisationen automatisieren ihren Cluster-Aufbau. Dies ermöglicht es einer Person, ihren Cluster zu stoppen, sobald sie mit ihrer Aufgabe fertig ist. Dies gibt den Organisationen das Beste aus beiden Welten, indem sie jeden Cluster nur so lange aufbauen, wie er benötigt wird, und ihn stoppen, um Geld zu sparen.

Erstellen Sie Erfolgsmetriken

Häufig haben Data Teams klare Anwendungsfälle, was erreicht werden muss. Sie haben eine klare Aufgabenliste, was getan werden muss und für wen. Allerdings fehlt ihnen eine klare Metrik dafür, wie Erfolg aussieht. Ohne eine klare Erfolgsmetrik haben sie möglicherweise das Gefühl, dass sie nicht erfolgreich sein können oder dass die Zielvorgaben ständig verschoben werden. In beiden Fällen führt das Fehlen von Erfolgsmetriken dazu, dass das Team das Gefühl hat, nie ein Ziel erreicht zu haben.

Ziele und Metriken sind für jedes Team, Projekt und jede Organisation unterschiedlich. Diese Ziele basieren in der Regel auf einem übergeordneten Organisationsziel und den spezifischen Beiträgen des Teams zu diesem Ziel. Sie sind häufig an ein Geschäftsziel oder an die Ermöglichung des Anwendungsfalls für das Geschäft geknüpft. Andere Metriken beziehen sich auf Interaktionen mit anderen Data Teams. Hier sind einige Beispiele:

- Verbesserung der Art und Weise, wie das Data-Engineering-Team Datenprodukte bereitstellt

- Reduzierung der Zeit, die Data Scientists für Engineering-Aufgaben durch bessere Datenprodukte aufwenden

- Reduzierung der Betriebsausfallzeiten durch bessere Metriken und Alarmierungen

- Verbesserung der Effizienz und Optimierung der von den Data-Science-Teams erstellten Modelle für maschinelles Lernen

Iterative Schritte

Ich empfehle dringend einen iterativen Ansatz für Projekte. Einige Schritte sollten über längere Zeiträume und in jeder Phase des Krabbelns, Gehens, Laufens unternommen werden.

Bewerten

Basierend auf Ihren Metriken, Zielen und Anwendungsfällen müssen Sie das Projekt und die Data Teams bewerten.

Die entscheidende Frage ist, sind Sie erfolgreich? Erfolg kann viele verschiedene Dinge bedeuten. Haben Sie einen Nutzen aus den Daten in Ihrer Organisation gezogen? Steigert das Team die Geschwindigkeit? Haben Sie einen echten Geschäftswert aus den Datenprodukten geschaffen oder warten diese darauf, genutzt zu werden?

Wenn Sie sich die Ziele ansehen, haben Sie Ihre Ziele übertroffen oder nicht erreicht? Wahrscheinlich wird Ihre Organisation eine Mischung aus Zielen haben, die erreicht wurde, und anderen Zielen, bei denen das Team nicht erfolgreich war. Warum haben Sie die Ziele verfehlt oder übertroffen? Braucht das Team mehr Hilfe? Muss das Management einige Änderungen im Team vornehmen?

Um wirklich an die Wurzel der Probleme zu gelangen und einen 360-Grad-Blick auf die Probleme zu erhalten, empfehle ich dringend, eine schuldlose Nachbesprechung durchzuführen. Während dieses Meetings spricht das Team auf schuldlose Weise darüber, was gut gelaufen ist und was schiefgelaufen ist. Es ist wichtig, alle Stimmen in diesem Meeting zu hören, um ein ganzheitliches Bild der Probleme zu erreichen. Zum

Beispiel, wenn die Nachbesprechung ohne das Qualitätssicherungsteam durchgeführt wird, werden die Probleme, wie die Data Engineers den Code zur Prüfung weitergeben, nicht gehört. Das Team versteht möglicherweise nicht, dass die Abdeckung durch Unit-Tests viel zu gering und auf den glücklichen Pfad fokussiert ist.

Wenn diese Meetings voller Schuldzuweisungen sind und mehr darauf abzielen, mit dem Finger auf andere zu zeigen, wird der Wert der Besprechungen sinken. Die Teammitglieder werden defensiv und verschließen sich, während nur die lautesten Stimmen gehört werden. Während dieser Meetings frage ich speziell nach, wenn eine Person noch nicht gesprochen hat, ob sie Feedback hat oder etwas erwähnen möchte. In jedem Fall ist es wichtig, dass der Manager, der diese Meetings leitet, als Moderator fungiert, um das Meeting reibungslos ablaufen zu lassen.

Wann zu wiederholen

Viele, wenn nicht alle, dieser Schritte müssen für jede Phase einer Krabbel-, Geh-, Laufsequenz erneut durchlaufen werden. Der Zeitraum zwischen diesen Phasen kann Monate oder ein Jahr betragen. Während dieser Zeiträume sollten sich Dinge ändern. Das Team sollte mehr Erfahrung sammeln. Die Geschäftsseite sollte sich ändern und ihre Nutzung und Erwartungen an Datenprodukte sollten steigen.

Zum Beispiel, was wäre der Unterschied, wenn die Vorstufen nicht zwischen den Krabbel- und Gehphasen wiederholt würden? Die Daten und Datenprobleme sollten sich geändert haben. Zumindest sollten Daten auf Krabbelniveau vorhanden sein. Das Geschäft betrachtet nun Daten auf eine zuvor unmögliche Weise (das ursprüngliche *Kann nicht*). Die Geschäftsseite sollte neue Dinge sehen, die sie mit den Daten machen möchte.

Außerdem war die Geschwindigkeit des Data Teams auf einem Krabbelniveau. Alle Arten von Geschäftswünschen lagen zu diesem Zeitpunkt außerhalb der Geschwindigkeit des Teams. Ist das Team bereit für den nächsten Sprung in der Komplexität?

Aus Gründen wie diesen empfehle ich einen iterativen Ansatz zur Arbeit an Projekten. Eine Organisation ist immer im Wandel und die Data Teams müssen iterativ auf diese Veränderungen reagieren.

KAPITEL 12

Organisatorische Veränderungen

You ain't seen the best of me yet
Give me time

—„Fame" von Irene Cara

Die Bildung von Data Teams ist nicht nur eine Frage des Erwerbs neuer Fähigkeiten und des Einsatzes eines Clusters. Vielmehr sind einige organisatorische Veränderungen erforderlich, damit sie gelingt. Einige dieser organisatorischen Veränderungen können schmerzhaft sein. Dieses Kapitel behandelt einige der wichtigsten organisatorischen Veränderungen, die neben den technischen stattfinden müssen.

- Wie man mit der alten Garde zusammenarbeitet und ihr Vertrauen gewinnt

- Was mit den bisherigen Teams geschehen sollte

- Die Innovation und der Fortschritt, welche von den Data-Engineering-Teams und Data Teams kommen sollten

- Wie man Kompetenzlücken in den Teams bewertet und damit umgeht

- Die Hardwareveränderungen, die die Teams benötigen

Zusammenarbeit mit der alten Garde

In großen Organisationen oder Organisationen, die schon eine Weile bestehen, gibt es eine Gruppe von Menschen, die reflexartig jede organisatorische Veränderung ablehnen. Diese alte Garde hat nichts mit dem Alter der Menschen zu tun, sondern damit, dass diese sich in ihrem Job wohlfühlen. Veränderungen bei Daten, Data Teams und neuen Technologien bringen die alte Garde aus ihrer Komfortzone. Die alte Garde kann jedes neue Projekt oder jede Transformation durch ihre Untätigkeit oder Widerstand gegen die Veränderung zum Stillstand bringen. Es liegt an der Geschäftsleitung, die Zustimmung der alten Garde zu gewinnen.

Die Zustimmung für Veränderungen zu bekommen, kann eine herausfordernde Aufgabe sein – besonders eine mit so umfangreichen organisatorischen und technischen Veränderungen wie die Bildung von Data Teams. Die Geschäftsleitung wird die Gründe untersuchen wollen, warum eine Veränderung für die alte Garde beunruhigend wäre. Hat sie Angst, ihren Jobs zu verlieren? Macht sie sich Sorgen, ob oder wie sie die neuen Technologien lernen kann, die sie lernen soll? Sie könnte das Gefühl haben, dass das alte System ihr Baby ist, und sie macht sich Sorgen darüber, was das neue System mit ihrem Baby anstellen wird.

Das Management muss diesen Fragen mit präzisen Antworten voraus sein. Andernfalls wird die Gerüchteküche anfangen zu brodeln, und die Leute werden sich über einen Mangel an Informationen aufregen. Ich habe mit Unternehmen zu tun gehabt, die ihre alte Garde in ein Informationsvakuum gesteckt haben, und es hat viel länger gedauert, all ihre Ängste und Sorgen auszuräumen. Es ist viel besser, wenn das Management so früh wie möglich Antworten liefert.

Die Hilfe der alten Garde bei der Erstellung neuer Data Pipelines ist auf technischer Ebene entscheidend. Software und Organisationen, die schon eine Weile existieren, haben Jahre von Geschichten, Entscheidungen und Architekturen, die die neuen Data Pipelines integrieren müssen, die Daten davon erhalten oder sich an all ihre Eigenheiten und Nuancen anpassen müssen. Es wird Ihre alte Garde sein, die das Wissen über diese Probleme hat und an vorderster Front dabei sein wird, das gesamte System korrekt zum Laufen zu bringen. Das Management sollte diese Tatsache verinnerlichen und mit der alten Garde zusammenarbeiten, um eine möglichst reibungslose Arbeitsbeziehung zu schaffen.

Ich habe auch die Zeiten erlebt, in denen uns – trotz unserer besten Bemühungen – die alte Garde nicht helfen wollte. Der neue Ansatz zu Daten hat sie zu sehr erschreckt.

Sie haben deutlich gemacht, dass sie gegen uns arbeiten und jede Integration so zeitaufwendig wie möglich machen werden. Hier werden die Probleme sowohl organisatorisch als auch technisch. Das Managementteam muss möglicherweise Druck auf das Management der alten Garde ausüben. Meistens funktioniert der Widerstand nicht wirklich, weil die Person eine feste Stellung hat, und das Management der alten Garde hat mehr Angst, das Boot zu schaukeln. Das technische Team muss möglicherweise anfangen, die Systeme rückwärtszuentwickeln, um zu sehen, wie sie funktionieren und fundierte Vermutungen darüber anzustellen, wie man sie integriert. Diese Situationen nehmen mehr Zeit in Anspruch als ein durchschnittliches Projekt, und das Management sollte die Zeitpläne und Erwartungen entsprechend anpassen.

Was tun mit den bisherigen Teams?

Nicht jede Person wird den Sprung zu einem Data Team schaffen können. Nicht jedes nicht datenbezogene Team, das Datenprodukte erstellt oder damit arbeitet, muss die gleiche Mitarbeiterzahl behalten. Das führt zu einem der ehrlich gesagt schwierigsten Abschnitte, die für dieses Buch zu schreiben sind. Es geht potenziell um die Arbeitsplätze und den Lebensunterhalt der Menschen.

Im Grunde genommen werden die Data Teams einige Anwendungsfälle ersetzen oder den Bedarf an einigen anderen Teams erheblich reduzieren. In einigen Fällen werden Data Teams die Notwendigkeit eines gesamten nicht datenbezogenen Teams vollständig beseitigen.

Eine Reduzierung der Mitarbeiterzahl in nicht datenbezogenen Teams wird einen neuen Schwerpunkt auf die Personalplanung legen. Oft gibt es eine kleine Technologie, die ein Datenprodukt in der Produktionsnutzung bedient, und das Management plant, das Datenprodukt vollständig durch verteilte Systeme zu ersetzen. Dieses neue Datenprodukt wird von den Data Teams erstellt und betrieben. Mit der Zeit wird das kleine Data Team viel weniger Verantwortlichkeiten haben, und die Verantwortlichkeiten des Data Teams werden erheblich zunehmen.

Wie steht es mit der Versetzung von altem Personal von kleinen Datenprojekten zu verteilten Systemen? Dies ist in der Regel sowohl aus technischen als auch aus nicht technischen Gründen schwierig.

Für einige Organisationen, Teams und Personen ist der aktuelle Arbeitsablauf etwas, der über Jahre hinweg geschaffen und perfektioniert wurde. Sie fühlen sich in diesem

Bereich sehr wohl, und Veränderungen klingen schwierig und problematisch. Diese Mitarbeiter spüren möglicherweise nicht die Einschränkungen, die ihr Ansatz der Organisation auferlegt, wenn neue Datenanforderungen auftauchen. Dies kann sich sogar auf Arbeitspraktiken erstrecken, bei denen es eine klare Trennung zwischen Entwicklung und Betrieb gibt. Wenn ein Data Team zu DevOps übergeht, wird das Operations Team gezwungen sein, Programmierfähigkeiten zu erlernen, und die Data Engineers müssen im Betrieb aufsteigen.

Für andere wird die Abschottung ihrer Daten als Schutzgraben für die Arbeitsplatzsicherheit wahrgenommen. Wenn ein anderes Team ihren Graben umgeht oder die Daten weit zugänglicher macht, löst das einen Abwehrmechanismus aus, da sie befürchten, dass ihr Graben versagt.

Einige Mitarbeiter haben eine langfristige Karriere auf eine bestimmte Technologie gesetzt. Viele Jahre lang haben sie ihre langfristigen Wetten nie neu bewertet und auf ihre vorherige Strategie gesetzt. Es könnte Leute geben, die 10 bis 20 Jahre Erfahrung in Data Warehousing, Mainframes oder einer anderen nachlassenden Technologie haben, die sich durch die Data Pipelines und Projekte bedroht fühlen. Diese Veränderungen führen neue Arbeitsabläufe und organisatorische Veränderungen ein, die ihren bequemen und langfristigen Plänen entgegenstehen.

Innovation und Fortschritt in der Datenverarbeitung und Data Science

Datenverarbeitung sollte durch die Erstellung immer besserer Datenprodukte fortgesetzt werden. Dies beinhaltet die Erstellung von qualitativ hochwertigeren Daten für die Data Scientists und für andere Analysezwecke und auch die Einführung neuer Technologien zur Verbesserung der Geschwindigkeit und des Umfangs von Datenprodukten.

Die Datenverarbeitung implementiert auch neue Anwendungsfälle. Dies ist Teil des wachsenden Bedarfs innerhalb der Organisation an Datenprodukten. Die Data Teams müssen in der Organisation auf das Auftreten neuer und benötigter Datenprodukte achten. Die Teams für Datenverarbeitung werden diejenigen sein, die sie erstellen.

Datenwissenschaftler sollten sich ebenfalls kontinuierlich verbessern, indem sie ihre Modelle aktualisieren. Diese Verbesserung kann aus besseren Daten oder aus der Anpassung verschiedener Parameter resultieren. In beiden Fällen müssen die Modelle neu trainiert werden, um den maximalen Wert zu erzielen.

Es gibt ständig neue Forschungsergebnisse darüber, wie ein bestehendes Modell verbessert oder ein völlig neues Modell, das genauer und schneller ist, erstellt werden kann. Data Scientists müssen Zeit und Raum haben, um die neuesten Forschungsergebnisse zu lesen. Dies kann einige Zeit brauchen, um den neuen Ansatz auszuprobieren und zu sehen, ob er den aktuellen Ansatz verbessert.

SIND DATA TEAMS DAUERHAFT?

Oft fragt sich das Management, ob ein Data Team eine dauerhafte oder vorübergehende Ergänzung zur Organisation ist. Die einfache Antwort ist, es ist dauerhaft. Organisationen, die dies nicht erkennen, haben die Datenkultur noch nicht vollständig gewürdigt. Dies könnte auf mangelnde Bildung über Data Teams und ihre Aufgaben zurückzuführen sein oder auf ein anderes schwieriges Problem.

Datenprodukte müssen wie jedes andere Produkt behandelt werden, das die Organisation entwickelt oder herstellt. Datenprodukte können keine kurzlebigen Projekte sein, die geliefert und dann vollständig abgeschlossen werden. Dieses Konzept mag für Organisationen neu sein, weil kontinuierliche Verbesserungen und zusätzliche Datenprodukte für Data Scientists erstellt werden müssen.

Die Fähigkeit von Data Scientists, genaue Modelle zu erstellen, hängt direkt von der Merkmalsqualität der Daten ab. Diese Daten werden sich im Laufe der Zeit ändern. Die Aufrechterhaltung einer hohen Datenqualität muss eine kontinuierliche Investition sein, daher müssen Data Teams dauerhafte Ergänzungen zur Organisation sein.

Das Management – insbesondere das Management der Data Teams – muss den Rest der Organisation darüber aufklären, was das Team tut und welchen Wert es bietet. Ebenso liegt es am Management, diesen Wert für den Rest der Organisation tatsächlich zu schaffen. Data Teams, die keinen Wert liefern, schaffen ein großes Problem, das angegangen werden muss.

Der von den Data Teams bereitgestellte Wert sollte wachsen. Ehrlich gesagt, wenn die Anwendungsfälle, die Nachfrage nach Datenprodukten und die Nutzung nicht wachsen, machen Sie etwas falsch. Organisationen bauen ihre Data Teams organisch aus, weil der Wert so hoch ist und die Nachfrage stets das Angebot übersteigt. Wenn es zu viel Angebot und sehr wenig Nachfrage gibt, muss das Management herausfinden, was hier vorgeht.

Bewertung von Kompetenzlücken

Teil 2 sprach über die für Data Science, Datenverarbeitung und Operations Teams benötigten Fähigkeiten. Die Anzahl der Beschäftigten und deren Fähigkeiten variieren je nach Komplexität des Projekts, der aktuellen Geschwindigkeit und dem Budget für die Personalzahl. Jede der Fähigkeiten muss jedoch mindestens von einer Person im Team beherrscht werden. Das Nichtvorhandensein einer Fähigkeit in einem Team stellt gleichsam eine Warnflagge dar.

Die Aufgabe, nach fehlenden Fähigkeiten zu suchen, wird als *Kompetenzlückenbewertung* bezeichnet. Dies sollte vom Management oder einem Teamleiter durchgeführt werden.

Eine Kompetenzlückenbewertung erfordert die größtmögliche Ehrlichkeit gegenüber sich selbst und der zu bewertenden Person. Ich empfehle, sich etwas Zeit zum Nachdenken zu nehmen, um diese Kompetenzlückenbewertung wirklich durchzuführen.

Es kann Fähigkeiten geben, bei denen ein Manager nicht ganz sicher ist, ob die Person die tatsächliche Kompetenz besitzt. Dies könnte eine Nachverfolgung mit der Person erfordern oder der Manager könnte den technischen Teamleiter um seine Bewertung bitten.

Bewertung der Expertise

Einige Lücken sind nicht an einer Fähigkeit zu messen. Stattdessen werden diese Bewertungen auf den Erfahrungsstufen des Teams basieren. Einige Teams haben strengere Anforderungen an Erfahrungsstufen. Zum Beispiel hat Kap. 12 behandelt, wie die Erfahrungsstufen eines Datenverarbeitungsteams Anfänger, qualifizierte Datenverarbeiter und Veteranen sind.

Bei der Durchführung dieser Lückenanalyse müssen Sie den Personen eine Bewertung ihrer Erfahrungsstufe geben. Wenn wir die Lückenanalyse abschließen, werden wir überprüfen, ob wir die richtigen Erfahrungsstufen haben.

Wie man eine Lückenanalyse durchführt

Nehmen Sie ein Blatt Papier und drehen Sie es in die Breite, oder öffnen Sie eine Tabelle und erstellen Sie für jede Fähigkeit, die das Team haben sollte, eine Spalte. Dann erstellen Sie für jede Person im Team Zeilen. Schreiben Sie in die oberste Zeile alle Fähigkeiten, die ein Data Team benötigt. Listen Sie dann die Namen aller Teammitglieder in der linken Spalte auf. Siehe Abb. 12-1 für ein Beispiel, wie man dies macht.

Jetzt füllen Sie das Papier oder die Tabellensoftware aus. Gehen Sie jedes einzelne Teammitglied durch und setzen Sie ein „X", wann immer dieses Teammitglied diese bestimmte Fähigkeit hat, wie in Abb. 12-2 gezeigt. Dies erfordert einen ehrlichen Blick.

	A	Distributed systems	Programming	Analysis	Visual Comm.	Verbal Comm.	Project Veteran	Schema	Domain knowledge
1		Distributed systems	Programming	Analysis	Visual Comm.	Verbal Comm.	Project Veteran	Schema	Domain knowledge
2	Mohamed								
3	Gabrielle								
4	Mateo								
5	Joseph								
6	Feng								
7	Adam								
8	Gabriel								
9	Jack								
10	Riya								
11	Juan								
12	Total								

Abb. 12-1. *Ein Screenshot einer Tabelle, der zeigt, wie man die Fähigkeiten und Personen anordnet*

	A	Distributed systems	Programming	Analysis	Visual Comm.	Verbal Comm.	Project Veteran	Schema	Domain knowledge
1		Distributed systems	Programming	Analysis	Visual Comm.	Verbal Comm.	Project Veteran	Schema	Domain knowledge
2	Mohamed	X	X						
3	Gabrielle		X						X
4	Mateo		X		X				
5	Joseph		X	X					
6	Feng		X	X					X
7	Adam		X						X
8	Gabriel		X			X			
9	Jack		X			X			
10	Riya	X	X				X		X
11	Juan		X						X
12	Total	2	10	2	1	2	1	0	5

Abb. 12-2. *Ein Screenshot, auf dem die Person als Inhaber der Fähigkeit markiert ist*

Eine so ehrliche Analyse wie möglich könnte der Unterschied zwischen Erfolg und Misserfolg für das Team sein.

Wiederholen Sie diese Lückenanalyse für alle drei Data Teams.

Manchmal möchten Manager der Person eine Erhöhung des Status oder einen halben Punkt für eine Fähigkeit geben. Manchmal führen Leute ihre Lückenanalyse durch und setzen Prozentsätze oder Zahlen mit Dezimalstellen anstelle eines X. Sie setzen eine 0,1 oder 0,5 anstelle von X. Dies wird Sie nur davon abhalten, eine echte Kompetenzlücke zu erkennen. Die Fähigkeit ist entweder da oder sie ist nicht da. Nach meiner Erfahrung sind zehn Leute mit einer „0,1" nicht besser, als dem Team eine Null zu geben. Die Kompetenzlückenbewertungen sind binär, weil die Einzelpersonen einen bestimmten Schwellenwert erfüllen müssen.

Ihre Gap-Analyse interpretieren

Jetzt, wo Sie die Xs auf die Fähigkeiten aller gesetzt haben, zählen Sie sie zusammen. Dies wird Ihnen eine Geschichte über die Zusammensetzung Ihres Teams erzählen. Es wird Ihnen sagen, wo Sie stark und schwach sind, und vielleicht, ob Ihr Team seine Arbeit überhaupt erledigen kann. Wenn es einen separaten Manager für jedes Team gibt, müssen sich die Manager des Data Teams vielleicht zusammensetzen, um ihre Notizen zu vergleichen, wo es Lücken gibt.

Wenn Sie sich die Lücken ansehen, beginnen Sie sich einige Schlüsselfragen zu stellen. Wurde die Beurteilung der Fähigkeiten genau durchgeführt? Wie kritisch ist die fehlende Fähigkeit für den Erfolg des Projekts? Ist die fehlende Fähigkeit jetzt, in Kürze oder später notwendig? Wie schwierig wird es sein, jemanden in dieser Fähigkeit zu schulen, und ist der Bedarf dringend genug, um jemand Neues einzustellen? Wie lange wird es dauern, jemanden einzustellen, um diese Lücke zu füllen, und wird das Projekt dadurch verzögert?

Einige Teams benötigen bestimmte Fähigkeiten mehr als andere. Zum Beispiel muss bei einem Data-Engineering-Team die Mehrheit des Teams über verteilte Systeme und Programmierkenntnisse verfügen.[1] Wenn eine der notwendigen Fähigkeiten völlig fehlt oder es nur sehr wenige Personen mit diesen Fähigkeiten gibt, kann das Projekt viel

---

[1]Für weitere Informationen zur Interpretation einer Lückenanalyse für Data-Engineering-Teams, siehe mein Buch *„Data-Engineering-Teams"* in Kap. 3, „Data-Engineering-Teams".

zu lange dauern oder sogar nicht umsetzbar sein. Der Mangel an Programmierkenntnissen und Kenntnissen über verteilte Systeme wird oft mit Teams in Verbindung gebracht, die ihr Data-Engineering-Team aus ihrem Data-Warehouse-Team oder einem anderen SQL-fokussierten Team zusammengestellt haben.

Es kann schwierig oder unmöglich sein, Menschen einzustellen, um einige Fähigkeitslücken zu füllen. In Organisationen mit erheblichen Anforderungen an das Fachwissen kann es einfacher sein, auf bestehendes Personal mit dem Fachwissen zurückzugreifen und es in der neuen Fähigkeit zu schulen.

Sie müssen auch die Erfahrungsstufen des Teams und einige dringende Fragen betrachten. Ist jeder im Team ein Anfänger? Habe ich mindestens einen qualifizierten Data Engineer? Habe ich Zugang zu einem oder habe ich ein Teammitglied mit Veteranenerfahrung? Entspricht das Erfahrungsniveau des Teams dem für die Komplexität der Anwendungsfälle erforderlichen Niveau? Höhere Erfahrungsstufen können nicht durch Training weitergegeben werden, sondern erfordern praktische Erfahrung. Deshalb hat Kap. 4 die entscheidende Rolle eines Projektveteranen beschrieben, der sich hocharbeiten muss.

Fähigkeitslücken

In den meisten Teilen dieses Abschnitts sind wir davon ausgegangen, dass jede Person im Team die Fähigkeiten erwerben kann, die Sie benötigen. Eine Fähigkeitslücke bedeutet, dass einer Person derzeit das Wissen fehlt, sie aber die angeborene Fähigkeit hat, die Fähigkeit zu erlernen. Dies ist nicht immer der Fall. Es könnte eine Fähigkeitslücke geben, was bedeutet, dass einer Person sowohl das Wissen als auch die angeborene Fähigkeit fehlt, die Fähigkeit erfolgreich zu erlernen. Keine Menge an Zeit, Ressourcen oder Expertenhilfe wird sie auf das nächste Level bringen.

In Data Teams kann es mehrere Beispiele für Fähigkeitslücken geben. Zum Beispiel kann visuelle Kommunikation eine angeborene künstlerische Fähigkeit erfordern, die nicht wirklich gelehrt werden kann. Von einer Person ohne kreatives Flair kann nicht erwartet werden, dass sie etwas erschafft, das schön aussieht und wunderbar wirkt. Ebenso kann nicht jeder verteilte Systeme oder die Programmierung auf dem für Data Teams erforderlichen Niveau verstehen. Von jemandem, der ganz neu ist oder noch nie programmiert hat, zu erwarten, dass er einen verteilten Algorithmus erstellt, ist ein Ding der Unmöglichkeit.

Bei der Bewertung von Qualifikationsdefiziten müssen die Manager darüber nachdenken, ob die Diskrepanz eine Frage der Fähigkeiten oder Fertigkeiten ist. Wenn die Person die Fähigkeit schließlich nicht erwerben kann, muss das Managementteam andere Vorkehrungen treffen. Dies könnte die Einstellung einer weiteren Person zur Ergänzung beinhalten oder die Suche nach einem anderen Platz in der Organisation, wo ihre Talente besser passen.

Hardwareänderungen

Einige organisatorische Änderungen drehen sich um die Hardware. Verteilte Systeme führen zu neuen Hardware-Anforderungen. Diese Hardwareanforderungen können sich in Geschwindigkeit, Größe und Preis von der Hardware unterscheiden, die die Organisation zuvor mit kleinen Daten verwendet hat.

Cloud-Nutzung

Wenn überhaupt möglich, empfehle ich die Nutzung der Cloud. Auf diese Weise wird die Hardwarebeschaffung als Blocker entfernt, bevor der POC (Proof of Concept) starten kann. Einige beliebte Technologien für verteilte Systeme sind bereits als Managed Service verfügbar. Diese Managed Services beseitigen die Notwendigkeit für das Team, zu lernen, wie man das verteilte System installiert und startet. Stattdessen können sie mit der Programmierung des Systems starten.

Die Cloud ermöglicht es dem Team, Ressourcen nach Bedarf hoch- und herunterzufahren. Dadurch kann das Team die Kosten auf einer feinkörnigen Ebene kontrollieren, während es das System entwickelt und testet. Wenn das Team das System irgendwie völlig zerstört, kann es den Cluster leicht wieder hochfahren. Das Team kann die Preise für den Cluster kontrollieren, indem es ihn abschaltet, wenn er nicht benutzt wird, wie zum Beispiel über Nacht oder am Wochenende.

Cluster kaufen

Wenn eine Organisation sich dafür entscheidet, ihre Cluster vor Ort zu platzieren, muss die Organisation die Hardware kaufen. Diese Hardware kann teurer sein als kleine Datenserver aufgrund höherer Redundanzanforderungen. Höhere Redundanz kann redundante Stromversorgungen beinhalten, aber die Hauptunterschiede liegen in Speicher und Netzwerk.

In verteilten Systemen werden Daten mehrfach gespeichert – von 1,5- bis 3-mal – in ihrer Gesamtheit auf verschiedenen Computern. Alle diese redundanten Daten werden über das Netzwerk von Computer zu Computer verschoben. Wenn Daten zur Verarbeitung gelesen werden, können diese Daten erneut über das Netzwerk fließen.

Einige Organisationen erwarten oder haben vorgeschrieben, dass alle Infrastrukturen vor Ort Virtualisierung nutzen. Es gibt offensichtliche Kompromisse zwischen Virtualisierung und Bare-Metal,[2] hauptsächlich in Bezug auf die Bedienungsfreundlichkeit. Meiner Meinung nach ist der Hauptgrund für eine On-Premises-Lösung im Vergleich zur Cloud die Wahl zwischen Virtualisierung und Bare Metal. Einige verteilte Systeme können die erhöhte Geschwindigkeit und geringere Latenz von Bare-Metal-Bereitstellungen nutzen.

Systeme für Big-Data-Teams

Hardwareänderungen und -upgrades beschränken sich nicht nur auf Cluster. Ein oft vergessener Teil der Big-Data-Bemühungen einer Organisation befindet sich in den Hardware- und Datenanforderungen für die Personen, die den Code schreiben. Diese Hardwareanforderungen betreffen hauptsächlich die Data-Engineering- und Data-Science-Teams.

Der Hauptgrund für diese Änderungen ist, dass Big Data tatsächlich groß ist. Die Einzelpersonen müssen möglicherweise große Datenmengen speichern, während sie den Code entwickeln. Sie müssen auch die verteilten Systeme auf ihrer eigenen Hardware ausführen. Nur wenige dieser verteilten Systeme sind optimiert, um auf Computern mit geringem Speicher oder CPU zu laufen. Die gesamte Anstrengung des Entwicklers des verteilten Systems geht in das effiziente Laufen auf einem Cluster und nicht auf dem Computer eines Entwicklers. Diese schweren verteilten Systeme benötigen mehr CPU und Speicher als ein kleiner Datenentwickler. Das bedeutet, dass die Standard-Hardware für Entwickler möglicherweise nicht ausreicht.

---

[2]Bare-Metal bezieht sich auf ein Einzelmandanten-Set-up, bei dem die gesamte Software direkt auf dem System selbst installiert ist. Virtualisierung bezieht sich auf ein Mehrmandanten-Set-up, bei dem Ressourcen mit einer virtuellen Maschine zugewiesen und isoliert werden. Einige Cloud-Anbieter haben den Bedarf an Einzelmandantensystemen erkannt und unterstützen diese Konfigurationen.

Entwicklung von Hardware

Es ist wichtig, die Hardware zu berücksichtigen, die die Data-Engineering- und Data-Science-Teams verwenden werden. Während der Entwicklung ist es oft besser, das verteilte System lokal auf dem Computer der Person laufen zu lassen. Dies beseitigt viele Variablen, die schiefgehen oder geändert werden können, wenn Entwickler eine gemeinsame Ressource für ihr verteiltes System verwenden. Wenn sie bereits Hardware wie einen Laptop haben, hat dieser möglicherweise nicht die Leistung, um die verteilten Systeme auszuführen, für die sie einen Code entwickeln. Die Geschäftsleitung muss möglicherweise frühzeitig beginnen, entweder neue Computer zu kaufen oder ihre bestehenden Computer für die neuen Hardwareanforderungen aufzurüsten.

Einige Organisationen setzen ihre Entwickler auf virtuellen Maschinen ein, die auf einem separaten Computer für Entwicklungszwecke laufen. Diese virtuellen Maschinen können unter den gleichen Problemen leiden, nicht genügend Ressourcen zu haben. Die Geschäftsleitung muss möglicherweise beginnen, für eine neue Ebene oder Klasse von virtuellen Maschinen für die Entwicklung mit verteilten Systemen zu werben.

Einige Organisationen sperren ihre Computer und verhindern, dass ihre Entwickler Root- oder Administratorzugriff auf das Betriebssystem haben. Dies kann die Entwicklung wirklich verlangsamen, da Entwickler die verteilten Systeme auf ihren Computern installieren und ausführen müssen. Ohne Root- oder Administratorzugriff können sie das nicht. Einige Organisationen haben eine genehmigte Softwareliste, die die Installation der Software erleichtert. Wahrscheinlich werden diese verteilten Systeme nicht auf dieser Liste erscheinen. Die Geschäftsleitung muss herausfinden, wie sie Root-Zugriff erhalten oder mit der IT zusammenarbeiten, um die neue Software zu installieren.

Test- und QA-Hardware

Organisationen vergessen oft die für die Qualitätssicherung (QA) benötigte Hardware. Sie benötigen mehr als einen einzelnen Cluster. QA benötigt möglicherweise mehrere verschiedene Cluster für jede Phase ihrer Tests. Sie benötigen einen Cluster zur Validierung der Funktionalität der Software und einen weiteren für Leistungs- und Lasttests. Die Hardware für Leistungs- und Lasttests sollte genau dem entsprechen, was in der Produktion ist, aber die Tests zur Validierung müssen nicht unbedingt gleich sein.

Wenn dem QA-Team die benötigten Hardwareressourcen fehlen, könnte dies die Qualität der Datenprodukte beeinträchtigen. Ein Mangel an Hardware könnte die Veröffentlichung neuer Software verzögern, weil das QA-Team auf die Hardware wartet, oder weil seine Hardware nicht schnell genug ist. Wenn das QA-Team keine Leistungs- und Lasttests durchführt, könnte die neue Software einen Leistungsfehler haben und nicht so schnell wie die vorherige Version arbeiten. Leistungsprobleme in der Produktion können stressig und schwierig zu finden sein. Es ist viel besser, diese Probleme durch Leistungs- und Lasttests zu finden und zu beheben, bevor die Datenprodukte veröffentlicht werden.

Daten für Data Scientists bereitstellen

Um seine Arbeit zu erledigen, benötigt das Data-Science-Team Zugang zu Daten, die repräsentativ für die in der Produktion verwendeten Daten sind. Die Management-, Data-Science- und Data-Engineering-Teams müssen herausfinden, wie die Daten am besten in die Hände der Datenwissenschaftler gelangen können. Ohne die bestmöglichen Daten werden die Data Scientists eine verzerrte Darstellung sehen oder nicht auf alle Randfälle stoßen.

Es kann aus mehreren Gründen schwierig sein, dass Daten in die Hände von Data Scientists gelangen. Ein häufiger Grund sind die Sicherheitsimplikationen. Was sollte eine Organisation tun, wenn die Daten PII (persönlich identifizierbare Informationen) oder Finanzinformationen enthalten? Wer sollte die Verantwortung haben, den besten Weg zum Umgang mit PII zu wählen? Wer sollte die Methoden zur Behandlung von PII implementieren?

Ein weiteres Problem könnte die schiere Größe der Daten sein. Wie kann der Data Scientist Entdeckungen oder Analysen mit 1-PB-Daten durchführen? Die technischen Fähigkeiten der Data Scientists müssen berücksichtigt werden. Data Scientists haben möglicherweise nicht das technische Wissen, um das richtige Werkzeug für die Aufgabe auszuwählen. In diesem Fall müssen die Data Engineers dem Data Scientist helfen zu verstehen, was sie brauchen und wie sie es mit den richtigen Werkzeugen erreichen können.

RISIKOMANAGEMENT IM MASCHINELLEN LERNEN

Da maschinelles Lernen (ML) in immer mehr Systeme und Anwendungen eingebettet wird, werden Unternehmen auf spezifische Herausforderungen aufmerksam, die mit Produkten einhergehen, die Daten, Modelle und Code kombinieren. Der Oberbegriff, den ich zu verwenden begonnen habe, ist Risiko, und in den letzten Jahren habe ich Vorträge darüber gehalten, wie Unternehmen das Risiko im maschinellen Lernen bewältigen können.[3]

Der Vorteil der Risikobetrachtung besteht darin, dass bestimmte Branchen (wie die Finanzbranche) bereits gut definierte Rollen und Verfahren zur Risikosteuerung haben. ML ist in vielen Unternehmen noch relativ neu. Da es Daten, Modelle und Code kombiniert, stellen maschinelle Lernsysteme Herausforderungen dar, die von den Anfangsplanungsphasen bis hin zur Bereitstellung und Beobachtbarkeit berücksichtigt werden müssen. Diese Herausforderungen und Risiken beinhalten:

- Datenschutz

- Sicherheit

- Fairness

- Erklärbarkeit und Transparenz

- Sicherheit und Zuverlässigkeit

Das Risikomanagement in ML erfordert Teams, die Personen aus verschiedenen Hintergründen und Disziplinen einzubeziehen. Teams, die aus Personen mit unterschiedlichen Hintergründen bestehen, gewährleisten eine breitere Perspektive, die wiederum dazu beitragen kann, die Freigabe von Modellen zu verhindern, die Geschlechts-, Kultur- oder Rassenbias aufweisen. Je nach Anwendung müssen Experten für Datenschutz, Sicherheit und Compliance möglicherweise viel früher in das Projekt einbezogen werden. Wenn maschinelles Lernen die Software übernehmen soll, müssen wir uns auch mit AI- und ML-Sicherheit auseinandersetzen! Das bedeutet, Experten für Sicherheit und Datenschutz einzubeziehen. Es ist äußerst selten, Data Scientists oder Ingenieure für maschinelles Lernen zu finden, die gut über die neuesten Entwicklungen in der Kryptografie und das datenschutzfreundliche ML informiert sind oder die neuesten Abwehrmaßnahmen gegen feindliche Angriffe auf ML-Modelle kennen.

---

[3]www.oreilly.com/radar/managing-risk-in-machine-learning/

In Zukunft werden wir bessere Prozesse und Werkzeuge benötigen, um Teams bei der Risikosteuerung in ML zu unterstützen. In einer Welt, in der ML immer häufiger vorkommen wird, müssen wir auch überdenken, wie wir Produktteams organisieren und besetzen. Unternehmen werden Data Teams mit mehr Vielfalt in Bezug auf Hintergrund und Fähigkeiten benötigen.

—Ben Lorica, Autor, Berater, Konferenzorganisator, Principal bei Gradient Flow Research

KAPITEL 13

Diagnose und Behebung von Problemen

Work it harder
Make it better

—„Harder Better Faster Stronger" von Daft Punk

Dieses Kapitel behandelt einige häufige Probleme, die ich gesehen habe, als ich mit Data Teams auf der ganzen Welt gearbeitet habe. Die Lösungen für die Probleme werden variieren. Als Manager eines Data Teams müssen Sie die wahre Ursache Ihres Problems herausfinden. Dies ist der schwierigste Teil des Managements eines Data Teams. Ihre Diagnose wird den Erfolg oder Misserfolg des Projekts und vielleicht des gesamten Data Teams bestimmen.

Wenn Sie alle vorherigen Kapitel übersprungen haben, um hierher zu kommen und die Probleme Ihres Teams zu lösen, empfehle ich Ihnen dringend, zurückzugehen und den Rest des Buches zu lesen. Wenn ich mögliche Lösungen gebe, erwarte ich, dass Sie alle vorherigen Konzepte verstanden und gelesen haben.

Einige Probleme werden einem anderen Problem ähnlich zu sein scheinen – für das ungeübte Auge. Für das geschulte Auge sind die Probleme unterschiedlich, weil die Ursachen unterschiedlich sind. Ich habe versucht, diese Probleme herauszuarbeiten, weil jede Ursache und Lösung einzigartig ist und auf unterschiedliche Weise behoben werden muss.

J. Anderson, *Daten-Teams*, https://doi.org/10.1007/979-8-8688-0072-6_13

Festgefahrene Teams

Manchmal kommen Teams einfach nicht voran. Jeder tägliche Stand-up klingt gleich. Jeder Statusbericht sieht aus wie der von vor Monaten. Das Team merkt vielleicht, dass es feststeckt, vielleicht aber auch nicht, und das Management muss ein Auge auf den fehlenden Fortschritt werfen. Diese Teams und Probleme lösen sich nicht von selbst. Die Teams denken vielleicht, sie könnten es schaffen, aber meine Erfahrung ist, dass sie es nicht tun. Diese Probleme entstehen in der Regel aus technischen oder personellen Problemen, die für das Team zu schwierig oder tief verwurzelt sind, um sie selbst zu lösen.

Das Team sagt, es wird die Dinge erledigen, aber es hat das Gleiche schon vor einem Monat gesagt

Wenn der Status des Teams an den Film *Und täglich grüßt das Murmeltier* erinnert, steckt das Team fest. In *Und täglich grüßt das Murmeltier* wacht die Hauptfigur jeden Tag auf und wiederholt denselben Tag immer wieder. Ähnlich wird ein festgefahrenes Data Team jeden Tag aufwachen und die gleichen Dinge tun wie am Tag zuvor. Es wird nie einen echten oder substanziellen Fortschritt geben.

Es gibt einige häufige Ursachen für festgefahrene Teams:

- Das Team versteht nicht, was es tut. Die Komplexität ist zu hoch, oder dem Team fehlt die notwendige Geschwindigkeit, um das Projekt überhaupt in Angriff zu nehmen.

- Das Team fühlt sich nicht wohl dabei, Ihnen zu sagen, dass es ein Problem gibt. Dies kann ein kulturelles Problem sein, dessen sich das Management bewusst sein sollte.

- Sie setzen Berater ein, die nicht wissen, was sie tun. Da dem Data Team das Wissen über verteilte Systeme oder Programmierung fehlt, kann es möglicherweise nicht erkennen, wann etwas nicht stimmt. Es kann nur aufgrund der äußeren Manifestation sehen, dass die Berater keinen Fortschritt machen können oder wollen.

Immer wenn ich dem Team eine Aufgabe gebe, kommt es zurück und sagt, es sei nicht möglich

In einer gesunden Organisation erstellt ein Data Team Datenprodukte, die vom Unternehmen genutzt werden. Je mehr die Organisation durch Daten ermöglicht wird, desto komplexer sollten ihre Anfragen und Anforderungen werden. Aber irgendwann kann das Data Team bei einer Anfrage Widerstand leisten, indem es sagt, dass die Aufgabe nicht möglich ist.

In diesem Fall gibt es einen Unterschied zwischen unmöglich und zeitaufwendig oder schwierig zu implementieren. Mit unmöglich meint das Team, dass es keinen technischen Weg gibt, die Aufgabe zu erfüllen. Das mag der Fall sein oder auch nicht. Wenn das Team sagt, die Aufgabe sei zeitaufwendig, wehrt es sich gegen die relativen Prioritäten, die es vor sich hat. Sie fragen: „Wollen Sie, dass wir diese Aufgabe erledigen oder eine andere, die weniger Zeit in Anspruch nimmt?" Das Management wird darauf achten wollen, die Priorität und die technische Schwierigkeit jeder Anfrage zu verstehen.

Wenn ein Team konsequent nein sagt, hat dies in der Regel folgende Gründe:

- Es fehlt an Erfahrung im Team. Dies könnte ein Mangel an Erfahrung in der Domäne oder mit der Technologie selbst sein. Das Team hat vielleicht nicht die Geschwindigkeit oder Grundlage, um die Aufgabe zu erfüllen (siehe Kap. 7).

- Es gibt nur Anfänger im Team. Einem Anfänger scheint alles kompliziert und unmöglich zu tun. Mit der richtigen Mischung aus Erfahrung im Team werden mehr Aufgaben möglich sein (siehe Kap. 10).

- Es gibt keinen Projektveteranen im Team. Ohne die Anleitung eines Projektveteranen ist das Team möglicherweise nicht in der Lage, einen Weg zu finden, die komplexeren Aufgaben zu erfüllen, und meint einfach, es sei unmöglich, um das Gesicht zu wahren (siehe Kap. 4).

- Das Team hat nicht die richtigen Leute. Zum Beispiel könnte das Data-Engineering-Team Data Engineers haben, die nicht der Definition von Data Engineers entsprechen. Dies sind scheinbar Data Engineers, die die Aufgabe nicht erfüllen können.

Ich kann den Unterschied zwischen Fortschritt und Stillstand des Teams nicht erkennen

Für einige Manager ist es schwierig zu beurteilen, welchen Fortschritt – wenn überhaupt – das Team bei dem Projekt macht. Dies geschieht meist, wenn dem Managementteam technisches Wissen fehlt oder es noch nie Data Teams geleitet hat. In diesem Fall muss das Managementteam einen Weg finden, um eine genaue Einschätzung vom Team über dessen Fortschritt zu erhalten.

In einigen Fällen übersteigt die zunehmende Projektkomplexität die Fähigkeiten der Teammitglieder. In diesen Situationen erkennt das Team selbst vielleicht nicht einmal, dass das Projekt außerhalb seiner Fähigkeiten liegt, bis es zu spät ist.

Um eine genaue Einschätzung vom Team zu erhalten, muss das Managementteam ein gutes Verhältnis zum Team aufgebaut haben. Wenn es bereits Probleme mit dem Team oder dem Projekt gibt, könnte das Vertrauen zwischen den Managern und den einzelnen Mitarbeitern in Gefahr sein. Es ist wichtig, bereits eine vertrauensvolle Beziehung aufgebaut und ein gutes Verhältnis zu haben, bevor die Probleme beginnen.

Sobald es ein gutes Verhältnis zwischen Management und einzelnen Mitarbeitern gibt, wird das Team sich wohler fühlen, seinen tatsächlichen Status im Projekt zu teilen.

In einigen Kulturen gibt es eine tiefe Zurückhaltung, ein Scheitern zuzugeben oder ein bevorstehendes Scheitern anzuerkennen. Das Management sollte mögliche kulturelle Unterschiede verstehen und auf kulturelle Probleme achten, die verhindern, dass der tatsächliche Status gemeldet wird.

Wir haben Probleme mit kleinen Datensystemen, und wir haben noch mehr Probleme mit Big Data

Die erhebliche Zunahme der Komplexität zwischen kleinen Daten und Big Data kann sich auf verschiedene Weisen manifestieren. Organisationen, die annehmen, dass Big-Data-Systeme genauso einfach sind wie kleine Datensysteme, werden scheitern. Wenn eine Organisation mit kleinen Datensystemen kaum zurechtkommt, wird sie extreme Schwierigkeiten haben, Big-Data-Systeme und die verteilten Systeme zu erstellen, die das Team verwenden muss.

In solchen Situationen wird die Organisation umfangreiche externe Hilfe benötigen. Ohne diese wird die Organisation wahrscheinlich nie ihre Big-Data-Ziele erreichen. Je nach den Fähigkeiten des Teams könnte eine Schulung eine Option sein, wird aber nur begrenzt nützlich sein. Wenn das Team kaum in der Lage ist, kleine Datensysteme zu verstehen, wird es die viel komplexeren verteilten Systeme nicht verstehen oder in der Lage sein, Anweisungen diesbezüglich umzusetzen. Wahrscheinlich wird die Organisation umfangreiche externe Beratung benötigen, um das gesamte Projekt zu leiten, während die Mitglieder der Organisation Fachwissen und Projektmanagement bereitstellen.

Unterperformende Teams

Unterperformend bedeutet, dass die Organisation nicht den maximalen Wert aus Daten zieht. Oft wissen oder erkennen diese Teams oder Organisationen nicht, dass sie unterdurchschnittlich abschneiden. Das Team erfüllt scheinbar alle Anforderungen für Datenprodukte, aber wenn es darum geht, das Datenprodukt zu verbessern oder ein komplexeres Datenprodukt zu erstellen, kann das Team dies nicht tun.

Es gibt einen Unterschied zwischen einem Team, das feststeckt, und einem, das unterdurchschnittlich abschneidet. Wenn ein Team feststeckt, macht es keinen nennenswerten oder echten Fortschritt im Projekt. Wenn das Team unterdurchschnittlich abschneidet, macht das Team Fortschritte, aber das Wachstum ist in seinem Umfang oder seiner Komplexität begrenzt.

Immer wenn ich dem Data Team eine Aufgabe gebe, erstellt das Team etwas, das nicht funktioniert

In der Kriechphase konnte das Team Fortschritte machen und Datenprodukte erstellen. Jetzt, da das Projekt komplexer wird – wie in der Geh- oder Laufphase – kann das Team nichts erstellen, das auf Entwicklungsebene oder in der Produktion funktioniert.

Wenn ein Team nicht in der Lage ist, etwas zu erstellen, das funktioniert, hat dies meistens folgende Ursachen:

- Es fehlen qualifizierte Data Engineers im Team. Dem geschriebenen Code fehlt die Passgenauigkeit und der Feinschliff, die von einem qualifizierten Data Engineer stammen. Der qualifizierte Data Engineer wird aus erster Hand die Notwendigkeit guter Unit-Tests und Integrationstests gesehen haben, die hochwertige Codes in die Produktion bringen (siehe Kap. 7).

- Im Team sind nur Anfänger. Wenn eine Person ganz neu in verteilten Systemen ist, wird sie den schlimmsten Unsinn, der möglich ist, erstellen. Diese Fehler funktionieren nicht in der Produktion (siehe Kap. 10).

- Das Team ist nicht geschult in den Technologien, die es verwenden soll, oder hat eine für das Projektlevel unzureichende Geschwindigkeit. Das Team benötigt möglicherweise mehr Schulung und Zeit, um verteilte Systeme zu verstehen, bevor es mit komplizierteren Projekten fortfährt.

- Es fehlt an betrieblicher Exzellenz in der Organisation. Die Organisation benötigt möglicherweise ein Operations Team, das in den verteilten Systemen geschult wurde, um dies zu warten.

Immer wenn ich dem Data Team eine Aufgabe gebe, erstellt es etwas, das nicht wirklich funktioniert

Hier hat die Geschäftsseite die Leitung des Data Teams um ein neues Feature oder Datenprodukt gebeten, und das Team sagt, dass es die Aufgabe versteht. Das Team arbeitet daran und kommt mit dem Datenprodukt zurück. Wenn die Leitung oder das Unternehmen das Datenprodukt verwenden will, ist dieses nicht nutzbar oder erfüllt nicht das, was sich das Unternehmen ursprünglich vorgestellt hat.

Unbrauchbare Datenprodukte resultieren meistens aus folgenden Gründen:

- Dem Data-Engineering-Team fehlt das Fachwissen. Um wirklich ein nutzbares Datenprodukt zu erstellen, muss das Data-Engineering-Team den Anwendungsfall im Detail verstehen. Ohne Hintergrundwissen in dem Bereich kann das Team nur einen kleineren Teil der Projektanforderungen umsetzen.

- Es gibt möglicherweise nicht genug Beteiligung von BizOps oder Management. Manchmal übergibt das Management oder das Geschäft die Aufgaben an das Data Team und zieht sich zurück. Es sollte eine fortlaufende und konstante Interaktion zwischen dem Geschäft und den Data Teams geben, um sicherzustellen, dass die Datenprodukte ihren Bedürfnissen entsprechen.

- Das Data Team ist möglicherweise nicht kompetent. Es erfüllt vielleicht nicht die in den Stellenbeschreibungen festgelegten Qualifikationen.

- Die gegebenen Anweisungen sind vage. Obwohl das Geschäft und das Management denken, dass die Anweisungen klar sind, sind diese nicht klar genug oder es gibt zu viele Nuancen, die nicht deutlich ausgesprochen werden.

- Dies ist das Beste, was unter den gegebenen Umständen getan werden kann. Verteilte Systeme sind kompliziert, und es könnte einen technischen Grund oder eine Einschränkung geben, die es unmöglich macht, das vom Geschäft oder Management angeforderte Datenprodukt zu liefern.

Das Team kann grundlegende Dinge tun, aber es kann nie etwas Komplizierteres tun

Am Anfang des Projekts – wie in der Kriechphase – oder wenn es eine einfache Aufgabe gibt, kann das Team die Aufgabe erfüllen oder das Datenprodukt erstellen, was das Schreiben einer SQL-Abfrage oder die Erweiterung der Nutzung eines bestehenden Datenprodukts beinhalten könnte. Aber immer wenn eine komplexere Aufgabe kommt – wie in der Geh- oder Laufphase – kann das Team den Code nicht schreiben oder ein komplexeres System erstellen.

Diese Unfähigkeit, komplexe Aufgaben zu erfüllen, hat normalerweise folgende Gründe:

- Dem Team könnten Fähigkeiten fehlen. Zum Beispiel könnten dem Data-Engineering-Team die Programmier- oder verteilten Systemkenntnisse völlig fehlen. Das Team kann diese Lücken auch noch nach Bereitstellung der Lernressourcen für Programmierung oder verteilte Systeme aufweisen. An diesem Punkt werden die Lücken zu Fähigkeitslücken (siehe Kap. 4).

- Das Team besteht nur aus Anfängern. Solche Teams können nur Systeme von sehr geringer Komplexität erstellen (siehe Kap. 10).

- Das Team ist nicht geschult in den Technologien, die es verwenden soll. Es missversteht möglicherweise die notwendigen Technologien und kann kein komplexes Ergebnis liefern.

Fähigkeits- und Kompetenzlücken

Die Quelle von Problemen in einem Team könnte in einer Fähigkeits- oder Kompetenzlücke liegen. Eine Fähigkeitslücke bedeutet, dass sich die Person die Fähigkeit aneignen kann und es nur eine Frage der Zeit oder der Ressourcen ist, bis diese die Fähigkeit erworben hat. Eine Kompetenzlücke bedeutet, dass eine Fähigkeit nicht in Reichweite der Person ist. Es gibt keine Menge an Zeit oder Ressourcen, die es der Person ermöglichen würde, die Fähigkeit zu erwerben.

Kap. 12 erklärte, wie man Kompetenzlücken identifiziert. Manager können Kompetenzlücken durch Schulungen oder durch das Erlauben von mehr Erfahrung beheben, während Fähigkeitslücken durch Personaländerungen behoben werden müssen. Die tatsächlichen Personaländerungen hängen vom Szenario und der fehlenden Fähigkeit ab.

Kompetenz- und Fähigkeitslücken sollten nur auftreten, wenn ein bestehendes Team oder eine Einzelperson in das Data Team versetzt oder migriert wird. Wenn Sie dies erleben, während Sie ein neues Data Team erstellen oder einstellen, stellen Sie nicht die richtigen Leute ein. Bei der Migration fehlt dem Managementteam möglicherweise die Erfahrung oder Weitsicht, um zu wissen, welche Personen im Team eine Kompetenz- oder Fähigkeitslücke haben. Die einzige Möglichkeit, die Wahrheit festzustellen, besteht in Zeit, Anstrengung und Ressourcen.

Wie kann ich den Unterschied zwischen einer Kompetenzlücke und einer Fähigkeitslücke erkennen?

Es kann schwierig sein, den Unterschied zwischen einer Kompetenzlücke und einer Fähigkeitslücke zu erkennen oder zu bestimmen.

Beginnen Sie damit, zu betrachten, was der Einzelperson zur Verfügung gestellt wurde. Haben Sie ihr eine brauchbare und qualitativ hochwertige Ressource zum

Erlernen der Fähigkeit zur Verfügung gestellt? Nicht jeder kann aus Büchern oder Videos lernen. Hatte die Person die Möglichkeit, persönlich von einem Experten zu lernen? Wie war die Qualitätsstufe der Ressource, die ihr zum Lernen zur Verfügung gestellt wurde? Wenn die Lernressource von geringer Qualität oder sehr einführend war, hat sie möglicherweise nicht die notwendigen Fähigkeiten vermittelt.

Zeit ist auch eine Ressource, die das Management bereitstellen muss. Wird von der Person erwartet, dass sie neue Fähigkeiten erlernt, während sie ihre aktuellen Aufgaben und ihren Job weiterführt? Erwartet das Managementteam, dass die Person die Fähigkeiten in ihrer eigenen Zeit erlernt – indem sie ihre Nächte und Wochenenden dafür aufwendet?

Wenn das Management der Person nicht genügend Ressourcen zur Verfügung gestellt hat, könnte das Problem eine Kompetenzlücke sein, die behoben werden kann, indem man beginnt, die notwendigen Ressourcen und Zeit zur Verfügung zu stellen.

Wenn das Management genügend Zeit und qualitativ hochwertige Ressourcen zum Erlernen der Fähigkeit zur Verfügung gestellt hat, dann ist der Punkt erreicht, wo nach Fähigkeitslücken zu suchen ist. Wenn gefragt wird, warum die Person Schwierigkeiten hat, die Konzepte zu lernen oder zu verstehen, was antwortet sie? Gibt sie einen Mangel an Zeit an? Sagt sie, dass sie sich noch darum kümmern muss? Diese Verzögerungs- und Verzögerungstaktiken sind oft Anzeichen für eine Fähigkeitslücke. Das Management muss entschlossen sein, festzustellen, dass eine neue Person für die Aufgabe eingestellt werden muss.

Hat das Team Schwierigkeiten, das Programmieren zu erlernen?

Verschiedene Teams benötigen unterschiedliche Stufen der Programmierfähigkeit. Das Operations Team benötigt relativ bescheidene Fähigkeiten. Die Teams für Data Science und Data Engineering hingegen benötigen ernsthafte Programmierfähigkeiten – wobei das Team für Data Engineering den größten Bedarf hat.

Wenn ein Data Scientist nicht programmieren kann, könnte es eine Titelinflation geben, weil die Person in ihren Fähigkeiten näher an einem Business-Intelligence-Analysten oder Data Analysten sein könnte. Data Engineers sollten aus einem Software-Engineering-Hintergrund kommen. Wenn ein Data Engineer nicht programmieren kann, kommt er nicht aus einem Software-Engineering-Hintergrund.

Wenn die Programmierfähigkeit in einem Data-Science- oder Data-Engineering-Team gering oder völlig fehlt, sollte die Organisation nicht einmal ein großes Projekt in Angriff nehmen, bis sie erhebliche Korrekturen am Team vorgenommen hat. Wenn der Mangel eine Kompetenzlücke darstellt, muss das Team mit sehr intensivem Programmiertraining beginnen. Wenn der Mangel eine Fähigkeitslücke darstellt, muss die Organisation beginnen, Mitarbeiter von außen einzustellen.

Das Team kommt aus einem kleinen Datenhintergrund und hat Schwierigkeiten, Big Data und verteilte Systeme zu erlernen

Schwierigkeiten mit verteilten Systemen werden je nachdem, welches Team Probleme hat, unterschiedlich schwerwiegend sein.

Das Data-Science-Team hat die niedrigste Schwelle bei verteilten Systemen. Es muss vielleicht nur genug wissen, um mit viel Hilfe vom Data-Engineering-Team zurechtzukommen. Zum Beispiel müssen sie vielleicht lernen, einen verteilten Code für maschinelles Lernen oder andere Verarbeitung zu schreiben. Eine Fähigkeitslücke in verteilten Systemen ist bei Data Scientists relativ häufig.

Wenn das Operations Team verteilte Systeme nicht versteht, können sie möglicherweise Ihre verteilten Systeme nicht am Laufen halten. Infolgedessen kann es Schwierigkeiten in der Produktion geben. Eine Fähigkeitslücke für das Operations Team ist besorgniserregend, weil das die Ressourcen des Data-Engineering-Teams in Produktionsprobleme statt in die Erstellung von Datenprodukten ziehen wird.

Wenn das Data-Engineering-Team bei verteilten Systemen schwach ist, haben Sie ein wirklich ernstes Problem. Nicht jeder Software Engineer wird in der Lage sein, den Wechsel von kleinen Datensystemen zu verteilten Systemen zu machen, wegen der erheblichen Zunahme der Komplexität. Die Organisation sollte das Projekt stoppen, bis es erhebliche Korrekturen am Team gibt.

Das Management muss schnell herausfinden, ob das Data-Engineering- oder Data-Science-Team eine Fähigkeitslücke oder Kompetenzlücken hat. Wurde dem Team die notwendigen Lernressourcen zur Verfügung gestellt, um die verteilten Systeme zu verstehen, die es verwenden soll? Nicht jedes Teammitglied kann vielleicht ein Buch aufschlagen und die Konzepte der verteilten Systeme verstehen. Es könnten verschiedene Lernressourcen benötigt werden, wie zum Beispiel persönliches Training zu den Technologien selbst, Trainingsvideos zur Technologie oder der Besuch einer Konferenz, die sich auf verteilte Systeme oder die Technologie selbst konzentriert.

Zeit ist ein weiterer entscheidender Faktor. Das Management geht oft davon aus, dass die Zeit zum Erlernen und Verstehen von verteilten Systemen die gleiche ist wie für kleine Daten. Nach meiner Erfahrung dauert es etwa sechs Monate, bis eine Person beginnt, sich mit den verteilten Systemtechnologien, mit denen sie arbeitet, wohlzufühlen. Bei einigen Leuten kann es bis zu einem Jahr dauern.

Es wird Zeit brauchen, herauszufinden, ob eine Person eine Fähigkeitslücke bei verteilten Systemen hat. Das Management wird das Personal in kleineren Abständen neu bewerten müssen, um sicherzustellen, dass die Person im Laufe der Zeit Fortschritte macht. Andernfalls wird das Management jemanden von außen einstellen müssen oder einen Berater hinzuziehen müssen, um den Teams die Fähigkeiten der verteilten Systeme zu vermitteln.

Mein Team sagt, dass Sie falsch liegen und dass die Aufgabe einfach ist

Es gibt definitiv einige Ausnahmeteams und -mitarbeiter. Normalerweise sind dies Leute, die bereits umfangreiche Erfahrungen mit Daten, Multithreading oder massiv paralleler Verarbeitung (MPP-Systemen) haben. Für sie ist der Umstieg auf verteilte Systeme ein kleiner Schritt statt einer massiven Erhöhung der Komplexität der Systemerstellung. Für Menschen mit diesen Hintergründen gehen das Lernen und der Schwierigkeitsgrad stark zurück. In diesen Fällen könnten Sie ein Ausnahmeteam haben: ein Team, das sich auf einem deutlich fortgeschritteneren Ausgangspunkt befindet als andere Teams.

Eine andere Möglichkeit ist, dass das Team die mit verteilten Systemen verbundenen Komplexitäten nicht vollständig verstanden oder verinnerlicht hat. Bei einer oberflächlichen Kenntnis von verteilten Systemen scheinen sie einfach zu sein. Das Team versteht jedoch nur einen kleinen Teil dessen, was sie benötigen. Sobald das vollständige Problem und das Ausmaß der Schwierigkeit verstanden werden, könnte das Team erkennen, dass seine Aufgabe komplizierter ist und dass viel Arbeit in den Erfolg mit verteilten Systemen fließt.

Warum kann ich nicht einfach einige Anfänger einstellen und von diesen das Projekt erstellen lassen?

Diese Haltung des Managements beruht auf mehreren falschen Vorstellungen über die Schwierigkeiten und die Arbeit von Data Teams. Diese Missverständnisse müssen so schnell wie möglich ausgeräumt werden, sonst steht das Team vor einer hohen Wahrscheinlichkeit des Scheiterns.

Ein Missverständnis besteht darin, dass die Geschäftsleitung glaubt, dass verschiedene Anfänger die Fähigkeiten des anderen ergänzen können. Die Geschäftsleitung glaubt, dass das, was ein Anfänger nicht weiß oder versteht, ein anderer Anfänger wissen wird. Die Realität ist, dass Anfänger das gleiche Wissen haben werden und es sehr geringe ergänzende Verständnisse geben wird (<<junior_only.>>).

Ein weiteres Missverständnis betrifft die Zunahme der Komplexität bei verteilten Systemen. Die Geschäftsleitung mag Erfolg mit kleinen Datenprojekten gehabt haben, indem sie Anfänger auf ein Projekt angesetzt hat, die etwas in Produktion bringen konnten. Die Geschäftsleitung denkt, dass der gleiche Plan auch bei verteilten Systemen erfolgreich sein wird.

Am Anfang dieser Missverständnisse könnte eine differenziertere Frage stehen: Warum will die Geschäftsleitung eine Gruppe von Anfängern für das Team? Will die Geschäftsleitung Anfänger, weil sie billiger sind als eine erfahrene Person? Glaubt sie, dass sie für den Betrag, den die Organisation einer erfahrenen Person zahlen könnte, fünf Anfänger einstellen könnte? Manager könnten die Illusion haben, dass fünf Leute die gleiche oder viel höhere Produktivität als eine Person haben werden. Nach meiner Erfahrung wird ein Experte für verteilte Systeme mindestens 10-mal so produktiv sein wie eine mittlere Person und bis zu 50-mal mehr als ein Anfänger.

Die Realität ist, dass ein Data Team eher zu mehr Senior-Personen tendieren wird. Es kann sich aus Personen auf allen Fähigkeitsstufen zusammensetzen, aber ein Team aus reinen Anfängern wird erhebliche Schwierigkeiten mit der Produktivität haben. Ich habe zu oft gesehen, wie zu viele Anfänger in einem Team die Produktivität der wenigen Senior-Personen mit zu vielen Fragen und ständigen Missverständnissen, die geklärt werden müssen, zunichtemachen.

Wir haben ein Cluster für verteilte Systeme aufgebaut, und niemand benutzt es

Einige Organisationen denken, dass, wenn sie ein Cluster aufbauen, die Leute einfach anfangen werden, es zu benutzen. Das passiert nicht, und nach einer Weile beginnt die Organisation sich zu fragen, wie sie von den Datenprodukten profitieren kann.

Zunächst benötigen die Menschen technischen Zugang zu Daten. Auch mit einer Infrastruktur für verteilte Systeme können Daten noch immer in Silos verborgen sein. Um Wert zu schaffen, müssen die Daten an verschiedene Stellen in der Organisation übertragen werden.

Es könnte auch eine Fähigkeitslücke für den Rest der Organisation geben. Während die Infrastruktur ein Teil des Problems war, war sie nicht das gesamte Problem. Die Teams werden Zeit und Ressourcen aufwenden müssen, um die neuen verteilten Systeme wirklich zu nutzen.

Die Geschäftsleitung macht oft den Fehler, von den Teams zu erwarten, dass sie verteilte Systeme über ein einziges Wochenende erlernen und somit über alle notwendigen Fähigkeiten verfügen. Der Erwerb von Fähigkeiten erfasst viel mehr. Versuchen Sie nicht, Abkürzungen auf einer langen und herausfordernden Reise zur Entwicklung einer datengesteuerten Organisation zu nehmen.

Verzerrte Verhältnisse

Einige Organisationen haben überhaupt keine oder nur sehr wenige der erforderlichen Data Teams. In diesen Situationen können die Mitarbeiter ihre Arbeit nicht erledigen, weil sie Zeit mit Dingen verschwenden, für die sie nicht qualifiziert sind: Data Scientists versuchen beispielsweise, Data Engineering oder Operations zu betreiben. Dies geschieht, wenn das Management die Best Practices mit Data Teams nicht befolgt oder die unterschiedlichen Fähigkeiten, die für Data Teams benötigt werden, nicht erkennt.

Meine Data Scientists beschweren sich ständig, dass sie alles selbst machen müssen

Die meisten Data Scientists erwarten, dass sie den Großteil ihrer Zeit mit den Aufgaben der Data Science verbringen: Analyse der Daten und Entwicklung von Modellen. Wenn sie das nicht können, wird das Management Beschwerden erhalten. Sie werden sich beschweren, dass sie ihre Zeit mit Data-Engineering- oder Betriebsaufgaben verbringen, anstatt das zu tun, wofür sie als Data Scientist eingestellt wurden. Dies resultiert normalerweise aus einem oder mehreren der folgenden Gründe:

- Das Verhältnis von Data Engineers zu Data Scientists stimmt nicht. Der Organisation könnte das Data-Engineering-Team völlig fehlen. Oder das Verhältnis von Data Engineers zu Data Scientists hält möglicherweise nicht mit den Ambitionen der Organisation Schritt, und es gibt möglicherweise nicht genug Data Engineers, um den Anforderungen zu entsprechen.

- Einige Organisationen werden denken, dass sie Data Engineers haben oder Mitarbeiter mit dem Titel eines Data Engineers. Die Data Engineers halten sich jedoch möglicherweise nicht an die Definition eines Data Engineers, wie sie in diesem Buch dargelegt ist. Diese Data Engineers haben möglicherweise nicht die Fähigkeiten, die notwendigen Systeme und Codes zu erstellen. Infolgedessen fallen diese Aufgaben in die Verantwortlichkeit der Data Scientists.

- In einigen Organisationen arbeiten die beiden Teams möglicherweise aufgrund politischer Feindseligkeiten oder organisatorischer Konflikte nicht gut zusammen. Diese Probleme könnten verhindern, dass die beiden Teams gut zusammenarbeiten, und jede Seite hat das Gefühl, dass sie die gesamte Arbeit erledigen muss.

- Die Data Scientists verstehen möglicherweise nicht die Rolle eines Data Engineers oder die Komplexität dessen, was getan werden muss, wenn die Datenprodukte erstellt werden. Die tatsächliche Menge an Arbeit, die die Data Scientists leisten, wird im Vergleich zur tatsächlichen Arbeit, die zur Entwicklung der Datenprodukte benötigt wird, gering sein. Der bescheidenere Beitrag des Data Scientists zum Gesamtprodukt erscheint in ihren Augen viel bedeutender als das, was sie tatsächlich als Teil des gesamten Datenprodukts beitragen.

- Es könnten erhebliche Probleme mit den Datenprodukten bestehen, die von den Data-Engineering-Teams erstellt werden, was die Produkte für die Data Scientists unbrauchbar macht. Als Reaktion darauf werden die Data Scientists beginnen, ihre eigenen Datenprodukte zu erstellen, um sich vor der schlechten Arbeit der Data Engineers zu schützen. Diese Datenqualitätsprobleme werden dazu führen, dass das Data-Science-Team jegliches Vertrauen in die Fähigkeit des Data-Engineering-Teams, nutzbare Datenprodukte zu erstellen, verliert, und die Data Scientists werden sich ständig gezwungen fühlen, ihre eigenen zu erstellen.

Wenn Data Scientists das Gefühl haben, dass sie zu viel Zeit mit Data-Engineering-Aufgaben verbringen, werden sie schließlich kündigen und eine andere Organisation suchen, die eine bessere Data-Engineering-Kultur hat.

Meine Data Scientists brechen ständig Projekte ab oder stoppen sie

In einigen Organisationen scheitern die Data Scientists stillschweigend oder hören auf, an einem Datenprojekt zu arbeiten. Die Data Scientists könnten verschiedene Gründe für das Stoppen von Projekten haben, einige sind korrekt, andere nicht. Nicht jedes Data-Science-Projekt wird möglich sein, und diese Projekte können aus guten Gründen ohne Ergebnisse beendet werden. Aber wenn ein Data-Science-Team ein Projekt aufgrund einer technischen Einschränkung stoppt, wird das Projekt falsch abgeschlossen. Die technische Einschränkung mag für das Data-Science-Team unüberwindbar gewesen sein, aber mit einem guten Data-Engineering-Team erreichbar.

Wenn Data Scientists Projekte aufgrund technischer Einschränkungen abbrechen, können die Probleme sein

- Der Organisation fehlt ein Data-Engineering-Team vollständig oder es besteht nicht das richtige Verhältnis von Data Engineers zu Data Scientists. Wenn die Data Scientists kein Data-Engineering-Team haben, von dem sie Hilfe bekommen können, stoßen sie an ihre technischen Grenzen und hören einfach auf.

- Einige Organisationen werden Data Engineers als Titel haben, aber sie erfüllen nicht die Definition, wie sie in diesem Buch festgelegt ist. Wenn die Data Scientists fortgeschrittene technische Unterstützung vom Data-Engineering-Team suchen, werden die Data Engineers aufgrund ihrer eigenen technischen Einschränkungen nicht in der Lage sein, die notwendige Hilfe oder Unterstützung zu leisten. Dadurch sind die Data Scientists bei Data-Engineering-Aufgaben auf sich selbst gestellt

Die Analyse der Data Engineers ist nicht sehr gut

Das Data-Engineering-Team sollte Mitglieder mit einigen analytischen Fähigkeiten haben, um einen Bericht oder ein Dashboard zu erstellen. Für ein Datenengineering-Team ist die erforderliche analytische Fähigkeit rudimentär. Es geht um einfache Mathematik wie Zählungen oder Summen. Es kann hilfreich sein, den Data Engineers einige grundlegende Kenntnisse der Data Science zu vermitteln, um die analytischen Fähigkeiten der Data Engineers zu erhöhen.

Projektfehlschläge und schnelle Lösungen

Einige Organisationen wechseln von einer Technologie zur anderen oder von einem Schlagwort zum anderen. Sie sind auf der Suche nach dem nächsten großen Wurf und sie ziehen immer weiter, ohne ihre Ziele zu erreichen. Wenn die Organisation scheitert, geben sie konsequent der Technologie die Schuld an ihren Misserfolgen und Fehlern. Für diese Organisationen ist es eine Herausforderung, nach innen zu schauen und die Managementgründe für die verschiedenen Mängel zu beheben. Aber bis die

Organisation ihre Managementprobleme behebt, werden die Teams nie in der Lage sein, ein erfolgreiches Projekt zu erstellen.

Einige Organisationen suchen nach direkten und schnellen Lösungen. Sie glauben, dass eine Technologiewette das Unternehmen retten kann oder einen so massiven ROI schaffen wird, dass die finanziellen Probleme der Organisation gelöst werden. Obwohl Big-Data-Projekte einen enormen Wert schaffen können, werden sie wahrscheinlich keine scheiternde Organisation retten.

Wir haben mehrere Projekte ausprobiert und keines von ihnen hat irgendwohin geführt

Wenn mehrere Datenprojekte nirgendwohin geführt haben oder keinen Wert gezeigt haben, beginnt die Organisation, nach Antworten zu suchen. Die einfache Ausweichlösung besteht darin, die Technologie für die Misserfolge verantwortlich zu machen. Die viel tiefergehenden und grundlegenderen Fragen sind schwieriger zu finden und zu beheben. Das Managementteam muss nach mehreren Projektfehlschlägen ernsthaft hinterfragen, um den wahren Grund zu ermitteln, warum die Dinge schiefgelaufen sind.

Das Management muss sich fragen, ob es das Team wirklich auf Erfolg vorbereitet hat, oder ob es nur ein Abhaken von Kästchen gab. Hatte das Team alle erforderlichen Ressourcen oder gab es nur eine Teilmenge? Hat das Managementteam einfach unqualifizierte Personen als Data-Science-, Data-Engineering- und Operations Team bezeichnet?

Manchmal versteht das Management nicht die Zunahme der Komplexität, die durch Big-Data-Projekte entsteht. Es setzt die Erstellung von Datenprodukten mit seinen viel einfacheren Projekten wie der Webentwicklung gleich. Infolgedessen denkt es, dass Datenprojekte in den gleichen Zeiträumen wie andere, vergleichsweise einfachere Projekte abgeschlossen werden können. In diesen Szenarien wird das Projekt nach einem Monat abgebrochen, wenn vier bis fünf Monate notwendig sind. Das Management muss überprüfen, ob dem Team genügend Zeit gegeben wurde, um das Projekt abzuschließen und sich bei Bedarf in die Technologien einzuarbeiten.

Wir haben uns von Big Data verabschiedet, weil wir keinen ROI erzielen können

Big Data bringt viel Ballast und Overhead mit sich. Eine Organisation erkennt möglicherweise nicht oder plant nicht für die zusätzliche Komplexität von Big Data. Einige Organisationen erwarten den größeren ROI, der von Datenprojekten versprochen wird, zusammen mit der viel geringeren Investition, die für kleine Datenprojekte erforderlich ist.

In diesen Situationen geht es wahrscheinlich eher um organisatorische und nicht um technische Themen. Höchstwahrscheinlich handelt es sich um eines oder mehrere der folgenden Probleme:

- Der Organisation fehlt ein oder alle Data Team(s). Die Organisation hat den Bedarf oder den Wert, den jedes Team schafft, nicht verinnerlicht. Sie denkt, sie könnte mit nur einem oder zwei Team(s) auskommen, anstatt alle zu benötigen.

- Den Teams fehlen Personen mit der tatsächlichen Fähigkeit für die Rolle. Zum Beispiel könnte dem Data-Engineering-Team die Fähigkeiten in verteilten Systemen und Programmierung fehlen, um Data Pipelines zu erstellen. Ohne die Fähigkeit, eine Data Pipeline zu erstellen, wird die Organisation niemals in der Lage sein, einen ROI zu erzielen, weil die Daten nicht existieren.

- Ein weiteres Problem könnte sein, dass die Organisation bei Personen, Technologie oder Hilfe spart oder den niedrigsten Preis zahlt. Einige Organisationen versuchen, 20 % unter Marktwert für ihre Leute zu zahlen. Sie waren erfolgreich genug, indem sie bei kleinen Datenprojekten wenig zahlten, aber das funktioniert nicht mehr angesichts der Zunahme der Komplexität durch Big Data. Andere Organisationen versuchen Hilfe zu bekommen, suchen aber die billigste Quelle für Beratung – die wiederum ihre eigenen Leute billig bezahlt – und der Zyklus wiederholt sich.

- Manchmal sind die Leute nicht auf Erfolg eingestellt. Wenn ein Team völlig neu in verteilten Systemen oder Daten ist, benötigt es die verschiedenen Ressourcen, die in diesem Buch aufgeführt sind, um erfolgreich zu sein.

- Für kompliziertere Anwendungsfälle könnten den Teams die erforderlichen Veteranenfähigkeiten und Führungsqualitäten fehlen. Ohne diese Fähigkeiten kann der Rest des Teams nicht planen oder konzeptualisieren, was zu tun ist, um das Datenprodukt fertigzustellen.

- Die Geschäftsseite könnte die erforderliche Anstrengung ablehnen oder nicht einbringen, um erfolgreich zu sein. Das Geschäft könnte eine amorphe Datenstrategie erstellt haben, der jegliches echte Detail oder Profil fehlt. Dies wurde den Data Teams zur Implementierung gegeben, und das Geschäft hat sich von weiteren Eingaben verabschiedet. Stattdessen muss das Geschäft weiterhin mit den Data Teams zusammenarbeiten, um zu überprüfen, ob die Datenprodukte wirklich den Geschäftsanforderungen entsprechen.

- Organisationen, denen ein klares Geschäftsziel oder Ergebnis fehlt, werden niemals ein Ziel erreichen. Ohne ein Endziel kann das Team keinen ROI erzeugen. Die Geschäfts- und technischen Teams müssen ein klares Geschäftsziel identifizieren und herausfinden, wie Datenprodukte dieses Ziel erreichen können.

Wir haben die Cloud ausprobiert und sind gescheitert; jetzt scheitern wir mit Big Data

Einige Organisationen verwenden eine Technologie als Krücke, um grundlegendere Probleme zu bewältigen. Sie sehen jede neue Technologie als Allheilmittel, welches das Schicksal der Organisation verändern wird. Diese Organisationen springen von einer Technologie zur anderen in der Erwartung, dass der Hype des Technologieanbieters das Geschäft dramatisch verbessern wird.

Die Organisation behebt nie jenes Grundproblem, woran die Organisation immer wieder scheitert. Mit jeder neuen Technologie durchläuft die Organisation die Phasen für ein weiteres Scheitern. Die vorherigen Management- oder organisatorischen Probleme wurden nicht behoben, und die gleichen Probleme werden sich mit einer neuen Technologie wiederholen. Obwohl die Organisation mit dem Finger auf die

Technologie als Grund für das Scheitern zeigt, liegt die Wurzel der Probleme bei Management- und Organisationsproblemen.

In diesen wiederholenden Technologieversagensszenarien sind die Probleme wahrscheinlich auf Folgendes zurückzuführen:

- Der Organisation fehlen ein oder alle Data Teams. Sie wurde vom Technologieanbieter informiert oder hat angenommen, dass die neue Technologie alles einfacher macht. Mit dieser angenommenen Leichtigkeit glaubt das Managementteam nicht, dass es alle drei Teams benötigt.

- Den Teams fehlen Personen mit der tatsächlichen Fähigkeit für die vorgesehene Rolle. Zum Beispiel könnte dem Data-Engineering-Team die Fähigkeiten in verteilten Systemen und Programmierung fehlen, um Data Pipelines zu erstellen. Dies verhindert, dass das Team jemals wirklich erfolgreich mit den Technologien ist.

- Ein weiteres Problem könnte sein, dass die Organisation bei Personen, Technologie oder Hilfe spart oder den niedrigsten Preis zahlt.

- Manchmal sind die Leute nicht auf Erfolg eingestellt. Die Organisation erwartet, dass jeder die neuen Technologien in seiner eigenen Zeit lernt, anstatt die Ressourcen zum Erfolg zu erhalten.

- Für kompliziertere Anwendungsfälle könnten den Teams die erforderlichen Veteranenfähigkeiten und Führungsqualitäten fehlen.

- Die Geschäftsseite könnte die erforderliche Anstrengung ablehnen oder nicht einbringen, um erfolgreich zu sein. Das Geschäft könnte die neueste Technologie als die schnellste Lösung ausgewählt und sich dann von allen weiteren Verantwortlichkeiten zurückgezogen haben. Stattdessen muss das Geschäft weiterhin mit den Data Teams zusammenarbeiten, um zu überprüfen, ob die Technologieimplementierung wirklich den Geschäftsanforderungen entspricht.

Das ist wirklich schwer; gibt es einen einfacheren Weg, das zu erledigen?

Die kurze Antwort ist nein. Die lange Antwort ist ja, aber es wird nicht so einfach sein, wie Sie hoffen. Es gibt keinen einfachen Knopf, um Datensysteme hochzufahren. Organisationen, die nach einfachen Antworten und Technologieimplementierungen suchen, scheitern oft oder bleiben weit hinter den Erwartungen zurück.

Eine Option für einen einfacheren Weg zum anfänglichen Erfolg besteht darin, teure Berater einzustellen, die alles erledigen. Die Organisation würde im Grunde genommen alle Data Teams an einen externen Anbieter auslagern, und der externe Anbieter wird alles für die Organisation tun. Die Suche nach einem externen Anbieter für diese Aufgabe ist kompliziert. Es ist schwierig, eine Beratungsfirma zu finden, die wirklich der Aufgabe gewachsen ist. Ein korrespondierendes Problem ist, dass das Management beim Einsehen der Rechnung für den kompetenten externen Anbieter, der alles erfolgreich erledigt hat, einen Preisschock bekommt. Es beginnt, nach billigeren Alternativen zu suchen, die nicht jedoch über alle Fähigkeiten verfügen.

Ich habe festgestellt, dass Organisationen, die so sehr auf die Leichtigkeit der Entwicklung fokussiert sind, sehr geringe Erfolgschancen haben. In diesen Fällen denke ich, dass diese Organisationen besser dran sind, wenn sie gar keine Big-Data-Projekte versuchen.

Der Fokus des Managements auf Leichtigkeit resultiert aus dem Gefühl, dass es eine Technologie gibt, die all dies einfach macht. Lassen Sie mich Jesses Gesetz über Komplexität teilen. Big Data-Systeme können nur für einen spezifischen Anwendungsfall oder eine spezifische Branche/Industrie weniger kompliziert gemacht werden. Ich glaube nicht, dass es möglich ist, dass ein allgemeines verteiltes System einfach ist. Ich denke, bestimmte Teile können einfacher gemacht werden, aber das ist nur relativ – insgesamt macht das die Nutzung nicht einfach.

In einigen Organisationen geht das Management davon aus, dass die fehlende Leichtigkeit auf die Komplexität der Programmierung zurückzuführen ist. Wenn das Team nur Technologien verwenden könnte, die keine Programmierung erfordern, wären sie auf der sicheren Seite. Aber Programmierung ist nur eine der kritischen Fähigkeiten, die Big Data erfordert. Es gibt einen wichtigen Grund, warum ich verteilte Systeme als separate Fähigkeit herausgestellt habe: Sie sind genauso wichtig wie die Programmierung. Die verteilten Systeme sind der Ort, an dem der Großteil der Komplexität eintritt, und es gibt einfach keine Abkürzungen, um allgemeine verteilte

Systeme einfach zu machen. Sie könnten einige Best Practices oder austauschbare Methoden einsetzen, aber Sie werden in absehbarer Zukunft einen qualifizierten Data Engineer benötigen.

Gibt es einfache Wege oder Abkürzungen zu diesen Problemen?

Ja, manchmal gibt es einfachere Lösungen für Probleme. Einfachere Lösungen für Probleme zu finden, ist ein entscheidender Bereich, in dem Ihre Veteranenfähigkeiten zum Tragen kommen. Der Wert der Veteranenfähigkeit besteht darin, das Team – insbesondere neue Data-Engineering-Teams – davon abzuhalten, etwas Dummes zu tun. Dies könnte gelöst werden, indem man einen einfacheren Weg findet, das Gleiche zu tun. Beachten Sie auch, dass einfach relativ ist und es keine Zeit geben wird, in der das Management darüber staunt, wie einfach die Dinge sind.

Einige Teams und Organisationen versuchen, alles auf einmal zu tun, egal wie schwierig die Implementierung ist. Ich empfehle dringend, Projekte in überschaubarere und einfachere Schritte zu unterteilen – nämlich krabbeln, laufen, rennen. Indem man umfangreichere und langfristige Aufgaben in kürzere, erreichbarere Aufgaben unterteilt, kann ein Team die notwendige Geschwindigkeit erzeugen, um die schwierigen Teile zu bewältigen.

Teams, die völlig neu in verteilten Systemen oder Big Data sind, können leicht überfordert werden. Es kann von außen unglaublich kompliziert aussehen, wenn die Teammitglieder beginnen sich anzusehen, was benötigt wird. Teams können nicht ohne Weiteres oder ohne Wachstumsschmerzen von 0 (kleine Daten) auf 100 (große Daten) umsteigen. Ihre Veteranen sollten da sein, um dem Team zu helfen, die Komplexität in überschaubarere Teile zu zerlegen und sie durch die überwältigenden Gefühle zu führen.

Wir haben eine Beratungsfirma eingestellt, um uns zu helfen, aber sie schafft es nicht

Ich habe festgestellt, dass Probleme mit Beratungsfirmen selbstverschuldet sind – die Organisation hat ihre eigenen Probleme geschaffen, indem sie nicht die besten Praktiken befolgt hat.

Als das Managementteam Beratungsunternehmen bewertete, hat es sich für das günstigste Angebot entschieden? Um wirklich niedrige Angebote zu erzielen, zahlen die Beratungsunternehmen entweder ihren Leuten sehr niedrige Löhne oder vergeben die Arbeit an ein noch niedriger bezahltes Beratungsunternehmen. In beiden Fällen kann die Qualität der Leute so niedrig sein, dass sie nie etwas zu Ende bringen.

Hat das Managementteam Referenzen überprüft und andere erfolgreiche Kunden des Beratungsunternehmens gefunden? War während der Anbieterauswahl jemand im Raum, der die richtigen Fragen zu stellen wusste? Hat der Verkäufer nur Zweifel zerstreut, oder hatten die Antworten tatsächlich Hand und Fuß?

Eine weitere gängige Taktik ist, dass das Beratungsunternehmen einen Köder auslegt. Während des Verkaufszyklus und der ersten Treffen stellt das Beratungsunternehmen seine kompetentesten Leute vor. Wenn das Projekt beginnt und die Implementierung beginnt, schickt das Beratungsunternehmen seine weniger qualifizierten Leute. Diese weniger qualifizierten Leute werden nicht in der Lage sein, die Arbeit zu erledigen, aber sie werden keine Probleme zugeben, weil das ihren Job kosten würde. Je nach Vertrag kann es für das Beratungsunternehmen nicht vorteilhaft sein, Änderungen vorzunehmen, weil Verzögerungen oder Probleme von der Organisation statt von der Beratung bezahlt werden.

Wir haben alles befolgt, was unser Anbieter uns gesagt hat, und wir sind immer noch nicht erfolgreich

Die traurige Wahrheit ist, dass viele Anbieter nur an sich selbst und nicht an ihre Kunden denken. Die Anbieter werden ihren Kunden alles erzählen, was sie hören müssen, um den Verkauf abzuschließen. Die Verkäufer machen sich mehr Sorgen um den Verlust eines Geschäfts als um die Bindung eines langfristigen Kunden.

Während eines Verkaufszyklus werden sie Ihnen erzählen, wie ihre Produkte ein Problem lösen, anstatt das richtige Werkzeug zum Lösen des Problems zu verkaufen. Die Verkäufer sind auch geblendet von der Notwendigkeit, jedes technische Problem auf ihre Lösungsmöglichkeiten zu übertragen, egal wie schlecht die Technologie für den Anwendungsfall passt oder wie schlecht der Anbieter die Technologie implementiert hat. Traurigerweise verlassen sich einige Kunden auf externe Anbieter, die ihnen Ratschläge über Technologie geben, obwohl die Anbieter es als Pflicht des Kunden sehen, die richtige Wahl für sich selbst zu treffen.

Andere Anbieter sind auf der Suche jemanden, der ihre Produkte benutzt. Dies gilt insbesondere für neue Produkte, die ein Anbieter erstellt. Sie sind mehr an den Zahlen der Adoption interessiert als am tatsächlichen Erfolg des Kunden mit dem Produkt. Dies lässt den Kunden auf der Strecke, wenn das Produkt letztendlich erfolglos ist.

Wir haben unsere Datenstrategie definiert, aber es wird nichts erstellt

Einige Managementteams denken, dass ihre Arbeit mit der Erstellung der Datenstrategie endet. Aus ihrer Sicht wird die gesamte Arbeit von da an von der restlichen Organisation erledigt. Dies ist ein ziemlich häufiges Missverständnis des Managements, insbesondere auf dem C-Level.

Die Bedeutung der kontinuierlichen Zusammenarbeit des Geschäfts- und Managementteams mit den Data Teams kann nicht unterschätzt werden. In diesem Buch habe ich ein ganzes Kapitel dem Thema gewidmet, wie das Geschäft mit den Data Teams zusammenarbeiten sollte.

Die Schaffung von Data Teams ist nicht nur ein technischer Wechsel. Es muss ein gesamter kultureller Wandel in der gesamten Organisation stattfinden. Die Data Teams können nur eine begrenzte Kulturveränderung herbeiführen. Das Managementteam trägt die Hauptlast der notwendigen Veränderungen.

An wen wurde die Datenstrategie übergeben? Wenn es eine allgemeine IT-Funktion war, hat die IT-Abteilung möglicherweise nicht die richtigen Leute und hat die Anfrage einfach fallen gelassen. Dies ist eine Manifestation der fehlenden Data Teams in der Organisation. Ohne alle Data Teams wird die Organisation nicht in der Lage sein, die gesamte Datenstrategie umzusetzen.

Unsere Datenmodelle scheitern ständig in der Produktion

Modelle sind nur so gut wie die Daten, die in sie einfließen. Wenn es schlechte Daten gibt, sollten die Data Teams einige Anstrengungen unternehmen, um herauszufinden, was passiert und wie die Probleme verhindert werden können. Zum Beispiel könnte es notwendig sein, mehr Fehler- und Datenprüfungen für das Programm durchzuführen.

Das Modell selbst könnte auch Probleme haben. Die Data Engineers müssen möglicherweise den Code für das Modell des Data Scientists überprüfen, um zu verifizieren, dass es seine Daten überprüft. Auch die Art und Weise, wie das Modell aufgerufen wird, könnte ein Problem sein. Wenn die Daten oder das Datenmodell zu unstrukturiert oder nicht gut definiert sind, könnte das Modell aufgrund von Codierungsproblemen scheitern.

Der Heilige Gral

Organisationen, die auf der Suche nach dem technischen Heiligen Gral sind, sind in Big Data relativ häufig. Diese Heiligen Grale repräsentieren die kompliziertesten und begehrtesten Designs und Architekturen, die wirklich fortschrittliche Unternehmen langfristig geschaffen haben. Diese Suche ist besonders universell für Organisationen, die sehr neu in Big Data und verteilten Systemen sind, wo sie die Veränderungen in der Komplexität, denen sie gegenüberstehen werden, oder die Möglichkeit, wie sehr die Organisation selbst sich verändern muss, um den geschaffenen Wert zu maximieren, noch nicht vollständig verstanden oder verinnerlicht haben. Sie denken einfach, sie könnten kopieren, was die andere Organisation tut und die exakt gleichen Ergebnisse erzielen.

Manchmal werden Data Teams gezwungen, Heilige Grale zu versprechen, um Finanzierung zu erhalten. Um mit anderen Budgetzuweisungen konkurrieren zu können, müssen die Data Teams unerreichbare oder unglaublich hochgesteckte Ziele versprechen. Dies führt dazu, dass die Teams mehr versprechen, als sie halten können. Diese Teams bekommen nie die Gelegenheit zu laufen, geschweige denn zu krabbeln, bevor von ihnen erwartet wird, dass sie rennen oder sprinten (siehe Kap. 7, Abschnitt „Erstellen Sie einen Krabbeln-, Laufen-, Rennen-Plan").

Wir haben jemandes Architektur kopiert und wir erzielen nicht den gleichen Wert

Ich habe mit vielen Organisationen auf der ganzen Welt gearbeitet, einige davon direkte Konkurrenten. Ich hatte einen tiefen Einblick in deren Architektur und deren Code. Trotz der Tatsache, dass sie im selben Geschäft oder in derselben Branche tätig sind, waren ihre Technologiestapel und ihr Code sehr unterschiedlich.

Warum sollten ihre technischen Implementierungen so unterschiedlich sein, obwohl sie im selben Geschäft sind? Der Hauptantrieb für Daten sollten der Geschäftswert und die Geschäftsziele sein. Jede Organisation hat etwas unterschiedliche Ziele und benötigt daher unterschiedliche Implementierungen, um den Geschäftswert zu erzielen.

Die Technologien sollten spezifische Anwendungsfälle ermöglichen. Die Anwendungsfälle zwischen den Unternehmen werden variieren und sie werden unterschiedliche Technologien verwenden.

Schließlich sind die Teams zwischen den Organisationen unterschiedlich. Eine Organisation wird besser bezahlen und kompetentere Leute haben, die in der Lage sein werden, kompliziertere Anwendungsfälle zu implementieren. Eine andere Organisation wird schlechter bezahlen und Leute haben, die sich mit komplizierten Anwendungsfällen abmühen.

Während Nachahmung vielleicht die aufrichtigste Form der Schmeichelei ist, ist sie nicht immer der beste Weg, um Architekturen zu erstellen oder Technologien auszuwählen. Sie wird als Abkürzung von Organisationen verwendet, die versuchen, schneller voranzukommen. Die kopierte Architektur mag für die Organisation, den Anwendungsfall oder die Menschen richtig oder falsch sein.

In Konferenzvorträgen und Whitepapers, in denen Organisationen über ihre erfolgreichen Architekturen berichten, teilen sie selten einige relevante, aber entscheidende Informationen wie folgende:

- Die Menge an externer Hilfe, die sie bei der Implementierung der Architektur erhalten haben. Die Organisation des Präsentators könnte umfangreiche Unterstützung von einem externen Beratungsunternehmen oder den Lösungsarchitekten eines Technologieanbieters genossen haben. Diese externe Hilfe könnte ihnen einen gewaltigen Vorteil bei der Implementierung der Architektur, die sie zeigen, verschafft haben.

- Die anfängliche Erfahrung des Teams mit verteilten Systemen, Programmierung oder den in Frage stehenden Technologien. Hatte das Team bereits Leute mit profundem Hintergrund in verteilten Systemen, die es dem Personal ermöglichten, einen relativ geradlinigen Wechsel seitwärts zu machen, anstatt mit einem großen Schritt in der Komplexität zu kämpfen? Hatte das Team eine

Person mit umfangreicher Erfahrung in der Technologie bei einem früheren Job eingestellt, jemanden, der dem Team eine Menge Erfahrung brachte, die sonst nicht vorhanden gewesen wäre?

- Der Präsentator lässt normalerweise aus, wie lange sie die Architektur implementiert haben. Es ist eine seltene Organisation, die ehrlich ihren Weg von Anfang bis zum heutigen Zustand beschreibt. Für einige Organisationen mit einer Heiligen-Gral-Architektur hat die Reise länger als zehn Jahre gedauert. Diese Tatsache wird vielleicht nicht einmal im Vortrag oder im Whitepaper erwähnt.

- Die meisten technischen Konferenzvorträge und Whitepapers konzentrieren sich auf die Technologie oder Implementierung. Sie lassen die Nuancen des Geschäftsfalls aus oder decken den Geschäftsfall gar nicht ab. Dies zwingt den Teilnehmer oder Leser, den Geschäftsfall zu entschlüsseln, den die Technologie oder Architektur ermöglicht hat oder den Wert, den sie geschaffen hat.

- Ich habe viele Konferenzen besucht, bei denen ein Geschäftsführer einen Vortrag über die Reise seiner Organisation hält. Oft habe ich Insiderinformationen oder habe aus erster Hand Kenntnis über die tatsächliche Situation in der Organisation. Was der Geschäftsführer sagt und was die Realität ist, sind zwei verschiedene Dinge. Er könnte seinen Erfolg ernsthaft überbewerten oder absichtlich lügen, wenn es darum geht, wie weit er ist.

Wir haben einen wirklich ehrgeizigen Plan und wir haben Schwierigkeiten, ihn zu erreichen

Wenn Sie einen Heiligen Gral vor Augen haben, sind die daraus resultierenden ehrgeizigen Pläne schwer zu erreichen.

Wenn eine Organisation gerade erst mit Big Data beginnt, fehlt dem Team wahrscheinlich jegliche Geschwindigkeit (siehe Kap. 7). Diese Geschwindigkeit wird es den Teammitgliedern ermöglichen, etwas Erfahrung und Vertrauen in verteilte Systeme zu gewinnen. Organisationen, die versuchen, eine Abkürzung zur Schnelligkeit zu nehmen, haben erhebliche Schwierigkeiten und die Projekte kommen meistens nicht voran. Die Organisation sollte sich mehr auf erreichbare Ziele und auf die Schaffung von Schwung für die Teams konzentrieren.

Es kann schwierig sein, eine Organisation mit einer anderen in Bezug auf Produktivität zu vergleichen. Eine Organisation erhält möglicherweise umfangreiche externe Hilfe, während eine andere Organisation sich abmüht und versucht, es alleine zu schaffen. Die Organisation, die viel Unterstützung erhält, kann deutlich erfolgreicher sein. Anstatt Erfolgsraten zu vergleichen, sollte das Managementteam darüber nachdenken, wie es seine Teams mit mehr oder besseren Ressourcen erfolgreicher machen können.

Ein weiteres Problem könnte sein, dass es zu viele Anfänger und nicht genug Veteranen gibt. Wenn Unternehmen, die gerade erst mit verteilten Systemen beginnen, ehrgeizige Pläne erstellen und deren Umsetzung Anfängern überlassen, schaffen sie ein Rezept für eine Katastrophe. Es gibt zwei gleich schlechte Ergebnisse für diese Situationen. Das eine ist, dass das Team eine Lösung erstellt, die am seidenen Faden hängt, in der Hoffnung, die ehrgeizigen Pläne zu erfüllen, während eine Lösung geschaffen wird, die für den Produktiveinsatz unwürdig ist. Das andere mögliche Ergebnis ist, dass das Team überhaupt keinen Fortschritt macht. Teams brauchen wirklich Veteranen, die ihnen zu helfen, produktionswürdige Systeme zu erstellen – besonders wenn die Architektur besonders ehrgeizig ist.

Die Software oder Data Pipeline versagt ständig in der Produktion

Eine Organisation kann sich selbst gratulieren, dass ihre Arbeit erledigt ist, wenn sie ihren Code in die Produktion bringt. Eine der vielen Manifestationen der Komplexität von verteilten Systemen zeigt sich in der Schwierigkeit des Betriebs. Anstatt dass die Probleme auf ein System beschränkt sind, sind sie über einen Cluster von Hunderten von Prozessen verstreut.

Viele Softwareprodukte und Architekturen funktionieren theoretisch. Der wahre Prüfstein ist, wenn der Code oder die Architektur in Produktion gebracht wird. Dann werden die wirklich schwierigen betrieblichen Fragen beantwortet. Skaliert das System, um die Last zu bewältigen? Manchmal ist die Antwort nein, und die Organisation muss eine Data Pipeline bekämpfen, die in der Produktion versagt.

Wir haben ständig Produktionsausfälle

Systeme, die in der Entwicklung funktioniert haben, versagen oft, wenn sie in Produktion gebracht werden. Dies kann mehrere verschiedene Ursachen haben.

Fehlt der Organisation das Operations Team vollständig? Wer in der Organisation oder im Team ist verantwortlich für die Software, die verteilten Systemrahmen und die Hardware, die in Produktion läuft? Wenn letztendlich niemand verantwortlich ist, fehlt der Organisation ein Operations Team und sie muss eines erstellen.

Einige Ausfälle sind auf bestimmte Bereiche beschränkt. Ist die Störung mit einem neuen verteilten Systemrahmen verbunden oder kommt sie speziell von diesem, den die Data Teams kürzlich eingesetzt haben? Wenn ja, welche Ressourcen wurden den Teams zur Verfügung gestellt, um erfolgreich zu sein? Ein Betriebsausfall könnte eine Code- oder Architekturursache haben, anstatt ein traditionelles Betriebsproblem. Wenn niemand die richtigen Ressourcen wie Schulungen erhalten hat, haben die Data Engineers, Data Scientists oder das Operations Team möglicherweise nicht genügend Kenntnisse, um die Technologie korrekt einzusetzen.

Einem Operations Team könnte die Fähigkeit zur Fehlerbehebung fehlen. Diese Fähigkeit ist entscheidend, um die wirklich kniffligen Probleme mit verteilten Systemen zu finden, die Zeit und Mühe erfordern, um sie aufzuspüren. Bei einigen wiederkehrenden Produktionsproblemen oder Ausfällen wird es darauf ankommen, dass das Operations Team durch Fehlerbehebung ein tiefes oder schwer zu findendes Problem herausfindet.

Wenn eine Organisation in der Cloud ist, könnten Probleme im Zusammenhang mit dem Cloud-Anbieter auftreten. In der Cloud sind alle Ressourcen geteilt. Manchmal verursacht ein einzelner Knoten in einem verteilten Systemcluster intermittierende Probleme. Ein solches Problem wird als Noisy-Neighbour-Effekt bezeichnet. Das Operations Team wird nicht nur die Gesamtleistung des Clusters, sondern auch die Leistung einzelner Knoten im Auge behalten wollen.

Die Daten bringen unser System ständig zum Absturz, und wir können es nicht stoppen

Eine der großen Schwierigkeiten von Data Pipelines können die Daten selbst sein. Probleme mit Daten können unglaublich schwierig zu erkennen und zu beheben sein. Die Probleme können alle Data Teams gleichzeitig betreffen oder von ihnen ausgehen.

Dies kann die Kommunikation belasten, wenn die Gruppen ein Problem priorisieren müssen.

Versteht das Operations Team die Daten, die durch das System laufen, wirklich? Kennt es das Datenformat und wie ein korrekt geformtes Datenformat aussieht? Hat das Operations Team Werkzeuge, um die Daten auf Korrektheit zu prüfen, oder gibt es eine wirklich komplizierte Möglichkeit, die Daten zu überprüfen?

Auf der Seite der Data Engineers müssen Verfahren zum Umgang mit schlechten Daten in den Code geschrieben werden. Wenn der Code nicht mit schlechten Daten umgeht, programmiert das Team möglicherweise nicht defensiv genug. Der Code des Data Engineers könnte erwarten, dass die Daten sauber fließen, und es könnte Zeiten geben, in denen die Daten diesen Erwartungen nicht entsprechen. Daher sollte der Code des Data Engineers auf Anomalien prüfen. Es sollte ausreichende Unit-Tests und Integrationstests geben, die nicht nur einen glücklichen Pfad (gute Daten) testen, sondern auch sicherstellen, dass der Code schlechte Daten korrekt kennzeichnet.

Data Pipelines können verschiedene Stufen der Sauberkeit haben. Es könnte eine Roh-Data-Pipeline geben, in der die Daten genauso gespeichert oder verschoben werden, wie sie empfangen wurden. Diese Daten werden alle Arten von Fehlern und Ungenauigkeiten haben. Es sollte auch eine saubere Data Pipeline für zuvor von den Data Engineers verarbeitete Daten geben, um schlechte Elemente zu entfernen. Diese Daten sollten ausschließlich aus guten Daten bestehen, so sauber wie möglich sein oder alle anomalen oder schlechten Daten gekennzeichnet haben. Es sei denn, es besteht ein erheblicher Bedarf, sollte der Großteil der Organisation und der Anwendungsfälle die saubere Data Pipeline verwenden. Durch einen Fehler könnte ein Programm oder eine Person die falsche Data Pipeline verwenden.

Der Code des Data Scientists könnte die Quelle von Datenproblemen sein. Sein Code könnte schlechte Daten erzeugen, oder sein Code könnte aufgrund der schlechten Daten versagen. Es ist wichtig, den Code des Data Scientists zu überprüfen, aufgrund seiner geringeren Vertrautheit mit Softwareentwicklung und Programmierung im Allgemeinen. Der Code sollte überprüft werden, um sicherzustellen, dass er defensiv auf Korrektheit prüft, anstatt davon auszugehen, dass alle Daten korrekt sind.

Einige Architekturen machen Gebrauch von verteilten Datenbanken oder verwenden unstrukturierte Daten. Einige Teams gehen zu weit in ihrer Verwendung von unstrukturierten oder stringbasierten Formaten, weil sie glauben, dass diese Formate die höchste Stufe an Flexibilität oder Erweiterbarkeit bieten. Mit hohen

Flexibilitätsgraden kommt große Verantwortung. Teams könnten zu einem binären Datenformat wechseln wollen, um die vielen damit verbundenen Probleme mit unstrukturierten oder stringbasierten Datenformaten zu vermeiden.

Es dauert viel zu lange, Probleme im Code und in der Produktion zu finden und zu beheben

Das Finden von Problemen in der Produktion kann das Symptom einer Vielzahl von Mängeln auf betrieblicher und Entwicklungsebene sein. Die Schwierigkeit, das Problem zu finden, kann durch den intensiven Druck des Geschäfts, wieder in Betrieb zu gehen, erhöht werden. Diese schwierigen Zeiten können die Produktivität eines Data Teams wirklich in die Knie zwingen.

Wenn der Betrieb die Quelle des Problems nicht finden kann, fehlen ihm möglicherweise ausreichende Überwachungs- oder Protokollierungsmöglichkeiten, um Probleme zu finden und zu identifizieren. Das Operations Team sollte über umfangreiche Überwachungssysteme verfügen, um schnell einen fehlerhaften Prozess oder Knoten in einem verteilten System zu finden. Das Operations Team sollte auch über eine angemessene Protokollierung und über Systeme zum Durchsuchen der Protokolle verfügen. Ohne diese Systeme muss das Operations Team zu viele Systeme durchsuchen, um den Schuldigen zu finden. Die Geschäftsleitung sollte sicherstellen, dass die Operations Teams alle Ressourcen haben, die sie benötigen, um betriebliche Probleme schnell zu finden.

Sobald das Problem gefunden ist, kann hierbei ein häufiges Problem sein, dass dem Data-Engineering-Team Unit-Tests, Integrationstests oder Leistungstests fehlen. Diese sind ein integraler Bestandteil guter Softwareentwicklung und daher Teil des Werkzeugkastens des Data Engineers. Ein Mangel an Unit-Tests erzwingt manuelle Checks auf Problemregression, was dazu führt, dass das Data-Engineering-Team eine Weile braucht, um Probleme zu beheben.

TEIL IV

Fallstudien und Interviews

„I want conflict I want dissent
I want the scene to represent"

—„The Separation of Church and Skate" von NOFX

Zwischen Büchern mit Elfenbeinturmszenarien und theoretischen Ansätzen liegt die reale Welt. Obwohl dieses Buch meine Erfahrungen bei der Erstellung und Arbeit mit Data Teams darstellt, wollte ich nicht, dass das Buch nur meine Gedanken enthält. Ich möchte die Ideen der Menschen teilen, die täglich mit der mitunter chaotischen realen Welt zu tun haben. Dies sind ihre Geschichten.

Einige der Meinungen und Erfahrungen stehen direkt im Widerspruch oder scheinen den Empfehlungen zu widersprechen, die ich in diesem Buch gegeben habe. Ich habe mich dazu entschieden, diese Passagen in den Kapiteln beizubehalten, um zu zeigen, dass es verschiedene Ausgangspunkte und Perspektiven in Bezug auf Data Teams gibt. Es gibt eine Vielzahl von Gründen, warum es diese Unterschiede gibt. Ich habe mich dafür entschieden, nicht zu kommentieren, was die Interviewten gesagt haben.

All diese Interviews repräsentieren die Ansichten der Einzelpersonen und nicht unbedingt die der Unternehmen, bei denen sie gearbeitet haben.

KAPITEL 14

Interview mit Eric Colson und Brad Klingenberg

Über dieses Interview

Personen	Eric Colson und Brad Klingenberg
Zeitraum	2011–2019
Projektmanagement-Frameworks	Benutzerdefiniert
Betrachtete Unternehmen	Stitch Fix

Hintergrund

Stitch Fix ist der weltweit führende Online-Personal-Styling-Service, der Data Science und menschliches Urteilsvermögen kombiniert, um Kleidung, Schuhe und Accessoires zu liefern, die auf den einzigartigen Geschmack, Lebensstil und Budget der Kunden zugeschnitten sind. Stitch Fix ist für Frauen, Männer und Kinder in den USA und jetzt auch für Frauen und Männer in Großbritannien verfügbar; das Ziel von Stitch Fix ist es, seinen Kunden dabei zu helfen, ihr bestes Selbst zu sein.

Eric Colson gründete das Data Team von Stitch Fix im Jahr 2012. Sein offizieller Titel war Chief Algorithms Officer, und er hat nun in eine Emeritus-Rolle gewechselt. Bevor er zu Stitch Fix wechselte, war er Vice President of Data Science and Engineering bei Netflix und Analytics Manager bei Yahoo. Eric hat einen Bachelor in Wirtschaftswissenschaften, einen Master in Informationssystemen und einen weiteren Master in Management Science and Engineering.

Brad Klingenberg ist der Chief Algorithms Officer bei Stitch Fix und ist Erics Nachfolger. Brad war ein frühes Mitglied des Data Teams von Stitch Fix. Er hat als Data Scientist bei anderen Unternehmen wie Google, Netflix und anderen Finanzunternehmen gearbeitet. Er hat einen Ph.D. in Statistik von Stanford.

Ausgangspunkt

Als Eric zu Stitch Fix kam, um die Abteilung für Algorithmen zu gründen, fing er bei null an. Zu dieser Zeit sah der technische Stack des Unternehmens aus wie ein typischer Ruby-Webentwicklungs-Stack mit einer Ruby-Webanwendung, einer Datenbank und Webservern. Alle Daten kamen vom Web-Team oder von internen Systemen (Bestandsmanagement usw.).

Wie für Webentwickler üblich, werden viele Felder bei jeder Änderung überschrieben. Zum Beispiel wurden bei einer Preisänderung für ein Kleidungsstück die vorherigen und historischen Preise nicht gespeichert. Diese Geschichte unterstreicht einen der großen Unterschiede zwischen Webentwicklern und Mitgliedern von Data Teams. Wenn es nach den Data Scientists ginge, würden Daten niemals gelöscht oder aktualisiert. Sie zeigt auch einige der frühen Wachstums- und Veränderungsprozesse, die Organisationen durchlaufen müssen. Damit die Data Scientists anfangen konnten, Preismodelle zu erstellen, musste das Web-Engineering-Team einen historischen Datensatz aller Preise erstellen.

Ein großer Vorteil, den die Webentwickler den Data Scientists boten, war ein hochwertiges Datenmodell. Stitch Fix machte die Integrität und Wahrhaftigkeit der Daten zu einer frühen Priorität. Die Daten wurden über eine relationale Datenbank mit einem intuitiven und konsistenten Schema zugänglich gemacht. Es gab einige Bedenken hinsichtlich der Veränderlichkeit in der Nutzung der relationalen Datenbank, die geändert werden musste, wie zum Beispiel das Nichtbehalten historischer Preise, da diese einfach überschrieben wurden. Abgesehen von den Bedenken hinsichtlich der Veränderlichkeit bedeutete diese hochwertige Datenqualität, dass sich die Data Scientists auf die Wertschöpfung konzentrieren konnten, anstatt sich zu fragen, ob sie den Daten vertrauen konnten. Wenn es Anomalien in den Daten gibt, kann sich der Data Scientist darauf konzentrieren, den Grund im Unternehmen für eine Anomalie herauszufinden und wie man sie nutzen kann, anstatt zu versuchen herauszufinden, warum ein Datenstück fehlerhaft ist. Die Daten waren alle gut in der Datenbank gespeichert, und die Data Scientists konnten sie ohne große Änderungen verwenden.

Wachstum und Einstellung

Zuerst hat Eric alles selbst gemacht. Er erkannte schnell die Notwendigkeit, ein Team zu gründen. Seine ersten drei Neueinstellungen waren Datenwissenschaftler. Der erste Mitarbeiter konzentrierte sich zunächst darauf, grundlegende Einblicke ins Unternehmen zu liefern. Der zweite wurde eingestellt, um an den Warenbereichen zu arbeiten. Brad, der dritte Data Scientist, wurde eingestellt, um am Styling-Algorithmus zu arbeiten und einige von Erics frühen Modellen zu verbessern.

Da das Unternehmen neu war, waren die Datenmengen zunächst überschaubar. Die Abteilung für Algorithmen musste nicht viel Data Engineering betreiben, da sie die Systeme, die die Web-Ingenieure erstellt hatten, nutzen konnte. Daher replizierten die Data Scientists die PostgreSQL-Datenbank, die die Web-Ingenieure verwendeten, und erstellten ihre eigene Instanz. Von dort aus konnte die gesamte analytische Verarbeitung im Speicher und mit einem einzigen Computer unter Verwendung von Python oder R durchgeführt werden.

Als das Team auf 20 bis 24 Personen anwuchs, mussten Eric und das Team sich damit auseinandersetzen, wie sie eine Organisationsstruktur schaffen könnten. Sie wollten nicht einfach die Standardmanagement- oder Organisationsführungsstrategie nachbilden, die in ihren vorherigen Unternehmen die Norm war. Stattdessen hielten sie Team Offsites ab, um mit den Grundlagen des Aufbaus ihrer Abteilung zu beginnen. Sie diskutierten Themen wie „Was ist die Rolle der Hierarchie?" und „Was optimieren wir, wenn wir die Organisation entwerfen?". Sie beschlossen, eine Organisationsstruktur zu schaffen, die auf Innovation ausgerichtet ist.[1] Sie waren sich dessen sehr bewusst und erkannten, dass dies bedeutete, dass sie in anderen Bereichen wie Systemstabilität oder Ausführung von vorgefertigten Anforderungen nicht so gut sein würden. Aber sie wussten, dass sich das Opfer in diesen Bereichen für mehr Innovation lohnte.

In Übereinstimmung mit diesem Ziel führten sie eine Kultur von Hands-on-Managern ein, die gerne selbst mit Data-Science-Arbeit beschäftigt waren, anstatt hauptsächlich administrative Arbeit zu leisten. Jeder Manager hatte nur wenige direkte Berichte – zunächst auf etwa fünf Personen begrenzt – um den Managern ein Gefühl der Erfüllung zu ermöglichen und intellektuell an echten Data-Science-Fähigkeiten

---

[1]Erfahren Sie mehr darüber, wie Stitch Fix Data Science fördert und wachsen lässt unter https://cultivating-algos.stitchfix.com/.

teilzunehmen. Brad war einer der ersten Hands-on-Manager und konzentrierte sich weiterhin auf den Styling-Teil des Geschäfts.

Die bloße Schaffung einer Managementstruktur garantiert nicht Produktivität oder die Erreichung organisatorischer Ziele. Es wurde der Ausdruck „Verantwortung mit Vertrauen delegieren" geprägt, um die Einführung einer Hierarchie zu rechtfertigen. Dies bedeutet, dass die Rollen im Personalmanagement existieren, um über eine gesamte algorithmische Fähigkeit (oder eine Reihe von Fähigkeiten) zu verfügen, einschließlich aller technischen Funktionen (Modellierung, ETL, Implementierung, Messung usw.) sowie der Personalfunktionen (Einstellung, Management, Feedback geben usw.). Dieser vertikale Fokus auf Fähigkeiten, anstatt ein horizontaler Fokus auf technische Funktion, ermöglichte es dem Team, auf über 100 Data Scientists aufzustocken und dabei die für schnelle Bewegungen notwendige Autonomie zu bewahren. Darüber hinaus ermöglicht die Organisationsstruktur, Geschäftsergebnisse zu liefern und gleichzeitig Innovationen von unten zu fördern.

In der Praxis bedeutete dieser Ansatz, dass Data Scientists vielfältige Fähigkeiten haben mussten, um eine gesamte Fähigkeit zu managen. Sie mussten zu Generalisten werden und es wird erwartet, dass sie ihre eigene Modellierung, ETL und Implementierungen durchführen. Dies war notwendig, um Übergaben und Terminprobleme zu vermeiden, die mit einer stärker spezialisierten Arbeitsteilung verbunden sind. Die Fähigkeiten wurden zur Grundlage für die Organisation. Verwandte Fähigkeiten wurden zusammengefasst, um Teams zu bilden, und Gruppen von Teams bildeten die Abteilung. Diese Gruppierung schuf Autonomie für jedes Team, während es in die übrige Organisation integriert wurde.

Schließlich war wuchs die Abteilung so weit gewachsen, dass sie eine weitere Managementebene benötigte. Zu diesem Zeitpunkt stellte Eric ein paar Direktoren ein, um die verschiedenen Teams zu überwachen. Dies ermöglichte dem Team, weiter zu skalieren. Als Brad das Team übernahm, skalierte er die Dinge noch weiter, und heute hat das Algorithmen-Team über 125 Data Scientists und Plattformingenieure.

Die primäre Aufteilung in Data-Science- und Plattformteams

Schließlich stieß die gesamte Verarbeitung im Speicher mit Postgres an die Grenzen der Datenbank und der Serverhardware. Das Team musste mit Daten im Petabyte-Maßstab umgehen und eine benutzerdefinierte Plattform für die algorithmische Verarbeitung entwickeln. Darüber hinaus mussten sie saubere Schnittstellen (APIs) für die Bereitstellung algorithmischer Ergebnisse für die verschiedenen Produktionssysteme bereitstellen. Diese Aktivitäten fordern von Informatikern mehr als von Data Scientists, was ihre jeweiligen Fähigkeiten betrifft. Daher besteht die Abteilung für Algorithmen bei Stitch Fix aus zwei Hauptgruppen: *Data-Science-* und *Algorithmen-Plattform*, beide berichten an den Chief Algorithms Officer. Das Data-Science-Team entspricht größtenteils den in diesem Buch festgelegten Definitionen, jedoch mit höherer Programmierfähigkeit und mehr Operations. Das Plattformteam baut Infrastruktur und Werkzeuge, um die Data Scientists autonom zu machen.

Data-Science-Team

Die Data-Science-Teams sind weiter in Zentren unterteilt, die sich an den Hauptfunktionen des Unternehmens orientieren.

Merchandising-Algorithmen

Dieses Zentrum entwickelt Algorithmen zur Verwaltung von Inventar und trifft Entscheidungen darüber, wie die besten Produkte für Kunden geführt und erstellt werden.

Styling-Algorithmen

Dieses Zentrum konzentriert sich auf Algorithmen, die die Styling-Empfehlungsmaschine antreiben. Allgemeiner gesagt, behandelt das Zentrum eine Reihe von Algorithmen, die Kunden mit Produkten abgleichen, einschließlich Outfit-Empfehlungen, Stylistenauswahl-Algorithmen und Inventarzielsetzung.

Kunden-Algorithmen

Dieses Zentrum konzentriert sich auf die Personalisierung der Kundenerfahrung im Service, unabhängig von den Kleidungsstücken selbst. Zum Beispiel gibt es Algorithmen, die personalisieren, wann und wie man mit jedem Kunden interagiert.

Betriebs-Algorithmen

Dieses Zentrum konzentriert sich auf Algorithmen, die den Fluss von Ressourcen im gesamten Unternehmen steuern, um sicherzustellen, dass das Angebot an Arbeitskräften (Lagerarbeiter, Kundendienstmitarbeiter, Stylisten usw.) der Nachfrage entspricht.

Kundenservice-Algorithmen

Dieses Zentrum konzentriert sich auf Algorithmen zur Verwaltung von Kundendaten. (Tickets weiterleiten, Antworten empfehlen usw.).

Die Data Scientists sind verantwortlich für das Schreiben ihrer eigenen ETL, das Trainieren von Modellen und deren Bereitstellung in der Produktion. Stitch Fix wollte, dass ihre Data Scientists so nah wie möglich am Geschäftsproblem sind – um mit dem Geschäft zusammenzuarbeiten, um zu überprüfen, ob ein Modell oder ein neuer Ansatz tatsächlich Probleme löst oder Metriken verbessert. In einigen Fällen **sind** die Data Scientists das Geschäft, mit der Verantwortung für direkte Auswirkungen auf den Umsatz und andere Metriken.

Plattformteam

Das Plattformteam richtet die gesamte Infrastruktur und die notwendigen Werkzeuge ein, um Algorithmen zu entwickeln und auszuführen. Effektiv entlastet es die Data Scientists von der Notwendigkeit, viele der fortgeschrittenen Informatikkonzepte zu verstehen, die benötigt werden, um die Algorithmen auszuführen – Containerisierung, verteilte Verarbeitung, automatisches Failover und so weiter. Die Data Scientists können dann einen Code auf einer höheren Abstraktionsebene schreiben, glücklich unwissend über die Verteilung und Parallelisierung, die im Hintergrund stattfindet. Dies lässt sie darauf fokussieren, Wissenschaft auf Geschäftsprobleme anzuwenden, während sie gleichzeitig Übergaben an andere vermeiden.

Indem sie die richtigen Leute für die Data-Science- und Plattformteams einstellen und jedem erlauben, sich auf das zu konzentrieren, was sie gut können, ermöglichen Manager den Data Scientists, weitaus produktiver zu sein. Mit der Plattform kann ein Data Scientist eine Lösung für das gesamte Geschäftsproblem besitzen und erstellen. Eric beschrieb die Plattform so: „Es ermöglicht den Data Scientists wirklich, jeden

Aspekt des Problems, an dem sie arbeiten, zu besitzen – von der Überlegung, wie das Modell zu gestalten ist, über die Beschaffung der Daten, das Design von Algorithmen, das Training von Modellen, das kausale Messen von Auswirkungen bis hin zur Zusammenarbeit mit Partnern im gesamten Unternehmen, ohne dass Arbeit an eine andere Funktion entlang des Weges abgegeben werden muss."

Betriebliche Verantwortlichkeiten werden zwischen dem Plattform- und dem Data-Science-Team geteilt. Stitch Fix hat eine umfangreiche Überwachung der Produktionssysteme eingeführt, die ihnen hilft, die Quelle von Problemen schnell zu identifizieren. Je nachdem, was die offensichtliche Quelle des Problems ist, wird das für das System verantwortliche Team auf die Notwendigkeit von Betriebshilfe aufmerksam gemacht. Jeder Algorithmus hat eine andere SLA, abhängig von seiner Reife und den Risikofaktoren. Das Team wollte keine Einheits-SLA, da es in vielen Bereichen Innovation über Stabilität stellte.

Die Stitch-Fix-Architektur läuft vollständig in der Cloud. Der Hauptvorteil, den das Cloud-Computing bietet, ist Agilität. Data Scientists und Plattformingenieure können nach Belieben neue Cluster aufbauen, um eine neue Idee auszuprobieren. Wenn die Idee nicht die gewünschte Wirkung erzielt, können diese Ressourcen genauso schnell wieder abgebaut werden. Dies mindert die Notwendigkeit, viele Prozesse zu brauchen, um zu entscheiden, welche Ideen ausprobiert werden sollen.

Bottom-up-Ansatz

Ich fand den Ansatz von Stitch Fix zur Erstellung von Algorithmen faszinierend. In den meisten Organisationen gibt es einen starken Top-down-Ansatz. Ein CxO gibt eine Art Mandat vor, und alle führen dieses Mandat aus, oder eine Geschäftseinheit finanziert die Arbeit an spezifischen Funktionen. Stitch Fix hingegen hat einen emergenten oder Bottom-up-Ansatz zur Data Science gefördert.

„Es liegt in der Natur der Sache, dass diese Arten von Algorithmen nicht im Voraus entworfen werden können; sie müssen während des Prozesses erlernt werden", teilte Eric mit. Das Unternehmen verstand früh, dass der Workflow der Data Science sich von anderen Disziplinen unterscheidet. „Anstatt ein Modell im Voraus zu spezifizieren, müssen Sie die Daten und ML *das Modell offenbaren lassen*. Das Geschäft kann nicht einfach eine Spezifikation erstellen und erwarten, dass die Data Scientists sie erstellen."

Aufgrund dieses offenen Ansatzes zum Lernen sind die Data Scientists selbst diejenigen, die den Bedarf oder die Möglichkeit zur Verbesserung oder Optimierung durch ein Modell erkennen. „Die Leute, die am nächsten an den Daten sind, die tagtäglich mit den Daten arbeiten, entdecken Dinge, die andere nicht entdecken. Viele unserer algorithmischen Fähigkeiten wurden nicht angefordert", sagte Eric. „Die Ideen kamen nicht von oben von einem Geschäftsmann oder sogar von mir oder Brad. Die Ideen kamen von den Data Scientists selbst."

Eric behauptet, dass es Neugier ist, die die Data Scientists dazu veranlasst, eine Idee zu erforschen. „Sie sehen Beziehungen in den Daten, die auf eine effizientere Vorgehensweise hinweisen, oder auf den Aufbau einer völlig neuen Fähigkeit", sagte Eric. „Sie können nicht anders. Sobald die Beobachtung gemacht ist, fühlen sie sich gezwungen, ihr nachzugehen." Mit Zugang zu den Daten und nahezu unbegrenzten Rechenressourcen, die von der Plattform bereitgestellt werden, kann der Data Scientist diese Ideen fast kostenlos erforschen. „Ich nenne es *kostengünstige Erkundung*. Sie müssen nicht um Erlaubnis bitten, diese Ideen zu erforschen."

Aber diese Neugier ist nicht nur eine Vermutung; sie wird durch Daten und Statistiken gestützt. „Sie haben Beweise – AUC (Area Under Curve) und andere statistische Maßnahmen – die zeigen, wann sie auf dem richtigen Weg sind. Nicht alle Ideen erweisen sich als gute. Aber die durch Daten und Statistiken gewährten Beweise können Ihnen mitteilen, ob Sie in eine Sackgasse geraten oder auf etwas potenziell Spielveränderndes stoßen." Von dort aus kann der Data Scientist seine Erkenntnisse dem Rest des Teams vorstellen, um die potenzielle Auswirkung der Erkundung zu zeigen.

Brad sagte: „Die meisten Leute im Team sind Leute, die sich darauf freuen, Geschäftsprobleme zu lösen und Wege zu finden, Daten und Algorithmen auf das Geschäft anzuwenden. Und in vielerlei Hinsicht denke ich, dass unsere größten Erfolge die Durchbrüche sind, die von Leuten kommen, die darüber nachdenken, wie wir verschiedene Teile des Geschäfts betreiben, um Daten und Algorithmen zu nutzen. Es geht genauso sehr darum, Geschäftsprobleme zu lösen wie mathematische Probleme."

Als wir über diese Emergenz sprachen, ging ich davon aus, dass Stitch Fix etwas Ähnliches wie Googles 20-%-Projektzeit-Politik macht, bei der jede Person einen von fünf Tagen Projekten widmen kann, die nicht direkt mit ihrer täglichen Arbeit zusammenhängen. Stitch Fix entschied sich dagegen, da sie befürchteten, dass zu viel Struktur und Druck, etwas zu schaffen, tatsächlich ein Hindernis für Innovation sein könnte. Sie befürchteten, dass jede Person das Gefühl haben könnte, nur an

„bahnbrechenden" Ideen arbeiten zu müssen, wenn viele einfache Ideen genauso effektiv sein könnten.

Stattdessen beschlossen Eric und Brad, die Innovation weiterhin aus Neugier zu fördern. „Data Scientists sind fast von Neugier geplagt. Dieser Juckreiz muss gestillt werden", sagte Eric. „Ich habe kürzlich mit einigen Leuten im Team gesprochen und gefragt: ‚Was hat Sie dazu gebracht, diese großartige Fähigkeit zu entwickeln, nach der niemand gefragt hat?' Ihre Antwort ist fast immer: ‚Weil ich es musste.' ‚Ich musste herausfinden, warum es nicht faktorisiert wurde.' Oder: ‚Ich musste diese Anomalie erklären.' Oder: ‚Ich musste sehen, ob diese Hypothese wahr ist.'"

Obwohl die Neugier die Hauptgrundlage für ihre Forschung war, benötigten die Data Scientists immer noch ein gutes Grundverständnis für das Geschäft. Eric sagte: „Unsere Data Scientists sind sehr gut mit dem Geschäftskontext ausgestattet, sodass sie selbst beurteilen können, wie wertvoll etwas sein wird. Sie haben Zugang zu den Daten, um ihre Ideen zu überprüfen, und sie haben den Geschäftskontext, um zu wissen, wie viel Einfluss eine neue Fähigkeit haben kann."

Nicht nur die Data Scientists hatten die Fähigkeit, eine neue Idee entstehen zu lassen. Auch die Plattformingenieure werden durch Beobachtung angetrieben. Anstatt Anforderungen von den Data Scientists zu übernehmen, beobachten sie, wie diese arbeiten, und erstellen Frameworks, die die Data Scientists viel effektiver machen – auch wenn sie nicht danach fragen.

Projektmanagement

Es ist schwierig, ein Projektmanagement-Framework zu finden, das gut zur Forschungs- und Entwicklungsarbeit in der Data Science passt. Es gibt einfach zu viele Wendungen, die das Team nicht vorhersehen und für die es nicht planen kann. Aus diesem Grund verwendet Stitch Fix keine Projektmanagement-Frameworks wie Scrum oder Kanban. Sie tun etwas, das ich eher als Open-Source-Projektpraktiken beschreiben würde, wie sie in Eric S. Raymonds *„Die Kathedrale und der Basar"* beschrieben sind.

Durch kleine Teams und Hands-on-Manager benötigt das Team keine große Projektmanagementstruktur. Stattdessen können sie schnell und informell vorgehen. Brad sagte: „Der Ansatz, den wir gewählt haben, ähnelt viel mehr dem eines Gärtners, man möchte einfach nur Umstände schaffen, in denen die Leute gute Arbeit leisten können und gelegentlich muss man einen Ast zurückschneiden oder Platz für einen neuen Sämling machen, aber im Allgemeinen versucht man nur, ideale Bedingungen zu schaffen und sich dann zurückzuziehen."

Eric fügte hinzu: „Der Prozess war wunderbar und meiner Meinung nach sehr unterschiedlich zu der Art und Weise, wie die meisten Data-Science-Unternehmen heute geführt werden, die viel mehr Top-down sind." In anderen Top-down-Unternehmen diktiert jemand außerhalb des Data-Science-Teams und dann werden Personen aus dem Data-Science-Team zugewiesen, um die Idee umzusetzen. „Die besten Ideen kommen von den Data Scientists. Sie sind diejenigen, die am nächsten an den Daten sind. Sie sehen Muster und Anomalien, die der Rest von uns nicht sieht."

Der Wettbewerbsvorteil von Daten

Stitch Fix befindet sich in einem wahnsinnig wettbewerbsintensiven Segment des Einzelhandels. Sie verlassen sich auf Daten, um einen Wettbewerbsvorteil zu behalten. „Das Geschäftsmodell von Stitch Fix bietet ein sehr unterschiedliches Kundenerlebnis. Aber es sind die Daten, die uns dieses Modell liefert, die uns unsere Differenzierung ermöglichen. Sie erlauben uns, besser zu personalisieren als andere Einzelhändler", sagte Eric. Stitch Fix konzentriert sich auf die Schaffung positiver Feedbackschleifen und Erkenntnisse, die es ihnen ermöglichen, ihre Kunden besser zu bedienen.

Bei einem stationären Einzelhändler sind viele potenzielle Feedbackschleifen nicht vorhanden oder können nicht erstellt werden. Wenn jemand einige Kleidungsstücke in einer Umkleidekabine lässt, verfolgt der Einzelhändler nicht, dass die Kleidung anprobiert und abgelehnt wurde. E-Commerce-Unternehmen haben mehr Daten darüber, was in ihrem Geschäft passiert, können aber nur aus den Artikeln lernen, die der Kunde ausgewählt hat. Stitch Fix konzentriert sich auf das Schließen dieser Feedbackschleifen. Zum Beispiel kann Stitch Fix Kunden dazu bringen, Kleidung auszuprobieren, die sie selbst nicht ausgewählt hätten. Dies ermöglicht es ihnen, Präferenzdaten zu Passform, Stil, Größe usw. zu erfassen – selbst wenn der Kunde am Ende einige der Artikel zurückgibt. Die Daten darüber, warum jemand einen Artikel nicht mochte, sind oft genauso wertvoll wie Daten darüber, warum jemand einen Artikel mochte. Diese Daten helfen Stitch Fix, zukünftige Artikel für Kunden zu empfehlen und diese darüber zu informieren sie, welche Bestände sie beschaffen sollen, und sie ermöglichen es ihnen sogar, neue Kleidung zu entwerfen.

Stitch Fix hat eine gegenseitig vorteilhafte Beziehung zu seinen Kunden durch Daten. Kunden liefern Stitch Fix wertvolle Daten über ihre Größen- und Stilpräferenzen; Stitch Fix liefert den Kunden relevante Kleidung – sogar Kleidung, an die sie vorher nicht gedacht hätten. Diese symbiotische Beziehung durch die Nutzung von Daten ermöglicht es beiden Seiten zu profitieren und schafft einen großen Anreiz für Kunden, ihre wahren Meinungen zu teilen. Dies wäre schwer zu replizieren von Einzelhändlern mit einem traditionelleren Modell.

Indem es einen echten Wettbewerbsvorteil durch Daten hat und diese tatsächlich nutzt, hat das Algorithmen-Team einen direkten Einfluss auf das Geschäft. „Ich denke, etwas, das neuartig an unserer Algorithmen-Abteilung ist, ist die Menge an direktem Einfluss, den sie auf das Geschäft hat", sagte Eric. „Brads Abteilung ist verantwortlich für echte Auswirkungen auf verschiedene Metriken, sei es die Steigerung des Umsatzes oder die Optimierung zur Kostensenkung. Neben ihrem eigenen Einfluss arbeiten sie auch mit fast jeder Abteilung im Unternehmen – Marketing, Merchandising, Betrieb, Styling usw. – zusammen, um algorithmische Fähigkeiten in diesen Funktionen bereitzustellen. Das ist ziemlich einzigartig für Stitch Fix: dieses echte Verantwortungsgefühl."

Stitch Fix ist bekannt für seine Nutzung von „Human-in-the-Loop"-Algorithmen. In einigen Fällen benötigen sie die Leistungsfähigkeit des maschinellen Lernens, kombiniert mit den nuancierten Fähigkeiten des menschlichen Urteils. Ein Beispiel dafür sind die Styling-Algorithmen, die verwendet werden, um Kleidung für einen Kunden auszuwählen. In anderen Fällen jedoch wird durch menschliches Urteil kein Mehrwert geschaffen, und alles, was benötigt wird, ist maschinelle Berechnung. Dies wird „Maschine-zu-Maschine-Algorithmen" genannt. Zum Beispiel, wie man Bestände auf verschiedene Lager verteilt oder wie man Kunden mit Stylisten zusammenbringt. Diese Algorithmen können als Maschine-zu-Mensch beginnen, aber sobald genug Vertrauen in den Algorithmus besteht, kann der Mensch vollständig aus der Schleife entfernt werden.

Das Vertrauensniveau zu erreichen, das es einer Organisation ermöglicht, Maschine-zu-Maschine-Algorithmen zu akzeptieren, kann wirklich schwierig sein. Brad sagte: „Es ist Kunst und Wissenschaft – Menschen und Maschinen arbeiten zusammen. Manchmal gibt es Spannungen, aber es sind gesunde Spannungen. Das Ziel ist nicht nur, etwas zu automatisieren, was ein Mensch tun könnte, sondern die Algorithmen so auszustatten, dass sie Dinge tun können, die ein Mensch nicht alleine tun könnte. Es gibt sehr interessante Fälle, manchmal, wo Maschinen und Menschen nicht übereinstimmen. Das ist die Herausforderung, Vertrauen und Glaubwürdigkeit zu erwerben. Aber mit der Zeit ist es großartig, wenn wir zeigen können, dass Maschinen wirklich gute Ergebnisse erzielen können. Besonders wenn man Menschen in einem Unternehmen wie Stitch Fix befähigt, kann man diesen Fall empirisch durch Experimente und die Nutzung von Daten darlegen, dass dies die Kunden tatsächlich glücklicher macht."

Eric sagte: „Unser Geschäftsmodell eignet sich wirklich gut für Experimente. Wir führen randomisierte kontrollierte Versuche durch, bei denen man die kausalen Beziehungen zwischen Dingen kennenlernt. Dies ermöglicht es uns, die Ergebnisse unserer Entscheidungen zu lernen. Und es stellt sich heraus, dass dies ziemlich demütigend sein kann! Wir haben gelernt, dass unsere Intuitionen uns oft im Stich lassen. So viele unserer großartigen Ideen stellen sich als falsch heraus; sie bewegen das Nadelöhr überhaupt nicht oder können sogar das Nadelöhr in die falsche Richtung bewegen!" Getreu der Form der Data Science schreiben das Team manchmal seine Vorhersagen über die Ergebnisse verschiedener Experimente auf. Nach Abschluss des Experiments nimmt es das tatsächliche Ergebnis und vergleicht dieses mit seinen Vorhersagen. „Oft lernen wir, dass keiner von uns auch nur richtig lag. Es ist ernüchternd, wie weit wir daneben liegen können. Aber wir müssen das lernen. Es ist wahrscheinlich schon immer so gewesen in der Geschäftsgeschichte. Nur dass wir vor der Fähigkeit, richtig kontrollierte Experimente durchzuführen, nie die Ergebnisse unserer Entscheidungen kannten. Unwissenheit war Glückseligkeit!"

Ratschläge an andere Unternehmen

Ich habe mit Managern auf der ganzen Welt gesprochen, die behaupten, dass Unternehmen wie Stitch Fix das tun können, was sie tun, weil sie in San Francisco sind. Die Manager gehen davon aus, dass Unternehmen im Rest der Welt ihre Daten nicht nutzen, gut einstellen oder auf dem gleichen Niveau ausführen können. Ich habe Eric und Brad genau diese Frage gestellt.

„Ich denke schon, dass Arbeitsplätze und Data Science im Allgemeinen nicht gleichmäßig geografisch verteilt sind. Aber es gibt wachsende Zentren, die über die Bay Area oder New York hinausgehen. Der Anstieg der Fernarbeit ist wahrscheinlich ein guter Trend für Menschen im ganzen Land", sagte Brad.

„Intelligente Menschen fühlen sich von anderen intelligenten Menschen angezogen. Dies ermöglicht es, Talent anzuhäufen, was wiederum mehr Unternehmen anzieht – insbesondere diejenigen, die wirklich Top-Talent schätzen und die innovativsten Rollen anbieten. Der Tugendkreislauf konzentriert das Talent auf relativ wenige Orte. Also ja, es ist eine Herausforderung, wenn Ihr Unternehmen nicht an einem dieser Orte ist", sagte Eric.

Um auf diese Herausforderung einzugehen, bat ich sie, den großen Unternehmen, die sich im Schneckentempo bewegen, Ratschläge zu geben.

Eric sagte: „Nun, ich möchte nicht zu pessimistisch sein, aber es ist ein steiler Aufstieg für ein altes, schwerfälliges Unternehmen. Unternehmen neigen dazu, Veränderungen abzulehnen. Prozesse und Werte werden in den Gründungsjahren festgelegt und sind der Organisation inhärent, sie wirken quasi wie eine DNA für das Unternehmen. Wenn diese DNA keine Empirie, Experimente, Innovationen usw. beinhaltet, wird es schwierig sein, erfolgreich ein Data-Science-Team einzuführen. Es ist wie das Einbringen einer fremden Entität in den Körper; Abwehrmechanismen werden es abstoßen. Es ist nicht unmöglich, aber es wird schwierig sein, solche grundlegenden Änderungen in einem bestehenden Unternehmen vorzunehmen."

Brad riet: „Versuchen Sie, einen Platz in einem Unternehmen zu finden, das sowohl die zur Lösung von Problemen benötigten Daten als auch den Appetit auf die Nutzung von Daten bietet. Idealerweise möchten Sie ein Team, das die Daten nicht nur zur Gewinnung von Erkenntnissen oder zur Erstellung eines Berichts verwendet, sondern wirklich Daten und Algorithmen zur Entscheidungsfindung einsetzen möchte. Und ich denke, nur wenige Organisationen tendieren wirklich in diese Richtung. Aber innerhalb einer großen Organisation könnte es Bereiche oder Fähigkeiten geben, in denen Sie mehr Möglichkeiten haben."

Eric fügte hinzu: „Die Einführung von Data Science in ein bestehendes, ausgereiftes Unternehmen ist viel schwieriger als sie von Anfang an zu haben und organisch wachsen zu lassen. Als neues Unterfangen in einem bestehenden Unternehmen wird das Data-Science-Team wahrscheinlich seine Initiativen im Voraus deklarieren und sogar ROI-Schätzungen angeben müssen. Im Gegensatz dazu war Data Science bei Stitch Fix von Anfang an Teil des Unternehmens. Dies ermöglichte es dem Data-Science-Team, Möglichkeiten zu erkunden und den Return on Investment im Nachhinein zu erkennen. Das heißt, wir würden zuerst viele neue Ideen ausprobieren und dann in sie investieren, indem wir zusätzliches Personal einstellen, nachdem sie sich als erfolgreich erwiesen haben. Dies nimmt den Druck, ROI-Schätzungen im Voraus für eine einzige Idee abgeben zu müssen. Data-Science-Lösungen haben eine Menge inhärenter Unsicherheit; es ist am besten, weit und mit viel Versuch und Irrtum zu erforschen."

Stitch Fix konkurriert in einem wettbewerbsintensiven Markt für Menschen in der Gegend von San Francisco. Sie haben sich darauf konzentriert, Data Scientists aus vielfältigen Bereichen wie Chemie, Biologie und Neurowissenschaften einzustellen und rekrutieren gelegentlich Mitarbeiter direkt aus Promotionsprogrammen. Um die richtigen Leute zu finden, sagte Brad: „An einem schwierigen Problem zu arbeiten und wirklich darauf trainiert zu sein, Probleme wissenschaftlich anzugehen, ist eine ziemlich allgemeine Fähigkeit. Wir stellen im Allgemeinen fest, dass Menschen mit Erfahrung in der Lösung wissenschaftlicher Probleme und der Nutzung von Technologie und Daten ziemlich gut abschneiden."

Ich fragte, wie Unternehmen profitieren können, wenn sie erhebliche Unterstützung auf C-Ebene für ihre Data Teams haben.

Stitch Fix hat diese Unterstützung auf C-Ebene bereits früh erhalten. Eric war der Chief Algorithms Officer und war Mitglied der C-Suite. „Von Anfang an haben wir Data Science als erstklassige Einheit etabliert, mit Vertretung auf Führungsebene und einer eigenen Abteilung", sagte Eric. Brad hat ihn in dieser Rolle seitdem abgelöst und ist auf Augenhöhe mit dem CTO und CFO.

Brad fügte hinzu: „Es ergeben sich mehrere Vorteile daraus, dass alle im selben Team sind und an jemanden auf C-Ebene berichten. Für das Team denke ich, dass es uns eine wirklich bemerkenswerte Gemeinschaft bietet, zusammen mit besseren Möglichkeiten und Karrierefortschritten." Indem Brad auf C-Ebene ist, kann er entscheiden, wie die Organisation des Data Teams strukturiert ist. „Und was das Berichten an jemanden in der C-Suite betrifft, denke ich, dass es wichtig ist, einen Platz am Tisch zu haben. Das bedeutet, dass wir nicht nur die Ideen eines anderen Teams ausführen, sondern wirklich dazu da sind, die Art und Weise, wie das Unternehmen über Daten und Unsicherheit und die Verwendung von Algorithmen denkt, zu verändern. Wie Eric erwähnte, denke ich, dass ein Teil dessen, was Stitch Fix erfolgreich macht, die sehr empirische, datenorientierte Kultur ist, die wir haben. Und ich würde einen Großteil davon darauf zurückführen, dass Eric insbesondere viele Jahre nach seinem Eintritt in das Unternehmen ein C-Level-Executive war."

Erkenntnisse im Nachhinein

Ich fragte, was sie ändern oder im Nachhinein anders gemacht hätten.

Eric sagte: „Wir haben einige Probleme verursacht, als Data Scientist schnell Modelle entwickelten. Die Modelle kamen in die Produktion, aber vielleicht waren sie nicht auf die robusteste Weise codiert, sodass wir sie ersetzen mussten, nachdem sie bereits in Betrieb waren. Also sicherlich, wenn ich damals gewusst hätte, was ich jetzt weiß, würden wir alle unsere Algorithmen von Anfang an richtig codieren, damit wir sie nicht neu schreiben müssen. Aber das ist im Nachhinein leicht zu sagen!"

Brad behauptete, dass er nicht viel ändern würde. „Ich denke, die allgemeinen Prinzipien, die dem Team so gut gedient haben, könnten in ziemlich vielen Umgebungen funktionieren: Bevorzugung von Bottom-up-Innovation, Einstellung von Generalisten, die gut darin sind, Probleme zu formulieren, und wirklich versuchen, den Leuten Eigentum zu lassen."

Ich fragte Eric und Brad, wo sie dachten, dass sie wirklich gute Arbeit geleistet haben.

Eric sagte: „Wir haben eine so mutige Wette auf Algorithmen gemacht. Es hat sich als so wichtig für unser Geschäftsmodell erwiesen. Ein großer Teil unseres Erfolgs ist darauf zurückzuführen, dass wir von Anfang an eine saubere Grundlage hatten, um die Dinge richtig zu etablieren. Man lernt Dinge in seiner Karriere – oft aus eigenen Fehlern – doch es kann sehr schwer sein, sie vor Ort zu korrigieren. Man braucht oft eine saubere Grundlage, um neu anzufangen. Bei Netflix, zum Beispiel, hatte ich eine Arbeitsteilung im Team zwischen den Analyse- oder Business-Intelligence-Teams und den Data-Science-Teams. Beide berichteten mir, aber ihre Arbeit wurde aufgeteilt, um ihre getrennten Fähigkeiten zu nutzen. Dies führte zu einer Fragmentierung von Kontext, Werkzeugen und Infrastruktur. Ich wollte das beheben, aber das bedeutete, einen alten Legacy-Code und Prozesse rückgängig zu machen, sowie einen Großteil des Teams auszutauschen. Dies ist besonders entmutigend zu tun, während man auch die Prioritäten des Unternehmens erfüllt. Aber bei Stitch Fix hatte ich eine saubere Grundlage. Es gab nichts rückgängig zu machen. Ich konnte die richtigen Organisationsprinzipien von Anfang an etablieren. Natürlich mussten einige Dinge gelernt werden, während wir voranschritten. Aber wir waren sehr vorsichtig, Optionen zu bewahren und Dinge zu vermeiden, die schwer rückgängig zu machen wären."

Andere gute Entscheidungen beinhalteten „Plattformteam frühzeitig einzubeziehen, um mit uns zu wachsen" und „uns auf eine gewisse Autonomie vorzubereiten". Das Plattformteam in ihrer Organisation zu haben, ermöglichte es ihnen, ihre eigene Richtung festzulegen und sich auf Prinzipien abzustimmen. Eric erinnerte sich: „Wir wollten nicht, dass Anforderungen von Data Scientists an einen Ingenieur zur Implementierung ‚übergeben' werden müssen. Übergaben begrenzen Ihre Fähigkeit, schnell zu iterieren. Stattdessen baute unser Algorithmen-Plattformteam eine Infrastruktur, die es Data Scientists ermöglicht, Lösungen selbst zu implementieren."

Dies stellte sich als großartiger Schachzug heraus. Eric erinnerte sich weiter: „Ich erinnere mich an die allererste Version unseres Styling-Algorithmus. Er war auf historischen Daten trainiert worden und sah sehr vielversprechend aus. Als es an die Implementierung ging, hatten wir folgende Optionen: Wir könnten die API bauen, um mit dem Engineering-Team zu interagieren, oder sie könnten es tun. Wir haben es letztendlich selbst gemacht, was eine großartige Entscheidung war. Indem wir die API besaßen, konnten wir das Engineering-Team von all unseren Experimenten und Iterationen loslösen. Hätten wir es nicht selbst gebaut, hätten wir für jede Änderung verhandeln müssen, um auf ihre Roadmap zu kommen. Dies wäre sehr schwierig gewesen, da sie ihre eigenen wichtigen Prioritäten hatten."

Er schloss ab: „Die Schnittstellen zwischen den Engineering- und Algorithmen-Teams wurden ziemlich klar. Teilweise wurde dies dadurch ermöglicht, dass die beiden Teams völlig unterschiedliche Technologie-Stacks hatten: Engineering verwendete Ruby; Algorithmen verwendeten Python und R. Dies führte zu einer guten Entkopplung, die uns gut gedient hat."

KAPITEL 15

Interview mit Dmitriy Ryaboy

Über dieses Interview

Personen	Dmitriy Ryaboy
Zeitraum	2011–2019
Projektmanagement-Frameworks	Scrum
Betrachtete Unternehmen	Twitter, Cloudera, Zymergen

Hintergrund

Dmitriy Ryaboy startete die Data-Engineering-Plattform von Twitter, absolvierte ein Praktikum bei Cloudera, als es noch ein kleines Start-up war, und ist derzeit Vice President of Software Engineering bei Zymergen. Er hat einen Master-Abschluss in Verteilten Systemen und Datenbanken.

Einstellung bei Twitter

Dmitriy war die vierte Person, die eingestellt wurde, um bei Twitter Analysen durchzuführen. Zu diesem Zeitpunkt gab es einen Analytics-Manager und zwei Ingenieure. Die Data-Engineering-Funktion entstand aus der Analytics-Abteilung und nicht aus dem Kernteam der Ingenieure.

Zunächst machte das Team alles: sowohl die Analyse als auch die Erstellung der benötigten Infrastruktur. Der Manager des Teams hatte eher einen analytischen Schwerpunkt, konnte aber das fortgeschrittene SQL schreiben, das für die Analyse

J. Anderson, *Daten-Teams*, https://doi.org/10.1007/979-8-8688-0072-6_15

benötigt wurde. Der Rest des Teams bestand aus Programmierern, die gebeten wurden, Analysen durchzuführen. Einige der Programmierer hatten bereits Erfahrung mit Analysen, da sie zuvor Teil eines Analyseteams gewesen waren.

In diesen frühen Phasen waren einige Analyseprobleme schwierige Probleme verteilter Systeme, andere waren grundlegendere Analyseprobleme. Dmitriy sagte: „Das Unternehmen fiel in die Falle zu denken: ,Oh, wir holen uns drei Experten für Deep Learning, wissen Sie, und zahlen ihnen Unmengen an Geld und sie werden Magie bewirken.' Und wie, ja, aber sie haben keine Daten. Was sollen sie tun? Das Unternehmen hatte irgendwie falsche Erwartungen." Ohne die richtigen Daten oder Systeme wären die Data Analysten untätig gewesen.

Die vierte und fünfte Einstellung hatte starke analytische Hintergründe. Twitter begann mit dem Aufbau seiner Umsatzplattformen, ein Projekt, das aus dem Analyseteam hervorging. Um die Teamgröße zu erhöhen, erwarb Twitter ein weiteres Start-up namens BackTape, das sich auf die Schnittstelle von Engineering und Analytik konzentrierte.

Als die Anforderungen des Unternehmens wuchsen, begannen die Menschen organisch in die beiden Gruppen zu wechseln, die wir normalerweise mit Analytik und Data Engineering in Verbindung bringen. Dieser Wechsel begann nach etwa einem Jahr. Dmitriy begann mit dem Aufbau des Data-Engineering-Teams, indem er nach Menschen suchte, die bei der Erstellung der Infrastruktur helfen konnten. Zu dieser Zeit hatte Dmitriy noch nicht den eigentlichen Titel eines Managers und nichts war wirklich schriftlich festgehalten. Es gab immer noch einen einzigen Manager für die gesamte Analytics-Abteilung. Als das Team wuchs, wurde klar, dass es für einen einzigen Manager zu viele Menschen gab, um den Überblick zu behalten. Zu diesem Zeitpunkt wurde Dmitriy offiziell zum Manager des Data-Engineering-Teams befördert.

Bis 2012 bestand Dmitriys gesamte Gruppe aus etwa 20 Personen. Zu diesem Zeitpunkt führte Twitter eine Umstrukturierung durch, indem das Analyseteam der Finanzabteilung und das Data-Engineering-Team dem VP of Engineering unterstellt wurde. Dmitriy sagt: „Es war wichtig für mein Team, in das Kernteam der Ingenieure zu wechseln, auch wenn dadurch das Engineering von der Analytik getrennt wurde. Einerseits ist es wirklich wichtig, eine gute Zusammenarbeit zwischen den Menschen, die die Analyse durchführen, und den Menschen, die die Daten für sie vorbereiten und verschiedene Möglichkeiten zur Präsentation der Daten herausfinden, zu haben. Aber es ist wichtiger, dass Manager, die sich mit Engineering auskennen, Dinge überprüfen und die Data Engineers bewerten. Wenn Data Engineers nicht Teil der Kern-Engineering-Organisation sind, werden sie nicht unbedingt als eine Engineering-Disziplin gesehen. Die Analysten haben nicht unbedingt das richtige Maß dafür, was schwer und was leicht ist. Wer immer Ihnen in der Organisation näher ist, neigt dazu, Ihnen mental und kulturell näher zu sein."

Dmitriy bildete drei Untergruppen aus dem Data-Engineering-Team. Ein Team befasste sich mit den traditionellen Datenbanktechnologien, ein anderes konzentrierte sich auf die Hadoop-Computing-Engines, und das dritte war ein Plattform-Engineering-Team, das Hadoop nutzte, um Produkte und unternehmensweite Berichtssysteme zu erstellen. Das Plattform-Engineering-Team war ursprünglich in einem anderen Teil der Organisation, aber Twitter beschloss, es mit dem Data-Engineering-Team zusammenzulegen. Bis 2014 gab es 50 Personen in Dmitriys Gruppe. Sie fügten auch eine weitere Gruppe zum Data-Engineering-Team hinzu, die Streaming Compute genannt wurde.

Wenn Technologien in der gesamten Organisation übernommen werden, ist es wichtig zu überlegen, wer sie besitzen sollte. Es gibt einen schwierigen Kompromiss zwischen der Hemmung von Innovation und Technologieeinführung einerseits und dem Versuch, die Arbeit der Menschen zu erleichtern oder Anwendungsfälle zu ermöglichen andererseits. „Sie wollen Pseudoplattformteams vermeiden, die Plattformen nicht wirklich verstehen, deren Erfolg im Job nicht von der Bereitstellung Ihrer Plattform abhängt und deren Hauptjob etwas anderes ist, aber sie arbeiten nebenbei als Plattformteam. Sie sollten Plattformingenieure sein, und sie sollten sich auf diesen Plattformjob konzentrieren."

Twitter hatte ein Unternehmen namens BackTape erworben, das eine verteilte Stream-Processing-Technologie namens Storm entwickelt hatte (später an die Apache Foundation als Apache Storm gespendet). Dann erwarb Twitter ein weiteres Unternehmen, in dem Karthik Ramasamy arbeitete. Sein Team schrieb Storm als ein neues Projekt namens Heron um (später an die Apache Foundation als Apache Heron gespendet). Heron behielt die API-Kompatibilität mit Storm bei, was Twitter davor bewahrte, eine massive Menge an Code, der die Storm-API aufruft, neu schreiben zu müssen.

Im Jahr 2015 verließ Dmitriy das Data-Engineering-Team, um die AB-Testing-Plattform zu leiten.

Herausforderungen von Daten und Analysen

Oberflächlich betrachtet scheint die Durchführung von Analysen auf Tweets einfach zu sein. Fügt man jedoch die Anforderung an Analysen hinzu, wird es für die Datenverarbeitung schwieriger. Die Unterstellung des Datenverarbeitungsteams unter das Engineering-Team erleichterte die notwendigen Gespräche darüber, wie Softwareänderungen vorgenommen werden und welche Auswirkungen sie auf die Analysen haben. Anstatt erst in letzter Minute oder gar nicht von einer Änderung zu erfahren, konnte das Datenverarbeitungsteam von Anfang an Teil des Gesprächs über die Neustrukturierung oder wesentliche Systemänderungen sein.

Auf diese Weise hatte das Datenverarbeitungsteam nicht das Gefühl, gegen den Rest des Unternehmens um die Erstellung von Datenprodukten kämpfen zu müssen. Stattdessen konnte es sagen: „Ich verstehe, was du tust, ich verstehe, was passiert. Wir müssen das ändern; lass uns gemeinsam herausfinden, wie das auf der Datenseite funktionieren wird."

Es gibt eine kritische Nuance bei Datenprodukten, die in der Softwareentwicklung nicht so stark vorhanden ist. Wenn das System auf eine neuere Version umgestellt wird, kann das Datenverarbeitungsteam nicht einfach die vorherige Version der Daten vergessen. Sie müssen die Archivkompatibilität für alle Versionen der vorherigen Daten aufrechterhalten. Dmitriy sagte: „Data Engineers müssen immer noch mit dem Durcheinander umgehen, in dem sich die Datensätze von vor zwei Jahren befinden. Entweder zahlen Sie einen enormen Betrag für eine Neuschreibung, weil Sie mit Petabytes zu tun haben, oder Sie setzen eine Art Shim ein. Wenn Sie Letzteres tun, müssen Sie die Logik dokumentieren. Und trotzdem, es spielt keine Rolle, wie viele Jahre vergehen; Sie werden immer noch die seltsamen Daten haben, die anders aussehen als neuere Daten. Das ist schwierig. Und diese Gespräche sind viel einfacher zu führen, wenn Sie Teil derselben Organisation sind und die gesamte Engineering-Aufgabe als vollständiges Feature-Set betrachten, anstatt Dinge abzuschieben und es den Analysten zu überlassen, herauszufinden."

Verschiedene Arten von Problemen treten auf, wenn Sie die Analyse- und Datenverarbeitungsfunktionen in zwei verschiedenen Organisationen haben, wie es bei Twitter der Fall war. Da die beiden Teams weiterhin eng zusammenarbeiten müssen, müssen sie immer noch ausgezeichnete Beziehungen pflegen. „Es hilft definitiv, die menschliche Verbindung aufrechtzuerhalten und sich daran zu erinnern, dass es auf der anderen Seite eine Person gibt. Es sind nicht nur zufällige Tickets, die auftauchen, und

Sie erledigen sie. Aber die Aufteilung führte zu mehr Formalität. Wir wurden ernster, sodass der Analyst nicht einfach zu einem Ingenieur gehen kann, den er zufällig kennt und um die Änderung der SQL-Abfrage oder was auch immer bitten kann. Analysten müssen ein Ticket einreichen. Wir haben einen Arbeitsablauf und müssen Prioritäten setzen, was alles zu Reibungen führt und Innovation verlangsamt. Es gab einige Frustration darüber auf der Analystenseite. Sie wollten sagen: ‚Ich weiß, wo die Datei ist, alles, was Sie tun müssen, ist dies.' Wir mussten sagen: ‚Nun, das funktioniert nicht mehr so.'"

Einige dieser Änderungen im Prozess sind nicht spezifisch für Daten oder Data Teams; einige entstehen einfach durch Unternehmenswachstum. „Die alte Garde weiß einfach, wo alles ist und warum. Und so fühlt sie sich sehr befähigt, Dinge einfach zu ändern, weil sie den gesamten Kontext verstehen kann. Dies führt dazu, dass die neue Garde sagt: ‚Was zum Teufel machst du? Wir haben 500 neue Dinge auf dieser Fähigkeit aufgebaut, und du kannst sie einfach ändern.' Diese Probleme der organisatorischen Distanz und der daraus resultierenden Zunahme der Komplexität verschwinden nie. Die Ausarbeitung dieser Verfahren ist ein ständiger Prozess, an dem ständig gearbeitet wird."

Aufgabenbesitzstruktur

Das Datenverarbeitungsteam musste eine klare Trennlinie ziehen zwischen den Verantwortlichkeiten der Infrastrukturteams und jenen des Analyseteams.

Im Silicon Valley bleiben die meisten Menschen nur ein paar Jahre in einem Job. Das bedeutet, dass nach zwei Jahren die Hälfte oder mehr Ihres Teams völlig anders ist. Einige der Leute, die gehen, haben Systeme oder Projekte erstellt, die über Versuche hinausgegangen sind und sich in der Produktion befinden. Dmitriy wies darauf hin, dass Personalveränderungen Verhandlungen darüber erzwingen, „Wer wird es besitzen? An welchem Punkt bei der Fehlersuche ist es in Ordnung, die Data Engineers einzubeziehen?"

Er fuhr fort: „Das Debuggen dieser Art von Problemen, denke ich, ist, wo die meiste Reibung entstand. Fragen Sie die Ingenieure, was ein Problem ist, und sie werden mit den Schultern zucken und sagen: ‚Nun, was füttern Sie in das System ein, das es nicht erkennt? Die Daten sind wahrscheinlich verzerrt, aber ich kann Ihnen nicht helfen, bis Sie ein wenig mehr Arbeit leisten.' Und wenn keine Seite wirklich klar ist, wo ihre

Verantwortlichkeiten liegen im Vergleich zur anderen Seite, dann geraten Sie in Unordnung – besonders wenn alle gestresst und überarbeitet sind."

Um die Reibung überlappender Verantwortlichkeiten zu reduzieren, dachten die Teams darüber nach, „wie Besitz aussieht und was Unterstützung bedeutet. Wir haben spezifische Bedürfnisse identifiziert und einige Tools entwickelt, um sie zu ermöglichen". So erstellten die Datenverarbeitungsteams Berichte zur Fehlersuche bei Jobs. Sie sagten den Analysten, wo die Protokolle für die Jobs waren, damit sie die Fehler selbst lesen konnten. Für jeden Job gab es ein Besitzerfeld, und das ist, wer alle Warnungen bekommen würde. Dies half, Rollen und Verantwortlichkeiten zu klären, sodass klar war, wer Dinge reparieren sollte, wenn sie kaputt gingen.

Die Schwierigkeit der Technologieauswahl und der Erstellung verteilter Systeme

Die Entscheidung, Ihr eigenes verteiltes System zu schreiben, ist eine wirklich schwierige Wahl. Sie erfordert eine tiefe Investition in Technologie und eine große Menge an Fachwissen und Spezialisierung. Twitter hat mehrere seiner eigenen verteilten Systeme geschrieben.

Twitter verwendete ursprünglich MySQL, und die Datenbank platzte aus allen Nähten. Die DBAs waren unglücklich über die Menge an betrieblichem Aufwand, mit dem sie sich auseinandersetzen mussten. Also begannen sie, sich Cassandra anzusehen, um einige der Arbeitslasten zu ersetzen, die MySQL erledigte. Aber als sie erkannten, dass das Hauptleistungsproblem um eine schwierige Datenbank-Operation namens Compare and Swap kreiste, beschlossen sie, ein neues verteiltes transaktionales Datenbanksystem namens Manhattan zu erstellen, um das Problem zu bewältigen.

Das Team von Dmitriy war einer der ersten Produktionskunden von Manhattan. Sie verwendeten es für Zähler (zum Beispiel zum Zählen von Tweets) und Überwachung. Das Team arbeitete ständig an Verbesserungen von Manhattan. „Es ist einfach, die 80 % bei diesem verteilten System zu erreichen, die letzten 20 % ziehen sich jedoch wie ein zehnjähriger Kampf hin." Dieses Long-Tail-Problem, die letzten 20 % der Probleme zu erreichen, ist unglaublich zeitaufwendig und schwierig. Anstatt zu versuchen, ein Allzwecksystem zu sein, war das Manhattan-Team „sehr bedacht darauf, Anwendungsfälle zu finden, bei denen die spezielle Teilmenge von Dingen, die jetzt leicht zu tun sind, ausreichend war und Wert bieten würde".

Ich fragte Dmitriy, welche Empfehlungen er zur Wahl zwischen dem Schreiben eigener verteilter Systeme und der Verwendung eines bestehenden geben würde. Zu dieser Zeit gab es für groß angelegte Echtzeit-verteilte Systeme „keine wie Storm. Aber selbst Storm hatte, als es die Twitter-Skala erreichte, einige erhebliche Probleme. Es war gut für uns, es neu zu schreiben, weil es sonst niemand tun würde". Dmitriy dachte über die Alternativen zum Neuschreiben von Storm nach und sagte: „Wir hätten alle zu Flink überführen können, aber das ist eine ziemlich große Migration und beinhaltet eine Reihe von Problemen."

Die Neuschreibungen von Storm und Heron waren nicht die einzigen großen Veränderungen. „Wir haben Pig eingestellt, sodass wir nur noch Scalding unterstützen mussten. Das hat einige Leute verärgert und uns wahrscheinlich eine Menge Zyklen auf der analytischen Seite gekostet, während die Leute Jobs umschrieben, aber wir haben es geschafft. Das ermöglichte es uns dann, die moderneren SQL-Engines zu erkunden. Wir haben Presto eingeführt, und das ist jetzt eine große Komponente innerhalb des Unternehmens."

„Ein großer Vorbehalt: Massive Unternehmen wie Twitter, Facebook, Google, Pinterest und so weiter haben andere Probleme als kleinere Unternehmen. Die großen lösen Probleme für sich selbst und stellen vielleicht ihre Sachen als Open Source zur Verfügung, aber sie sind darauf ausgelegt, ihre einzigartige Reihe von Problemen zu lösen. Die Tools können Probleme in ihrem enormen Maßstab lösen, aber das bedeutet nicht, dass diese Tools für alle richtig sind."

Er fuhr fort: „Ich denke, man muss realistisch und klar über Kompromisse und Vorteile sein. Holen Sie jemanden dazu, der nicht bereits sieben Jahre in ein bestimmtes System investiert hat, und lassen Sie ihn diese Entscheidung treffen. Dann verpflichten Sie sich dazu und ziehen Sie es durch."

Ich weise Organisationen gerne auf die Unvermeidlichkeit hin, verteilte Systeme wechseln zu müssen. Selbst ein Unternehmen mit so viel Talent und Ressourcen wie Twitter wusste nicht alles oder hatte ein Patentrezept für die eines verteilten Systems. Sie mussten weiter iterieren, als sich Technologie und Geschäftsanforderungen änderten.

Data Engineers, Data Scientists und Operations Engineers

Ich fragte Dmitriy nach seiner Definition eines Datenwissenschaftlers. Er antwortete: „Ich denke, dass ein Data Scientist jemand ist, der sowohl neugierig als auch rigoros ist, wenn es darum geht, in Daten einzutauchen und was die Daten ihm sagen können. Sie erwerben ihre Fähigkeiten auf verschiedene Weisen. Einige Leute sind völlig autodidaktisch, während andere Doktorgrade in maschinellem Lernen oder Statistik oder was auch immer haben. Ich denke, sie müssen an dem Geschäft interessiert sein und den Wert dieser Frage sehen. Wie, warum stellen wir diese Frage? Manchmal bedeutet das, etwas Data Engineering zu betreiben."

Dmitriys Definition eines Data Engineers ist „ein Software Engineer, der zufällig über Daten im Ruhezustand nachdenkt und wie man Daten am besten strukturiert, damit sie am nützlichsten sind, um Fragen zu beantworten und Datenprodukte zu erstellen."

Auf seine Definition eines Operations Engineers angesprochen, sagte er: „Ich denke, alle Ingenieure sind Operations Engineers. Es ist nur so, dass einige Ingenieure mehr darauf fokussiert sind als andere. Wenn Sie für einen Code verantwortlich sind, der in der Produktion läuft, sind Sie ein Operations Engineer. Wenn Ihr Zeug live ist, ein lebendes und sich veränderndes System, sind Sie ein Operations Engineer."

Ich fragte, welches Verhältnis er zwischen Data Scientists und Data Engineers bevorzugt. Er sagte: „Es hängt davon ab, welche Art von Data Scientist Sie haben und welche Art von Data Engineer Sie haben." Einige Data Scientists sind stark im Engineering bewandert, während andere nur R kennen. „Ich denke, das Verhältnis ändert sich aufgrund dessen, was man mit gehosteten Plattformen machen kann. Jetzt braucht man nicht mehr so viel Aufwand, um diese Infrastruktur aufzubauen, aber man muss immer noch wissen, was man tut."

Ein Teil des Verhältnisses erstreckt sich auf das Erfahrungsniveau der Data Engineers. „Sie brauchen Leute, die erfahren sind und sich wirklich für das Gebiet interessieren, anstatt Junior-Leute, die interessiert sind, und Senior-Leute, die erfahren sind und sich irgendwie durchschlagen können und wissen, worauf sie achten müssen, um das Ziel zu erreichen."

Er bot an: „Platform as a Service verringert den Bedarf an Betriebspersonal. Ich denke, es hat noch mehr Betonung auf der Architektur- und Programmierseite."

Er erzählte eine kurze Geschichte über die Einstellung. „Ich habe einige Anweisungen, die mein Management mir gegeben hat, wörtlich genommen. Sie haben angegeben, wie viele Data Engineers sie wollten, sagten dann aber: ‚Stellen Sie Data Scientists ein – wir sagen Ihnen, wann Sie aufhören sollen.' Ich habe das klassische Ding gemacht und eine Menge Data Scientists eingestellt, ohne die Anzahl der Data Engineers zu erhöhen. Also raten Sie mal? Unsere Datenwissenschaftler waren unsere Data Engineers. Natürlich beschwerten sie sich: ‚Warum mache ich das? Ich weiß nicht, wie man das macht. Und ich werde kündigen.'"

„Natürlich", erklärte er, „sagt der CEO nicht wörtlich: ‚Stellen Sie einen Data Scientist ein.' Er versuchte zu sagen: ‚Ich möchte eine funktionierende Data-Science-Organisation. Bauen Sie sie auf.' Wir sind jetzt in einer besseren Position, weil wir die Ingenieure eingestellt haben, die wir brauchten. Wir haben großartige Data Engineers."

Projektmanagement-Framework

Gefragt nach Projektmanagement, antwortete Dmitriy: „Wir verwenden Scrum. Ich denke groß, daher glaube ich, dass das Framework, das Sie verwenden, nicht wirklich viel ausmacht. Lesen Sie tatsächlich das Agile Manifest[1] und konzentrieren Sie sich darauf. Nicht die Mechanik, nicht alle Prozesse darum herum. Das Manifest fordert ‚Menschen über Prozess' und dann definieren Teams starr den agilen Prozess. Machen Sie sich keine Sorgen darüber. Wenn der Prozess den Zweck nicht erfüllt, werfen Sie ihn weg. Ich denke, das gilt sowohl für Data Science als auch für Engineering. Ich habe das Argument gehört, dass man Data Science nicht auf diese Weise betreiben kann, aber man kann es."

Interaktionen zwischen Geschäfts- und Data Teams

Es ist wichtig, KPIs zu etablieren, um einem Data Team zu ermöglichen, Prioritäten zu ermitteln und zu sehen, ob diese erreicht werden. Dmitriy anerkannte die gängigen technischen KPIs rund um „Vorhersehbarkeit, Stabilität, Dinge wie diese", aber vor allem die besten KPIs für Data Teams betreffen, wie sie das Geschäft beeinflussen. „Sowohl Data Engineering als auch Data Science sind da, um Geschäftswert zu schaffen. Definieren Sie also ihre KPIs rund um den Geschäftswert."

Das Geschäft hat immer mehr Anfragen in der Pipeline, als die Data Teams Zeit haben, sie zu erfüllen. Dmitriys Teams haben einen einzigen Trichter, durch den jeder seine Anfragen einreicht. „Wir treffen uns mit dem Leiter des Data-Science-Teams sowie dem Projektmanager im Data-Science-Team, um herauszufinden, woraus die Anfragen bestehen und wie sie sich auf andere Anfragen und Prioritäten beziehen." Von dort aus planen sie ihre Roadmap für das nächste Jahr.

---

[1]www.agilealliance.org/agile101/the-agile-manifesto/

Schlüssel zum Erfolg mit Data Teams

Dmitriy sagt, dass Manager die Datenvalidierung so hoch wie möglich pushen müssen. Und das bedeutet Zusammenarbeit mit Nicht-Data-Teams, anderen Engineering-Teams. Das wird Sie auf Erfolg einstellen, anstatt nur wie ein Hamster in einem Rad zu laufen und zu versuchen, Dinge zu reparieren. Die andere Seite des Erfolgs ist wiederum die Konzentration auf den Geschäftswert. „Lösen Sie keine Datenprobleme um des Problems willen."

Management von Data Teams muss „ein Partner am Tisch sein, an dem die Entscheidungen getroffen werden".

Die Aufgabe des Managements besteht darin, „Beziehungen aufzubauen und zu glätten" mit dem Rest der Organisation. „Wenn Sie feststecken und nicht mit dem Rest des Engineering-Teams sprechen und sich nur auf eine Art von Problem konzentrieren, könnten Sie gut in diesem einen Problem werden, aber Sie haben keine Ahnung, was sonst noch vor sich geht und warum es passiert. Diese Lücke macht Sie zu einem schlechteren Ingenieur."

Er empfiehlt, dass das Management „ein tiefes Verständnis für Technologiefragen" hat. Das Management benötigt auch Kommunikations- und Führungsfähigkeiten, um erfolgreich zu sein. „Sie müssen nachdenklich sein, insbesondere wenn Sie über Organisationsdesign und -struktur nachdenken, diese Art von Metaeffekten, die lange brauchen, um sich zu manifestieren und nicht unbedingt mit der Technologie zu tun haben. Die Art und Weise, wie Sie das Team strukturieren, beeinflusst, wer mit wem spricht. Ihre Wahl der Struktur bestimmt, wo Sie Reibung haben werden oder nicht. Und wenn die Struktur nicht funktioniert, müssen Sie bereit sein, sie zu ändern. Vieles davon handelt davon, die richtigen Leute in Situationen zu bringen, in denen sie die Möglichkeit haben, die richtigen Gespräche zu hören und daran teilzunehmen. Vertrauen aufbauen kann die menschliche Verbindung fördern."

KAPITEL 16

Interview mit Bas Geerdink

Über dieses Interview

Personen	Bas Geerdink
Zeitraum	2013–2019
Projektmanagement-Frameworks	Scrum
Betrachtete Unternehmen	ING, Rabobank

Hintergrund

Bas Geerdink hat umfangreiche Erfahrung in der Schaffung von datengetriebenen Unternehmen und der Nutzung von künstlicher Intelligenz in der Finanzindustrie. Er leitete früher Data Teams bei der ING Bank. Jetzt arbeitet er bei der Rabobank. Er hat einen Master-Abschluss in künstlicher Intelligenz.

> Die ING ist eine globale Bank mit einer starken europäischen Basis. Unsere 53.000 Mitarbeiter betreuen rund 38,4 Millionen Kunden, Firmenkunden und Finanzinstitute in über 40 Ländern. Unser Ziel ist es, Menschen dabei zu unterstützen, im Leben und im Geschäft einen Schritt voraus zu sein.

> Die Rabobank ist eine Bank von und für Kunden, eine Genossenschaftsbank, eine sozial verantwortliche Bank. Unser Ziel ist es, Marktführer in allen

J. Anderson, *Daten-Teams*, https://doi.org/10.1007/979-8-8688-0072-6_16

Finanzmärkten in den Niederlanden zu sein. Wir sind auch bestrebt, eine
führende Bank im Bereich Lebensmittel und Landwirtschaft weltweit
zu sein.

—Aus ihrer Website

Die Data Teams der ING

Im Jahr 2013 begann die ING ernsthaft mit Big Data zu arbeiten. Dieser Schub kam als Top-Down-Strategie vom CEO und dem Vorstand, die wirklich an die Macht der Daten glauben. Bas sagt: „Big Data war noch nicht so wichtig wie heute. Einige der Top-Manager erkannten, dass sie ihre Datenumgebungen professionalisieren mussten, und sie machten Menschen dafür verantwortlich." Vor der Gründung des Teams waren die Leute im gesamten Unternehmen verstreut. Die ING nutzte diese Gelegenheit, um sie zu zentralisieren und ein echtes Data Team zu bilden.

Der Vorstand ging sogar noch weiter und führte Strategiegespräche, um zum Kern des Geschäfts der ING zu gelangen. Bas sagt: „Tatsächlich geht es bei allem, was wir tun, um den Umgang mit Daten. Und das war eine starke Botschaft. Das Unternehmen sprach dies nicht nur in der internen Kommunikation aus, sondern auch in den Medien. Sie können Videos von unserem CEO finden, der auf YouTube und auf Konferenzen spricht und diese Botschaft auf kraftvolle Weise ausdrückt. Ich denke, dass solche Sichtbarkeit wirklich hilft, diese Dinge in Bewegung zu setzen."

Bas war der Leiter eines großen Projekts zur Professionalisierung der Datenreife der ING und zur Schaffung eines produktionsreifen Data Lake. Zu dieser Zeit hatte er ein Team von 20 Leuten. „Und gleich nachdem ich von dieser Initiative gehört hatte, war ich begeistert und bat sofort darum, dem Team beizutreten. Viele andere Leute haben entweder aus eigenem Antrieb freiwillig mitgemacht oder wurden von einem ihrer Kollegen angeworben. So hatten wir relativ schnell ein Team am Laufen."

„Ich denke, dass dies die Situation bei vielen Unternehmen war. Daten sind in einer Bank immer vorhanden, aber bei der ING waren sie über alte Data Warehouses, alte Oracle-Datenbanken, alte COBOL-Mainframe-Anwendungen verteilt. Unsere Dateninfrastruktur ist organisch über die 20 oder 30 Jahre gewachsen, in denen die Bank Daten gesammelt hat. Dies war einer der ersten ernsthaften Versuche, diese Umgebung zu professionalisieren und zu sagen, okay, wir werden eine neue Version der Wahrheit für unsere Datenspeicherung erstellen." Die ING dachte darüber nach, wie die

Architektur aussehen sollte. Sie wollte eine gut verwaltete, gut organisierte und gut modellierte Quelle der Wahrheit für die Bank.

Wann immer ein großes Unternehmen ein großes Projekt startet, muss das Management sich der politischen Implikationen bewusst sein. Bas sagte: „In einer großen Organisation gibt es, denke ich, immer Politik. Die Leute wollen die alte Arbeitsweise schützen." Im Fall der ING verlief die Teambildung und Einführung relativ reibungslos. „Was wirklich half, war, dass die Manager von Anfang an erkannten, dass dies ein großes Projekt war, das auf die eine oder andere Weise stattfinden würde. Es gab viel Unterstützung von der Geschäftsseite, von der IT und von den Leuten, die bereits an den alten Systemen arbeiteten."

Die ING ist eine multinationale Bank. Eine Schwierigkeit bestand darin, die verschiedenen Länder zu koordinieren, da jedes Land unterschiedliche, abgeschottete Organisationen hatte. „Jedes Land hatte seine eigene Datenabteilung und seine eigenen IT-Systeme. Es erfordert viel Koordination, diese Fragmentierung in Ordnung zu bringen, sodass jeder mit den gleichen Tools, den gleichen Datenmodellen usw. arbeitet. Das ist schwierig, weil das bedeutet, dass Sie Ihre einzelnen Einheiten innerhalb der Bank abstimmen müssen."

Um diese Koordination über die Länder hinweg zu erreichen, „war der erste Schritt, alle auf die gleichen Tools und auf die gleichen Standards zu bringen". Es wurde eine Referenzarchitektur des Data Lake erstellt. Dies brachte jedes Land in Einklang mit dieser Referenzarchitektur und ermöglichte es allen, die gleichen Tools und Datenaustauschprotokolle zu verwenden. „Wir haben angefangen, die gleiche Datensprache zu sprechen, im Grunde genommen ein Esperanto, das als Metasprache für die Daten betrachtet werden könnte."

Ein großer Teil von Bas' Arbeit bestand darin, diese Abstimmung im gesamten Unternehmen und in anderen Ländern zu schaffen. Er erreichte dies durch „Präsentieren, Reisen, Reden und vielleicht auch manchmal ein bisschen Druck, einfach sagen: ‚Das ist der Standard. Dies wurde definiert, und so werden wir das machen.' Man braucht einfach etwas Geduld und gutes Projektmanagement, um diese Dinge in Ordnung zu bringen."

Bei der Schaffung des internationalen Projekts stellte Bas fest, dass „Kommunikation der Schlüssel ist". Sie wussten, dass diese internationalen Projekte schwierig sein würden. „Wir konnten jedoch darauf vertrauen, dass zumindest die Leute, die an der internationalen Datenintegration arbeiteten, hinter dem Projekt standen und dem Technologieprogramm folgten. In Rotterdam ließen wir sie vorerst Dinge in einem Land aufbauen und versuchten dann, die Ergebnisse in die anderen Länder zu bringen." Um effektiv über internationale Teams hinweg zu kommunizieren, hatten sie viele Konferenzanrufe zur Koordination.

ING Organisationsstruktur

Beginnend an der Spitze berichtet der CEO an den Vorstand. Unter ihm steht der CIO, der für alle Infrastruktur- und Ingenieurleistungen verantwortlich ist. Von dort aus wird die Berichterstattung nach Ländern aufgeteilt, wie zum Beispiel die Niederlande, wo Bas war. Unter dem CIO waren die verschiedenen Direktoren, und unter ihnen waren die Abteilungsleiter, die ING IT-Leads nennt.

ING folgte der agilen Teamorganisation, die bei Spotify populär gemacht wurde. Bas identifiziert dieses Modell als einen der größeren Erfolgsfaktoren, der weiterhin gut für die Organisation funktioniert. Ihre Aufstellung teilt Teams in Stämme, Kapitel und Squads. Bas sagt: „Ein Stamm berichtet an einen Leiter, der wie ein Geschäftsleiter oder Abteilungsleiter ist. Kapitel war der neue Name für ein Team von Gleichgesinnten. So waren bei ING Data Engineering und Data Science verschiedene Kapitel. Ein Squad ist im Grunde ein multidisziplinäres Team, das je nach Bedarf des Teams gebildet und verändert wird."

Bas definierte die Rolle der Data Scientist als „den Aufbau und das Training von Vorhersagemodellen auf Basis von Daten". Die Rolle des Data Engineers besteht darin, „diese Modelle in einer Produktionsumgebung von der Dateneingabe bis zur Datenausgabe laufen zu lassen". Ingenieuraufgaben würden beinhalten, „die Daten vorzubereiten, sicherzustellen, dass sie für das Modell verfügbar sind, und schließlich die Ergebnisse der Modelle zu erhalten und sie in das zu integrieren, was zur Nutzung der Ergebnisse benötigt wird: in eine API, Webanwendung, einen Bericht oder ein Dashboard". Er weist auch darauf hin, dass es einige Überschneidungen zwischen den Rollen gibt.

Bas war unter dem IT-Leiter mit dem Titel CIO-Teamleiter. Danach wurde er Kapitelleiter der Data Engineers. ING reorganisierte alle verschiedenen Länderorganisationenstrukturen, um sie an jene der Niederlande anzupassen. Einige Länder haben weniger Menschen, aber die gleichen Jobtitel, manchmal mit weniger Managementebenen.

Ein Teil dieser Organisationsstruktur beinhaltet eine *Meeting-Kadenz*. Dies besteht aus einem monatlichen Treffen zwischen dem Produktbesitzer und den Kapitelleitern für jedes Team. Dort diskutieren die Stammleiter „alles, was mit dem Team zu tun hat, einschließlich wer im Team sein sollte, ob sein Fokus und Zweck noch richtig sind, die Atmosphäre im Team und ob die Leute auf die richtige Weise miteinander auskommen".

Der Squad-Ansatz ermöglichte noch mehr Flexibilität im Verhältnis von Data Engineers zu Data Scientists. Jeder Squad, der aus verschiedenen Stämmen besteht, dauert in der Regel ein Jahr oder länger „weil gute Squads zusammenbleiben sollten". Die Zusammensetzung kann sich ändern, wenn Leute gehen oder ersetzt werden. Andere Squads ändern sich, weil ein Produkt in einen Wartungsmodus übergeht und sie etwas Neues entwickeln müssen. „Die Menge und die Art der Arbeit ändern sich, während sie fortschreitet."

Bas leitete ein Innovationsprojekt. „Wir haben mit einem Data Scientist angefangen, dann wuchs das Team auf drei an und dann schrumpfte es wieder auf einen. Das war anscheinend das, was das Team brauchte, und wir haben es nicht im Voraus geplant, wir haben uns jeden Monat unsere Bedürfnisse angesehen." Diese ständige Kommunikation ermöglichte es ihnen, das Team je nach Bedarf zu vergrößern oder zu verkleinern. Die Kommunikation von Kapitel zu Kapitel im Management ermöglichte es, dass Menschen freigestellt wurden, wenn sie benötigt wurden, um in einem Squad zu arbeiten.

Das Tagesgeschäft des Squads wird vom Produktbesitzer geführt. Er ist dafür verantwortlich, sicherzustellen, dass der Squad Fortschritte beim Projekt macht. Die Kapitelleiter interagieren nicht täglich und sind nicht für den Tagesbetrieb verantwortlich.

Hier sind einige Beispiele dafür, wie es funktioniert hat. „Einige Teams waren Feature-Teams, die zum Beispiel ein Feature auf einem Spark- oder Flink-Cluster aufbauten. Dies wiederum lieferte einige funktionale Ergebnisse für einen Endbenutzer wie einen Vorhersage-Algorithmus oder ein Feature in der mobilen App. Und diese Teams wurden gebildet, indem Leute aus mehreren Kapiteln ausgewählt wurden – was auch immer benötigt wurde, um dieses Feature zu bauen. So hatte ich in meinem Fall mehrere Squads mit nur einem oder zwei hochkarätigen Ingenieuren. Andere Leute kamen aus der mobilen Softwareentwicklung, aus der Data Science oder aus einem der Geschäftsstämme wie Marketing oder Produktentwicklung."

Die Ad-hoc-Formation von Squads aus verschiedenen Stämmen von Data Scientists und Data Engineers unterstreicht die Bedeutung von multidisziplinären Teams bei der Arbeit mit Daten. Dies beinhaltet mehr als nur technische Leute: Es bringt den Produktbesitzer oder den Geschäftsmann direkt neben das Team, das das Projekt umsetzt. Bas sagt: „Wir haben gesehen, was passiert ist, als die Data Scientists sich selbst überlassen wurden und Dinge aus dem Kontext anderer Systeme herauslösen. wenn man Data Scientists und Data Engineers mit Geschäftsleuten zusammenbringt, können sie voneinander lernen. In diesen Squads passierten die richtigen Dinge. Die Schaffung multidisziplinärer Squads ermöglichte es auch den Data Scientists, sich auf das zu konzentrieren, was sie gut können, wie zum Beispiel den Aufbau von Modellen, die Muster vorhersagen usw."

Bas fährt fort: „Aber Data Scientists könnten auch ein wenig von der anderen Arbeit machen, die in einem Squad benötigt wird: ein bisschen Programmieren, Dokumentation oder Wartung für alles, was in einem Squad gebaut wird. Und das Gleiche gilt für die anderen Leute. In diesem Kontext können Sie sich 70 oder 80 % Ihrer Zeit auf Ihre Hauptrolle konzentrieren, aber Sie müssen sich auch um Dinge kümmern, die vielleicht nicht das sind, wofür Sie ausgebildet wurden, aber die getan werden müssen, um Ihren Squad erfolgreich zu machen."

Aus betrieblicher Sicht waren die Data Engineers DevOps. Es könnte auch jemand im Squad aus einem eher betrieblichen Hintergrund sein. In der Regel waren die Data Scientists für die betrieblichen Aspekte ihrer Modelle verantwortlich, wie zum Beispiel das Nachschulen oder das Beobachten von Modellabweichungen.

Projektmanagement-Frameworks

ING verwendet Scrum für sein Projektmanagement-Framework. Bas sagte: „Ich denke, man kann perfekt agil mit einem Framework wie Scrum arbeiten, wenn man Data Science betreibt. Natürlich gibt es eine gewisse Struktur beim Aufbau eines Modells, die man vielleicht befolgen möchte. Und man muss in einigen Fällen Flexibilität einbauen, weil man nicht genau weiß, was man am nächsten Tag tun wird, aber das gilt auch für andere Praktiken wie Marketing oder Softwareentwicklung." Er empfiehlt, sich auf das Wichtige zu konzentrieren und das zu finden, was man bequem findet.

Finden Sie heraus, wo Sie streng und wo Sie flexibel sein müssen. „Als wir mit Scrum anfingen, war alles nach dem Buch. Alles war nach dem Framework; es war fast wie der Heilige Gral; jeder musste die genauen Meetings befolgen, die man machen sollte, wenn man Scrum macht." Als sie mehr Flexibilität hinzufügten, „machte es perfekten Sinn, das Scrum-Framework weiterhin zu verwenden".

Um sicherzustellen, dass das Team gut zusammenarbeitet, empfiehlt er, die Scrum-Meetings-Kadenz oder tägliche Stand-ups, Sprint-Planung und Retrospektiven zu befolgen. Er geht einen Schritt weiter und empfiehlt: „Setzen Sie die Leute nicht in verschiedene Gebäude oder an verschiedene Tische. Die räumliche Nähe ist sehr hilfreich. Außerdem bin ich ein großer Fan von der Schaffung einer starken Teamkultur. Also Teambuilding, gemeinsames Abendessen oder Trinken, gemeinsame Mittagessen, solche Dinge, die helfen wirklich."

Data Science im Bankwesen einsetzen

Die Rabobank hilft sowohl sich selbst als auch ihren landwirtschaftlichen Kunden, die Betriebe durch Data Science effizienter zu machen. Effizientere Landwirte verdienen mehr und geben weniger aus, und die Rabobank profitiert, weil der Landwirt mehr Geld auf ihrer Bank behält und ihr Risiko bei Krediten reduziert. Der Nutzen der Rabobank kommt auch aus einer ideologischen Perspektive, indem sie die weltweiten Probleme mit Hunger, Abfallreduzierung, Nachhaltigkeit und Verbesserung der globalen Nahrungskette unterstützt.

Um dies zu erreichen, entwickelt sich die Rabobank zu einem datengesteuerten Forschungsunternehmen für die Agrarindustrie. Diese Forschung muss global sein. Um auf globaler Ebene zu forschen, wird die Rabobank viele Analysten einstellen müssen und Data Science im großen Stil nutzen. Die Modelle, die die Data Scientists erstellen, werden den Landwirten helfen zu entscheiden, wann sie die Ernte pflanzen oder ernten sollen.

KPIs für Data Teams

Bas hat einige interessante Methoden zur Festlegung von KPIs für Data Teams. „Ich denke, die Geschäftsergebnisse sind das, was zählt. Technische KPIs sind sekundär."

Für die Geschäftsseite empfiehlt er zu ermitteln, „wie viele Menschen tatsächlich von dem Modell begeistert sind. Geben Sie den Geschäftsnutzern Bewertungen oder Umfragen, um zu sehen, wie viele Ihr Modell täglich nutzen und wie vielen geholfen wird". Seine Begründung ist, dass, wenn das Modell nicht läuft oder keine Geschäftsergebnisse liefert, „es nicht von tatsächlichen Kunden genutzt wird, also ist es nutzlos".

Für die technischen KPIs empfiehlt er, die Anforderungen zu betrachten, die das Modell oder Projekt erfüllen sollte. „Ist Ihr Modell leistungsfähig? Wird es gut gewartet? Wird es verwaltet? Wird es überwacht?"

Ratschläge für andere

Bas empfiehlt, dass „der größte Erfolg eintritt, wenn Sie einen gemeinsamen Zweck in einem Team haben, in einem Team, das einige Data Scientists, einige Data Engineers und einige Geschäftsleute beschäftigt. Und sie wirklich wieder eng in der gleichen Struktur zusammenzuhalten und laufend kommunizieren. Sie sollten über die gleichen Probleme und die gleichen KPIs sprechen, um die gleichen Erfolge zu feiern".

Es ist auch wichtig, realistische Ziele und Erwartungen innerhalb der Organisation zu schaffen „denn KI und maschinelles Lernen werden manchmal als Allheilmittel gesehen. Sie sollen Ihre Probleme schon gestern gelöst haben. Sie müssen einfach realistisch sein. Sie können Probleme nicht durch eine einfache Sache lösen". Stattdessen müssen Sie ein wirklich großes Projekt in mehrere kleinere Teile zerlegen, die möglicherweise mehrere verschiedene Modelle erzeugen. Durch die schrittweise Erstellung mehrerer Modelle können Sie eine vollständige Lösung erstellen.

Es ist wichtig in großen Organisationen, die Art und Weise zu standardisieren, wie Sie mit Daten, Datenseen und anderen Mustern in der Technologie arbeiten. „Ich sehe es als Teil meiner Aufgabe an, zum Beispiel die Infrastruktur zu standardisieren, an der zwei Personen arbeiten, die Art und Weise zu standardisieren, wie ein Modell in der Produktion bereitgestellt wird, zu standardisieren, wie die Versionskontrolle für einen Code funktioniert. Wir wollen nicht auf fünf Teams schauen und sehen, dass sie Werkzeuge auf fünf verschiedene Arten verwenden." Diese fünf verschiedenen Wege können Innovation und Zusammenarbeit im Laufe der Zeit wirklich verhindern. Die Teams könnten ihre ganze Zeit mit Werkzeugen verbringen und immer wieder neu anfangen. „Sie können nicht wiederverwenden, was in anderen Teams gebaut wurde. Es gibt also viele Nachteile, wenn man Teams in ihrer Verwendung von Werkzeugen auseinanderdriften lässt."

Es ist wirklich wichtig, multidisziplinäre Teams zu haben. „Ich habe gesehen, dass Teams ihre höchste Leistung erbringen, wenn Menschen aus verschiedenen Hintergründen an einem einzigen Zweck arbeiten." Dieser einzelne Zweck gibt den Teams eine klare Priorität und Fokus.

Ein Unternehmen, das Open Source nutzt, kann leichter Leute einstellen. Bevor ich Bas interviewte, hatte ich wirklich gute Dinge über das, was ING tat und die Leute, die dort waren, gehört. Bas sagt: „Ich denke, was wir wirklich richtig gemacht haben, ist eine Kultur des Inhouse-Engineering. Ich denke, wir hatten den Software Engineers eine großartige Geschichte zu erzählen: ‚Wir haben eine Leidenschaft für Open Source. Wir machen agiles Entwicklung; Sie können im Grunde die Werkzeuge auswählen, die Sie wollen, wenn Sie es nur auf die richtige Weise kommunizieren.‘ Ich denke, dass die Einführung dieser Art von Open-Source-agiler Kultur eine wirklich gute Entscheidung war."

KAPITEL 17

Interview mit Harvinder Atwal

Über dieses Interview

Personen	Harvinder Atwal
Zeitraum	2012–2019
Projektmanagement-Frameworks	Scrum, Kanban, Waterfall
Betrachtete Unternehmen	Moneysupermarket

Hintergrund

Harvinder Atwal ist der Leiter der Datenstrategie und Advanced Analytics bei Moneysupermarket. Er hat einen Master-Abschluss in Operations Research.

> *Moneysupermarket Group PLC ist ein etabliertes Mitglied des FTSE 250 Index. Durch unsere führenden und vertrauenswürdigen Marken sind wir bestrebt, unseren Kunden die Dienstleistungen, Werkzeuge und Produkte zu bieten, die sie benötigen, um ihr Geld zu vermehren. Unser Geschäftsmodell ist ein datengetriebener Marktplatz, der Kunden Angebote bietet, die sie anderswo nicht bekommen können, Wert für unsere Anbieter und eine Erfolgsgeschichte für Investoren.*
>
> *—Von ihrer Website*

© Der/die Autor(en), exklusiv lizenziert an APress Media, LLC, ein Teil von Springer Nature 2024
J. Anderson, *Daten-Teams*, https://doi.org/10.1007/979-8-8688-0072-6_17

Teamstruktur

Moneysupermarket hat 70 Personen in der Gruppendatenfunktion. Die Datenorganisation wird vom Chief Data Officer (CDO) geleitet. Ihr Aufgabenbereich beginnt in dem Moment, in dem die Daten in einem Speichermechanismus landen und setzt sich fort, bis ein interner Benutzer auf die Daten für Analysezwecke zugreift.

Sie haben ein Datenmanagementteam, das aus Vertretern von Data Engineering, Daten-Governance, Business Intelligence und Dateninnovation besteht.

Es gibt zwei verschiedene Arten von Data-Analytics-Teams, und beide sind unter einzelnen Führungskräften zentralisiert. Eines, das von Harvinder geleitet wird, ist horizontal ausgerichtet, während das andere vertikal ausgerichtet ist. Das vertikal ausgerichtete Team arbeitet an allen Produkten einer Marke. Für Moneysupermarket sind diese Vertikalen Versorgungsunternehmen, Telekommunikation, Geldprodukte und Reisesupermarkt. Harvinder wies darauf hin, dass es ungewöhnlich ist, die Analyseabteilung unter dem CDO zu finden. Normalerweise sind sie in der IT, obwohl man einige zentrale Analyseteams in einigen Geschäftseinheiten finden kann.

Harvinders Definition eines Data Scientists ist „jemand, der fortgeschrittene Analysen durchführt". Er erstellt hauptsächlich Modelle, die seinen Kunden und internen Prozessen zugutekommen. „Er ist auch ziemlich eng mit den Produktteams involviert. Also machen wir viele Optimierungstests der Website und einige AB-Tests. Dies könnte in Batch-Form durchgeführt werden; zunehmend schauen wir uns auch Streaming-Pipelines an."

Die Definition des Unternehmens von Data Engineer hat sich im Laufe der Zeit geändert. Es hatte früher mehr ETL-Entwickler. Harvinder beschrieb ihre Rolle. „Sie halfen dabei, die Daten in ein Format zu bringen, das die Data Analysten und Data Scientists nutzen konnten." Sie nahmen einige der maschinellen Lernmodelle und codierten sie um.

Betrieblich folgt das Team einem DevOps-Modell. „Wenn du es baust", sagt Harvinder, „besitzt du es und betreibst es. Data Operations sind wirklich eine zentrale Funktion, die unter dem Datenmanagement steht und sich hauptsächlich um unsere Datenbanken und Server kümmert. So haben wir unsere Abhängigkeit von Operations für die Data-Analytics-Funktion verringert."

Moneysupermarket wechselt zu einem Squad-basierten Ansatz, ähnlich wie Spotify. Dies wird autonomere Teams ermöglichen, die alle notwendigen Fähigkeiten haben werden.

Harvinder sagt: „Wir haben erkannt, dass wir nicht alle Data Scientists brauchen, die wir haben, und dass sie tatsächlich unausgewogene Teams schaffen. Um ein schönes ausgewogenes Team zu schaffen, bemühen wir uns, Leute mit einer Art Software-Engineering-Expertise zu bekommen. Wir wollen auch Leute mit Data-Analysten-Hintergrund, damit wir ein breiteres Spektrum an Fähigkeiten abdecken und uns gegenseitig weiterbilden können. Selbst wenn man die richtigen Fähigkeiten innerhalb eines Teams hat, kann man immer noch Einheiten aus Individuen schaffen. Also ist eines der anderen Dinge, das wir fördern wollen, die gegenseitige Weiterbildung. Sie werden nie Spezialisten auf dem Gebiet des anderen sein, aber solange sie genug wissen, dass sie anderen Teammitgliedern helfen können und den Arbeitsfluss aufrechterhalten können, ist das besser als ein Team von Spezialisten."

Barrieren und Reibungspunkte entfernen

Moneysupermarket begann in einem traditionelleren Sinne mit Daten zu arbeiten. Die Teams aus Data Scientists und Data Analysten waren eher für die Entscheidungsunterstützung da. Aber das Unternehmen erkannte, dass die Bedürfnisse der Organisation und die verwendeten Techniken sich im Laufe der Zeit ändern würden. Ursprünglich verwendete die IT Data Warehouse und konzentrierte sich auf Governance und Kontrolle. Aber das Management wollte fortschrittlichere maschinelle Lernmodelle erstellen. Die Datenverbraucher wollten mehr Zugang, Freiheit und Flexibilität in Bezug auf ihre Datennutzung. Die Plattform hinderte die Data Teams tatsächlich daran, die Daten nutzen zu können.

Um diese Änderungen durchzuführen, müsste Moneysupermarket all diese Barrieren und Reibungspunkte beseitigen. Die Änderungen waren sowohl organisatorisch als auch technisch. Sie erkannten, dass, wie Harvinder sagt, „es nicht so ist, dass wir ein bestimmtes Tool oder eine bestimmte Plattform kaufen werden, um alle unsere Probleme zu lösen, oder dass wir nur besser organisiert sein müssen, um alle unsere Probleme zu lösen. Es gibt viele Dinge zu ändern".

Aus organisatorischer Sicht hatte das Unternehmen die „falsche Art von Arbeit für die falschen Leute, was die Zeit der Leute verschwendete". Es musste ändern „wo die Teams saßen, wem sie berichteten und welche Verantwortlichkeiten sie hatten".

Aus technischer Sicht mussten sie die Tools und Plattformen ändern, die sie verwendeten. Aber sie konnten nicht alle Governance und Kontrollen über Daten entfernen, weil sie PII (persönlich identifizierbare Informationen) speicherten und sicherstellen mussten, dass diese nicht missbraucht würden. Das Team musste eine Plattform schaffen, die immer noch sicher war, ohne die Nutzung zu behindern.

Als Teil dieser organisatorischen und technischen Änderungen begannen die Data Teams organisch zu einem DataOps-Modell zu tendieren. Harvinder definiert ihr DataOps als „eine Kombination aus DevOps, Lean Thinking und einer Art agiler Methodik".

Ihr Übergang zu DataOps ist eine ständige Reise, weil es immer Dinge zu verbessern gibt. Insbesondere konzentriert sich Harvinder auf die Verbesserung von „Datenmanagement, Daten-Governance und die Überwachung unseres Datenflusses".

Die wichtigste Verbesserung, die sie entdeckt haben, als sie DataOps bei Moneysupermarket einsetzten, war eine erhöhte Geschwindigkeit: Sie erstellen Datenprodukte schneller und nutzen sie schneller. „Von der Fähigkeit, die Art und Weise, wie Sie Daten nutzen können, zu beschleunigen, ist DevOps definitiv sehr hilfreich in der Analytik." Die Geschwindigkeitsverbesserungen helfen mehreren Abteilungen in der Organisation, wie zum Beispiel dem Marketing.

Wenn es funktionale Teams bildet, muss das Unternehmen Prioritäten mit mehreren verschiedenen Abteilungen, Teams oder sogar CxOs abstimmen. Jedes Team hat seine eigene Warteschlange und seine Prioritäten stimmen möglicherweise nicht mit den Prioritäten des Unternehmens überein. Dies führt zu Priorisierungsanfragen, die ständig an das obere Management weitergeleitet werden müssen. Jedes Squad oder Team sollte jede Fähigkeit haben, die notwendig ist, um die Aufgabe zu erfüllen.

Es reduziert auch die Reibung, alle Data Teams unter einem einzigen C-Level-Manager zu haben. Früher waren einige Teams bei Moneysupermarket unter dem CDO, während andere unter der IT standen. Dies machte die Sichtbarkeit von Änderungen und Updates viel schwieriger. Die Konsolidierung unter einem einzigen Manager ermöglichte eine viel bessere Kommunikation. Harvinder sagt: „Wir haben mehr Möglichkeiten, mit ihnen darüber zu sprechen, was wir von ihnen wollen und wie wir die Daten nutzen, sodass es unglaublich vorteilhaft war." Die Neuorganisation verbesserte die Zielsetzung für die Data Teams. „Es ist viel einfacher, Prioritätsentscheidungen zu treffen, sodass wir nicht an völlig unterschiedlichen Zielen arbeiten."

Teil der Reduzierung von Reibung erfordert die Ausrichtung der Data Teams auf das Geschäft. „Wir wollen nicht, dass ein Analyse- oder Data-Science-Team einfach losgeht und unser eigenes Ding macht, daran experimentiert und dann zurückkommt und feststellt, dass die Leute nicht an dem interessiert sind, was sie produziert haben, weil es andere Ziele gibt." Stattdessen beginnen sie damit, sich zuerst mit dem Unternehmen abzustimmen und herauszufinden, wie die Analytik ihre Ziele weiter vorantreiben kann.

Diese Planung beginnt mit der Roadmap. Die Data Teams setzen sich mit ihren Stakeholdern zusammen, um ihre Roadmap zu verstehen und wie sie dazu beitragen können. Durch den Wechsel zu Squads „sind wir sehr stark auf Ziele ausgerichtet. Wir stellen fest, dass wir viel mehr zusammenarbeiten. Es ist viel einfacher, das Geschäft davon zu überzeugen, dass wir eine wirklich gute Idee haben, die dazu beitragen könnte. Sie können sehen, wie es ihnen helfen und ihnen nutzen wird".

Eine gute Ausrichtung ist notwendig, um das gesamte System funktionsfähig zu halten. Ohne sie besteht eine gute Chance, dass die Arbeit des Teams nicht in die Produktion gelangt, und dies stellt ein „echtes Risiko dar, dass diese Arbeit verschwendet wird". Wenn Dinge verschwendet werden, sehen die Data Scientists und Data Engineers nicht, dass ihre Bemühungen einen Unterschied machen. Wenn die Leute sehen, dass ihre Zeit und Mühe aufgrund mangelnder Ausrichtung verschwendet wird, werden sie zu anderen Unternehmen gehen. Das ist „ein weiterer Grund, warum die Ausrichtung für uns wirklich wichtig ist".

Nicht alles, was die Teams tun, wird auf der Roadmap des Unternehmens erscheinen. „Es muss immer noch Raum für Innovation geben, ebenso wie für das Zurückgehen und das Aufräumen der technischen Schulden, die wir aufgebaut haben, und das Einrichten neuer Technologien."

Projektmanagement-Frameworks

Moneysupermarket verwendet Scrum, Kanban und Waterfall-Projektmanagement-Frameworks. Hauptsächlich verwenden die Teams Scrum, aber das Management überlässt die Entscheidung den einzelnen Teams. „Wir sind nicht zu starr darin, bestimmte Arbeitsweisen durchzusetzen; wir stellen fest, dass verschiedene Wege für andere natürlich besser funktionieren. Wir sind etwas starrer in Bezug auf Dinge wie die Durchsetzung bestimmter Arten von Best Practices. Zum Beispiel haben wir einen Softwareentwicklungslebenszyklus."

Einige Teams verwenden möglicherweise Waterfall, weil es ein spezifisches Enddatum gibt. Zum Beispiel könnte dies der Fall sein, wenn eine Lizenz für eine Legacy-Technologie kurz vor dem Ablauf steht. Das Team muss planen, um diese Frist einzuhalten.

Die Data-Science- und Analyseteams haben festgestellt, dass Kanban für sie besser funktioniert. „Aufgrund der explorativen Natur unserer Arbeit wissen wir nicht immer, wann wir ein akzeptables Ergebnis oder eines haben werden, mit dem wir zufrieden sind." In der Data Science oder Analytik haben Sie möglicherweise „am Ende kein lieferbares Produkt".

Der Umfang des Prozesses hängt auch davon ab, ob das Ergebnis für den wiederholten Gebrauch in Produktion gehen wird oder ob es sich um eine einmalige Erkenntnis für ein internes Team handelt. Wenn etwas in Produktion geht oder es möglicherweise um sensible Daten geht, legen sie auf einen Softwareentwicklungsprozess und Rigorosität Wert.

Einige Data Scientists sträuben sich gegen Softwareentwicklungsprozesse. Sie könnten das Gefühl haben, dass dies eine zu große Herausforderung ist oder dass die Prozesse zu schwerfällig für ihre Zielsetzung sind. Also schulte Moneysupermarket den jeweils führenden Data Scientist jedes Teams in die Software-Engineering-Methodik ein und demonstrierte, wie diese für das Team effektiv genutzt werden konnten. Die leitenden Data Scientists haben ihrerseits ihre Teams darin geschult, sie zu verwenden. Es lag wirklich am leitenden Data Scientist, die Best Practices der Softwareentwicklung im Team durchzusetzen. Die Data Scientists lernten, dass „wenn man es richtig macht, es einen vor Fehlern bewahrt, welche nur Zeit verschwenden würden. Also ist der Prozess da, um Ihnen zu helfen, nicht um Sie zu behindern".

Team-KPIs und Ziele

Alle KPIs der Data Teams sind auf die organisatorischen und technischen Ziele ausgerichtet. Die technischen KPIs überwachen Dinge wie Datenqualität, Datenintegrität, SLAs und Aktualität der Daten.

Bei den organisatorischen KPIs geht es nicht um ihre Leistung, sondern um das Ergebnis. „Sie haben viel Freiheit in der Art und Weise, wie sie diese Ergebnisse erreichen, aber die einzige Möglichkeit, sie zu erreichen, besteht darin, mit ihren Stakeholdern zusammenzuarbeiten." Dies erfordert eine gute Kommunikation mit dem

Unternehmen. Andernfalls könnten sie unglaubliche Modelle, Erkenntnisse oder Datenprodukte erstellen, die nirgendwo hinführen.

Die organisatorischen Ziele werden einmal im Jahr festgelegt. Die Bonusstruktur von Moneysupermarket ähnelt eher einem traditionellen Finanzunternehmen, in dem Jahresendboni das Ziel sind, das die Menschen erreichen wollen. „Wir sind ein börsennotiertes Unternehmen, daher besteht ein gewisser Druck, Ihr Ziel zu erreichen und die Aktionäre zufriedenzustellen." Harvinder überwacht den Fortschritt des Teams bei ihren organisatorischen Zielen im Laufe des Jahres. „Jedes Quartal bringe ich das Team zusammen. Wir sehen, ob wir auf dem richtigen Weg sind. Wir führen auch Retrospektiven durch, um zu sehen, was wir innerhalb des Teams tun können, um unsere Leistung zu verbessern."

Veränderungen in den Data Teams

Maschinelles Lernen stellt neue Herausforderungen dar, mit denen sich reguläre Analytik oder Softwareentwicklung nicht auseinandersetzen muss. Harvinder vergleicht es mit einem Taschenrechner. Wenn Sie einen Taschenrechner schreiben würden, würden Sie immer wollen, dass er für immer die richtigen Berechnungen erstellt. Beim maschinellen Lernen ändern sich jedoch die Berechnungen ständig. Sobald ein Modell erstellt wurde, gibt es Probleme wie Änderungen in den Eingabedaten, die eine Modellabweichung verursachen, und das Modell muss ständig auf diese Abweichung überwacht werden. Wenn das Modell abweicht, liefert es keine genauen Vorhersagen oder Ergebnisse.

Dies führt zu der Frage, wer für die Überwachung der Abweichung verantwortlich ist. Diese Person müsste entscheiden, welcher der beste Weg ist. Sollte das Modell neu trainiert werden? Ist es Zeit für ein völlig anderes Modell oder einen anderen Ansatz? Harvinder denkt, dass dies eine der Aufgaben eines Ingenieurs für maschinelles Lernen sein könnte.

Harvinder sieht Data Engineers als wirklich wesentlich für das, was wir tun, anstatt eine separate Funktion zu sein, die nur Befehle von uns entgegennimmt, das Datenset liefert, wenn wir danach fragen. Sie müssen proaktiv sein". Die richtigen Data Engineers können den Rest der Organisation produktiver und effizienter machen. „Ich denke, wir brauchen insgesamt wahrscheinlich weniger Data Scientists, und wir brauchen wahrscheinlich mehr Unterstützung von unseren Data Engineers, weil wir bereits viel mehr Daten haben, als wir integrieren können, zusammen mit neuen Datenquellen."

Organisationen müssen sicherstellen, dass jeder, der in Data Teams mitarbeitet, Anerkennung für das erhält, was er getan hat. Normalerweise erhalten die Data Scientists den größten Teil der Anerkennung, weil sie der kundenorientierteste Teil des Teams sind. „Aber es ist eigentlich ein Erfolg, der auch von allen anderen geteilt wird. Ich denke, dass die Teilnahme an einem DataOps-Team ihnen ermöglicht, einen größeren Beitrag zu leisten und mehr Anerkennung für das zu erhalten, was sie tun." Es liegt an der Geschäftsleitung, sicherzustellen, dass die Stakeholder wissen, wer beigetragen hat. „Die Person, die die guten Nachrichten liefert, sollte nicht den ganzen Ruhm bekommen."

Ratschläge an andere

Wenn Organisationen mit Data Science beginnen, stellen sie „einige wirklich aufregende Leute ein und sagen ihnen dann einfach, sie sollen losgehen, etwas Interessantes finden und einige Erkenntnisse liefern". Die Data Scientists werden diese Erkenntnisse finden, „aber was sie finden, ist nicht Teil der Roadmap oder der Ziele der Stakeholder". Die Data Scientists finden es dann „unglaublich demotivierend", dass keines ihrer Modelle oder Erkenntnisse verwendet oder in Produktion gebracht wird. Harvinder empfiehlt, keine Aufgaben zu suchen, die „besonders sexy oder am Puls der Zeit sind, sondern eine Zustimmung zu erhalten und etwas wirklich Erstaunliches zu implementieren".

Neue Data Scientists können wirklich unrealistische Erwartungen daran haben, was sie tun werden, sobald sie eingestellt sind. Sie denken, sie werden den ganzen Tag damit verbringen, maschinelle Lernmodelle zu erstellen und die Hyperparameter zu optimieren. Ein Data Scientist wird „bezahlt, um Daten zur Entscheidungsfindung zu verwenden". Dieser Fokus auf Modelle anstelle von Wertschöpfung wird durch Konferenzen, Artikel und Wettbewerbe im Bereich Data Science gefördert. „Aber ich hätte lieber ein gutes Modell, das tatsächlich in einem Produkt verwendet wird."

Damit größere Organisationen mit Data Teams erfolgreich sein können, empfiehlt Harvinder, eine solide Grundlage zu schaffen. Die Organisation muss eine klare Datenstrategie erstellen. Das bedeutet, eine Antwort darauf zu haben, „wie Sie Daten erwerben, wie Sie sie speichern und wie Sie die Datenverwaltung und das Datenmanagement in Gang setzen". Die Organisation muss auch ihre Strategie ausrichten, damit jeder versteht, wie das Endziel aussieht und wie jede Person individuell zum Ziel beitragen wird. Die Geschäftsleitung muss sicherstellen, dass es keine Lücken in den benötigten Personen oder Data Teams gibt. Die Geschäftsleitung muss sicherstellen, dass die Menschen alle erforderlichen Fähigkeiten haben. Ohne solide Grundlagen kommt man mit einer Datenstrategie oder einem Datenprojekt nicht weiter.

Kleinere Organisationen stellen in der Regel einen einzelnen Data Scientist ein, der alle Aufgaben jedes Data Teams erfüllen soll. Dieser Data Scientist ist oft eine unerfahrene Person. Stattdessen sollten Start-ups sicherstellen, dass sie „die richtige Person für diese Rolle rekrutieren".

Dann gibt es die Daten selbst und die Menge an Daten. Einige kleine Unternehmen „haben einfach nicht genug Daten, um etwas Interessantes damit zu machen". Das Start-up muss realistisch sein, wie viele Daten es zu Beginn haben wird, und wie lange es dauern wird, genug Daten für zuverlässige Analysen aufzubauen. Ohne genügend Daten kann es wirklich schwierig sein, eine Basislinie zu erstellen oder tatsächlich die Verbesserungen zu verfolgen, die ein Data Scientist gemacht hat.

Auf der Seite der Datenentwicklung empfiehlt Harvinder, den Schwerpunkt auf „Data Analysten, Datenverwalter, Datenherkunftsverfolgung und Metadaten" zu legen. Bei Moneysupermarket stammen die Daten von der Website und sind relativ sauberes JSON. Selbst dann können sie Herausforderungen rund um Datenqualität oder Datenherkunft darstellen. Harvinder hätte „früher mehr Zeit in den Aufbau des Teams für Softwareentwicklung investiert und sicherstellen, dass wir Softwareentwicklungsfähigkeiten zusammen mit den Data Scientists und Data Analysten haben".

KAPITEL 18

Interview mit einem großen britischen Telekommunikations- unternehmen

Über dieses Interview

Personen	Anonymer Architekt
Zeitraum	2013–2019
Projektmanagement-Frameworks	Waterfall und Agile
Betrachtete Unternehmen	Ein großes britisches Telekommunikationsunternehmen

Hintergrund

Dieses Interview wurde mit einer Person aus einem großen britischen Telekommunikationsunternehmen (TC) geführt. Um das Interview veröffentlichen zu können, müssen sowohl das Unternehmen als auch die Personen anonym bleiben.

Die anonyme Person (P1) ist der Chief Data Architect. Er ist seit zwei Jahrzehnten im Unternehmen und hat als Architekt gedient, während das Unternehmen im Laufe der Jahre von einer Technologie zur anderen übergegangen ist. Er ist verantwortlich für das Datenmanagement, von traditionellen Datenbanken bis hin zu Big-Data- und Machine-Learning-Architekturen. Er hat einen MBA.

Die Initiative starten

Aus der Perspektive des Data Engineerings sollten Organisationen viel Flexibilität bewahren. Man sollte vermeiden, einen Endzustand oder ein endgültiges Aussehen zu vollständig zu erstellen. Die Sicht der Organisation auf den Endzustand wird sich aus technischen oder geschäftlichen Gründen ändern. P1 sagt: „Es fühlt sich so an, als wären wir in einem permanenten Zustand der Evolution, in dem wir sozusagen wissen, was wir gestartet haben und was wir in Produktion haben, aber wir sind uns nicht ganz sicher, was das Nächste sein wird." Die Architektur muss die schrittweisen Veränderungen und technischen Innovationen unterstützen, die Data Scientists für ihre Arbeit benötigen. Es ist die Aufgabe des Architekten, diese Veränderungen zu antizipieren.

Die Erstellung einer Architektur erfordert einen heiklen Balanceakt. Sie erfordert, dass die Arbeitsteams, die die Produkte verwenden, verstehen, was sie wirklich brauchen. Sobald ein gutes Verständnis für die Anwendungsfälle und den idealen Workflow besteht, muss P1 die vorhandenen Technologien auf eventuelle Lücken hin untersuchen. Diese könnten Lücken in technischen Funktionen oder in Bezug auf Skalierung und Zeit zur Fertigstellung der Verarbeitung sein. „Die Arbeit beinhaltet das Ausprobieren eines Teils, das Iterieren und dann das Wachsen bis zum Erfolg."

Wenn Data Teams gerade erst anfangen, ist der kniffligste Teil herauszufinden, wie man zusammenarbeitet. P1 empfiehlt mit nur zwei Projekten zu beginnen. Das wird „ein gemeinsames Verständnis mit den Teams aufbauen, die den Bau durchführen müssen, mit jenen Teams, die konsumieren müssen, und vielleicht den Teams, die Ihnen Daten liefern. Sie können genug Fähigkeiten erlangen, damit jeder seine Rollen und Verantwortlichkeiten versteht". Von dort aus werden die Dinge sich weiterentwickeln.

Arbeiten mit dem Geschäft

TC hat immer einen starken Forschungs- und Entwicklungshintergrund gehabt. Daher haben sie mit einem angewandten Forschungsteam begonnen, das sich aus einem profunden Wissen in quantitativer Mathematik entwickelt und ihre Programmierkenntnisse verbessert hat. Dies ermöglichte es TC, eine zentralisierte Data-Science-Kapazität zu schaffen, in der andere im Unternehmen hochspezialisierte Fähigkeiten in der Telekommunikation finden können.

Von dort aus haben immer mehr Geschäftseinheiten zwei bis sechs Data Scientists in der Geschäftseinheit integriert. Diese Geschäftseinheiten umfassen

Verbrauchermarketing, Netzwerkbetrieb und Portfolio-Planung. Die Aufgabe des Data Engineerings und der Architektur besteht darin, diesen Teams die Werkzeuge zur Verfügung zu stellen, die sie jetzt und in der Zukunft benötigen.

Ein Beispiel für die Evolution in ihrer Datenanalyse zielte darauf ab, ihre Call-Center-Fähigkeiten zu optimieren. Traditionell hatten sie statische Expertensysteme, die einfach nach Schlüsselwörtern des Anrufers suchten. Nachdem die Data Scientists komplexere Modelle erstellt hatten, gingen die Anrufzeiten von 40 Minuten auf fünf bis zehn Minuten zurück. Es gab eine technische Schwierigkeit, alle Daten mit den verschiedenen Systemen zu verbinden, die integriert werden mussten, und eine organisatorische Schwierigkeit, Ideen aus den Geschäftseinheiten zu übernehmen und über mehrere verschiedene Abteilungen hinweg zu koordinieren. Das Call-Center-Projekt half, Geld zu sparen und den Kundenservice durch kürzere Anrufzeiten zu verbessern.

Data Scientists und Data Engineers

Für P1 besteht die größte Lücke darin, wie die Data Engineers mit den Data Scientists zusammenarbeiten sollten. Bei großen Unternehmen wird das Data Engineering aufgrund der schieren Anzahl von Systemen, die integriert werden müssen, schwierig. Um eine 360-Grad-Sicht auf den Kunden zu erhalten, müssen die Ingenieure mehrere verschiedene Systeme kombinieren, die nicht dafür ausgelegt waren, miteinander zu interagieren. Zur architektonischen Schwierigkeit kommt noch die Entscheidung zwischen Kauf und Bau hinzu. Kann das Unternehmen etwas von der Stange kaufen, das genau das tut, was gebraucht wird, und das Projekt mit minimaler Anpassung erheblich beschleunigen? Mit der zusätzlichen Komplexität verteilter Systeme wird diese Entscheidung noch schwieriger.

Modelle für das Unternehmen unterstützen

Moderne Modelle für maschinelles Lernen werden von Unternehmen viel länger genutzt als ältere Formen von Datenprodukten. Unternehmen müssen in Zyklen von mehr als zehn Jahren denken, daher müssen ihre Modelle dieselbe Langlebigkeit haben. Die meisten Unternehmen haben kurzfristigere Prozesse für Software Engineering und Beziehungen zu externen Anbietern. Jetzt müssen Unternehmen langfristige Pläne für

Modelle erstellen. Ein großes Risiko besteht darin, ein Modell langfristig in einer entscheidenden Funktion, wie z.B. Netzwerkautomatisierung, einzusetzen.

Daher sagt P1, dass TC „mit der Lösung, die wir selbst erstellt haben, besser dran ist, weil wir sie sorgfältig erstellen und sie tiefer auf unsere spezielle Kundenbasis und unser Produktset abstimmen können. Wir können ein besseres, genaueres Modell erstellen als ein Außenstehender". Sie sind auch in der Lage, Modelle viel schneller und erweiterbarer zu produzieren, indem sie ihre eigenen Serving-Systeme erstellen. Diese hausgemachten Systeme ermöglichen es auch ihren Data Scientists, Modelle zu erstellen, indem sie sicherstellen, dass gute Datenprodukte nicht nur zum Aufbau von Modellen, sondern auch zur Entdeckung und Erforschung freigegeben werden.

TC musste sich auch der Frage stellen, wer jedes Modell langfristig unterstützen sollte. TCs traditionelle Betriebsunterstützungsteams verfügen nicht über die Fähigkeiten für eine solche Unterstützung. Die Aufgabe könnte einem Data Engineer zufallen, dem beigebracht wird, wie das Modell funktioniert und wie es arbeiten sollte. Er würde einen Toleranzbereich für die Konfidenzintervalle zugewiesen bekommen und müsste sicherstellen, dass alle Bewertungen innerhalb dieser Toleranz liegen. Wenn das Modell dies nicht tut, haben die Data Engineers Anweisungen, wie das Modell neu trainiert werden kann. Schließlich wird ihnen ein Plan für einen ausfallsicheren Zustand gegeben, oder was zu tun ist, falls alles explodiert und nicht funktioniert.

Vom Proof of Concept zur Produktion

Es besteht die Gefahr, dass Scrum-Teams oder Squads isoliert werden. Teams können sich zu sehr auf ihr Projekt konzentrieren und versäumen, sich anzuschauen, was der Rest der Organisation benötigt oder tut. Wenn eine Organisation von gut definierten und segmentierten Projekten zu Daten als Dienstleistung oder Produkt übergeht, wird dieser Projekt-Fokus zum Problem.

Für mehr Proof-of-Concept und spekulative Arbeit hat TC ihre Big-Data-Plattform und Datenprodukte mit „einem sehr einfachen standardisierten Serviceangebot und einer sehr klaren Definition" erstellt. Es war sehr das klassische Ford-Modell. Sie können auf dieser Plattform alles haben, solange es eines davon ist, und es kommt mit einem halben Terabyte Speicher, einem Würfel mit Vorrangsteuerung und Ihre Arbeit kann abgebrochen werden. Diese Big-Data-Plattform wurde ohne ein Chargeback-Modell freigegeben, und das half, die Regeln für ihre Nutzung festzulegen.

Dieses Modell funktionierte gut, um Teams schnell einzubinden. Aber es war eine große Veränderung für das Infrastrukturteam, weil es gewohnt war, VMs hochzufahren und sich nie wieder damit zu beschäftigen. Das Betreiben einer Plattform oder eines Dienstes bedeutete, dass das Infrastrukturteam sich bewusst sein musste, was lief und diese Prozesse überwachen musste. Zu wissen, was lief, war entscheidend, weil „wir mit dem konfrontiert sind, was wir als ‚lärmende Albträume' bezeichnen, Mieter auf der Plattform, die nicht vollständig geschult sind, die in ihren Fähigkeiten suboptimal sind und die Probleme in der gesamten Produktion verursachen". Daher war ein Mentalitätswechsel erforderlich, um eine Serviceplattform zu betreiben.

Der Kompromiss für Proof-of-Concept-Arbeiten besteht darin, Innovation durch zu viele technische Regeln oder SLAs zu hemmen. P1 sagte: „Eines der großartigen Dinge, die wir meiner Meinung nach geschafft haben, ist, die Hürden für eine ziemlich spekulative Datenerkundung oder -erkenntnis, bei der ein kleines Team ein Problem verstehen oder eine einmalige Analyse durchführen möchte, wo wir investieren sollten, drastisch zu senken. Dies steht im Gegensatz zu einem großen Programm, das ziemlich klare Anforderungen, Finanzierung und eine sehr klare Sicht auf seine Vorteile hat. Aber wir müssen beide auf der gleichen Art von Infrastruktur unterbringen, was an sich Herausforderungen darstellt."

Wenn ein Produkt wechselt aus der Proof-of-Concept-Phase, muss das Unternehmen darüber nachdenken, wie die Infrastruktur in die Produktion überführt werden kann. Für TC dachten sie „naiv, wir könnten alles auf einem Cluster bekommen, aber das war offensichtlich nicht der Fall". Jetzt verwenden sie für die meisten Anwendungsfälle dedizierte Cluster. Auf diese Weise verhindert TC, dass jemand „daherkommt und einen verrückten Job schreibt, der alles destabilisieren würde". Die Erstellung dieses Produktionsclusters beinhaltete die Erstellung seiner SLA. Diese SLAs müssen sowohl die geschäftlichen als auch die technischen Anforderungen des Anwendungsfalls erfüllen. Durch den Start mehrerer Cluster kann eine große Organisation die Analogie von Haustieren und Vieh verwenden, wenn sie mit Betriebsproblemen umgeht. Ein einzelner monolithischer Cluster bedeutet, dass Sie den Cluster wie ein Haustier pflegen müssen. Mit mehreren Clustern können Sie diese wie Vieh behandeln.

Erstellung von Unternehmensinfrastruktur und -betrieb

Die erste Phase der Big-Data-Reise von TC war eine Mehrmandanten-Umgebung. Das ursprüngliches Ziel war, einen Ort zu schaffen, an dem Daten und Anwendungsfälle demokratisiert werden können. Dies ermöglichte es dem Unternehmen, mit der Erstellung und Ausführung von Analysen zu beginnen. Die Probleme begannen, als das Unternehmen diese Analysen und Arbeitslasten in die Produktion übernahm. Das Unternehmen begann sich auf diese „Produktions"-Datenströme zu verlassen und erwartete, dass es von Data-Engineering-Teams und Operations Teams mit SLAs unterstützt wurde. Aber das Team war immer noch dabei, die Prozesse und Arbeitsabläufe zu erstellen, um ein SLA zu liefern.

Diese Diskrepanz zwischen den Fähigkeiten des Teams und den Erwartungen des Unternehmens führte dazu, dass TC mehr Anstrengungen unternahm, um einen roten Faden in die Geschäftsanforderungen zu bringen: eine klare Definition des Datenprodukts und die Geschäftsanforderungen für dieses Datenprodukt. TC hat einen Prozess eingerichtet, der es den Geschäftsleitern ermöglicht, ihre Geschäftsanforderungen und ihre gewünschten Datenprodukte auf klare Weise zu definieren. Von dort aus führen sie ein Proof of Concept durch, definieren technische Anforderungen und erstellen ein Minimum Viable Product (MVP). Dieser Prozess beinhaltet regelmäßige Berührungspunkte mit dem Unternehmen, die es diesem ermöglichen zu entscheiden, ob die Funktionalität die Erwartungen erfüllt, sie übertrifft oder zurückbleibt. Dieser iterative Prozess entwickelt sich ständig weiter, bis das Unternehmen sehen kann, dass das Datenprodukt seinen Bedürfnissen entspricht.

Ein subtiles Detail, das sowohl Geschäftsleute als auch technische Leute verstehen müssen, ist, wie sich Datenprodukte von typischen Programmierartefakten wie Modulen, API-Endpunkten und Softwarebibliotheken unterscheiden. Um dem Unternehmen diesen Unterschied zu verdeutlichen, hat TC ein zentralisiertes Data-Engineering-Team sowie separate Data-Engineering-Teams innerhalb der Geschäftseinheiten eingerichtet. Das zentralisierte Data-Engineering-Team überprüft Vorschläge von jedem Geschäftseinheitsteam, um sicherzustellen, dass es den Best Practices folgt. Der Prozess der Validierung des Vorschlags der Geschäftseinheit ist iterativ. Es handelt sich nicht nur um eine einmalige Einreichung bei einem Ausschuss. Stattdessen hat die Geschäftseinheit die volle Zusammenarbeit und das volle Denkvermögen des zentralisierten Teams, um den Vorschlag so lange zu überarbeiten, bis beide Seiten damit zufrieden sind.

TC war immer sehr datenreich. Allerdings behielten sie nur weniger als 1 % und warfen die anderen 99 % weg. Dies lag daran, dass das Team sich nur auf einen Anwendungsfall der Daten konzentrierte, der nur dieses 1 % benötigte. In diesem Anwendungsfall wurden die Daten nur verwendet, um Ausfälle zu bewältigen. Weil die anderen 99 % der Daten weggeworfen wurden, konnten die späteren Anwendungsfälle nur Ausfälle betrachten, anstatt die Art und Weise, wie die fehlenden Daten verwendet werden könnten.

So begann TC, alle Daten zu erfassen, damit sie alle Arten von Anwendungsfällen verarbeiten konnten. Dies erweiterte die Anwendbarkeit der Daten von nur einem spezifischen und technischen Anwendungsfall auf den Rest des Unternehmens.

Projektmanagement-Frameworks

Die Mehrheit der IT-Projekte von TC verwendet die Waterfall-Methode. Die Projekte laufen meist in dreimonatigen Lieferzyklen. Waterfall wird verwendet, weil es ermöglicht, große Ticket-Items auf einmal freizugeben und alle verschiedenen Teams zu koordinieren, um eine viel größere Freigabe zu erreichen. Die Teams, die die Plattformen des Data Teams nutzen, sind mehr auf vorhersehbare Zeitpläne als auf Agilität ausgerichtet. Die Mieter der Plattform wollen eine vorhersehbare Leistung, mit wenig Wunsch nach neuen oder aktualisierten Komponenten.

Derzeit wird versucht, agile Methoden für die Data Teams einzusetzen. Um Mieter zu berücksichtigen, die wenige bis keine Änderungen wünschen, wird ihr Projekt auf eine separate, dedizierte Infrastruktur übertragen. Andere Teams, die schnellere und agilere Ansätze wünschen, bleiben auf der aktuellen Infrastruktur.

Ratschläge für andere

TC erkennt die Bedeutung von Menschen für den Erfolg von Datenprojekten. Sie versuchen, Menschen einzustellen, die wissen, was sie tun. Es gibt viele Menschen, die behaupten, sie könnten Big-Data-Systeme erstellen, aber sie haben die Arbeit noch nie zuvor gemacht. Ihr Wissen ist rein theoretisch und es ist entscheidend, Menschen mit praktischer Erfahrung zu haben. Wenn Menschen praktisches Wissen fehlt, bauen sie auf einem Fundament, das sie möglicherweise nicht vollständig verstehen und können die Auswirkungen ihrer Entscheidungen auf Architektur oder Betrieb nicht verstehen. Grundlegende Fehler wie diese werden auf lange Sicht unglaublich kostspielig sein.

Es ist entscheidend für eine Organisation, die richtige Unterstützung und Investition von dem Geschäft zu erhalten, bevor sie eine Big-Data-Reise beginnt. Das Geschäft muss von Anfang an in die richtigen Data Teams und Personal investieren. Wenn eine einzelne Person oder eine kleine Gruppe versucht, alles zu tun, werden die Verbesserungen oder der ROI minimal sein. Die Organisation wird ihre Ziele bei der Nutzung von Daten nicht realisieren können.

P1 empfiehlt, dass das Management die sich verändernde Technologielandschaft für verteilte Systeme versteht und verinnerlicht. Die nutzbare Lebensdauer einer Technologie wird immer kürzer. In kurzer Zeit hat P1 mehrere Technologien kommen und gehen sehen, die durch neuere und bessere Technologien ersetzt wurden. P1 sagt: „Die Eindrücke, die ich bekomme, sind, dass die Planungszeithorizonte immer kürzer werden, während das Geschäft einfach immer schneller vorankommen will. Die Dinge sollen jetzt erledigt werden."

Die Geschwindigkeit, mit der Unternehmen Veränderungen fordern, zwingt Data Teams zum Umdenken. Data Teams müssen darüber nachdenken, wie sie eine Idee schnell auf den Weg bringen und dann produzieren können, sodass das Modell skalierbar ist. Es könnte ein Team geben, das etwas innerhalb einer einzelnen Geschäftseinheit tun möchte, aber die gleiche Idee oder der gleiche Workflow könnte auf andere Teile der Organisation ausgeweitet werden. P1 fasst es zusammen mit den Worten: „Klein anfangen, schnell gehen, schnell einsetzen."

KAPITEL 19

Interview mit Mikio Braun

Über dieses Interview

Personen	Dr. Mikio Braun
Zeitraum	2015–2019
Projektmanagement-Frameworks	Scrum
Betrachtete Unternehmen	Zalando

Hintergrund

Dr. Mikio Braun ist Principal Researcher bei Zalando. Er hat einen Master-Abschluss in Informatik und einen Doktortitel in Informatik und maschinellem Lernen.

> *Über Zalando: „Als führende Online-Modeplattform Europas liefern wir in 17 Länder. In unserem Modegeschäft können sie eine breite Auswahl von mehr als 2500 Marken finden."*
>
> *—Von ihrer Website*

Organisationsstruktur

Daten sind für ein E-Commerce-Unternehmen von entscheidender Bedeutung. Zalando begann seine Data-Science-Reise mit einem zentralisierten Team namens *Data Intelligence*. Sie arbeiteten hauptsächlich an der Erstellung kleiner Prototypen.

Im Jahr 2015 gab es etwa 30 Data Scientists. Zalandos VP of Engineering, Eric Bowman, leitete ein *Radical-Agility*-Projekt, um das Unternehmen organisatorisch und technisch zu transformieren.[1] Das Unternehmen beschloss, das zentralisierte Team aufzulösen und die Data Scientists auf neue, funktionsübergreifende Teams zu verteilen, die sich um Produkte herum organisierten. Dies brachte Back-End-Ingenieure und Data Scientists zusammen in die gleichen Teams, zusammen mit dem Produkt- und Geschäftsbereich. Jede Funktionsgruppe wurde in *Gilden* organisiert, sodass ähnliche Funktionen zusammenkommen und Erfahrungen ausgetauscht werden konnten.

Jedes Team war verantwortlich für die Bereitstellung seiner eigenen Systeme, die Auswahl der Technologien und für den gesamten Betrieb. Sie befürchteten, dass ein zentralisierter Cluster für alle Teams und Anwendungsfälle zu schwierig zu handhaben wäre. Das obere Management dachte, dass ein dezentraler Ansatz jedem Team die größtmögliche Flexibilität bieten würde, seine eigenen Entscheidungen zu treffen.

Die Dezentralisierung der Teams und der Entscheidungsfindung hatte eine unbeabsichtigte Konsequenz. Die Verbreitung von unabhängig entwickelten und bereitgestellten Systemen erschwerte es, die Systeme für produktionsbereite Datenprojekte vorzubereiten und zu warten.

Im Jahr 2017 begann Zalando mit der Bildung von Data-Engineering-Teams, die sich auf die Infrastruktur konzentrierten. Sie verbesserten die Dateninfrastruktur, die die Data Scientists und andere Teams unterstützte. Dies beinhaltete die Zentralisierung der Infrastruktur des maschinellen Lernens. Da es bereits interne Erfahrungen mit der Erstellung von Plattformen gab, konnte das Team seine Erfahrungen nutzen, um das zu wählen, was funktionierte, und das zu verwerfen, was nicht funktionierte.

Die gemeinsame Infrastruktur begann die Betriebsabläufe und den Austausch von Best Practices zu verbessern. Eine zentralisierte Infrastruktur ermöglichte es dem Team, Software, die schwer einzurichten war, besser zu handhaben, indem sie deren Konfiguration erfasste und ihre Einrichtung automatisierte. Die Einführung von Automatisierung ermöglichte es ihnen, alle Teile des Prozesses von der Entwicklung bis zur Produktion zu beschleunigen. Es gab kein Mandat, zur neuen Infrastruktur zu wechseln, und die Einführung war langsamer und hauptsächlich auf neue Teams ausgerichtet.

Als neue Teams begannen, sich mit maschinellem Lernen zu beschäftigen, konnten sie das Lernen und die zentralisierte Infrastruktur nutzen. Zalando wollte verhindern,

---

[1] Eric gab ein ausführliches Interview über die organisatorischen Veränderungen, die er bei Zalando vorgenommen hat, www.mckinsey.com/business-functions/organization/our-insights/the-journey-to-an-agile-organization-at-zalando.

dass neue Teams Jahre damit verbringen müssen, die Lektionen, die frühere Teams bereits erlebt und gelöst hatten, neu zu lernen. Durch kontinuierliche Arbeit verbesserte Zalando die Benutzererfahrung bei der Überführung eines Modells von der Entwicklung in die Produktion.

Zalando strukturiert seine Teams um Forschungs-, Produkt- und Entwicklungsgebiete. Mikio war der Teamleiter für das Such- und Empfehlungsteam. Danach wurde er zum Principal Researcher befördert, wo er seine Zeit damit verbrachte, sich mit maschinellem Lernen bei Zalando zu beschäftigen.

Etablierung des Wertes des maschinellen Lernens

Eine der größten Herausforderungen bei jedem Projekt des maschinellen Lernens beginnt mit den Daten. Die Beschaffung der Daten erfordert die Zusammenarbeit mit vielen verschiedenen Teilen des Unternehmens. Die Teams, die bei Zalando die Daten produzierten, normalerweise Front-End- oder Back-End-Ingenieure, waren nicht diejenigen, die sich mit maschinellem Lernen auskannten oder Analysen der Daten erstellten.

Zalando erzeugt umfangreiche Clickstream-Daten, die analysiert werden müssen. Diese Clickstream-Daten stammen von den Front-End-Teams. Anfangs verstanden die Front-End-Teams nicht, wie wertvoll die Daten, die sie erstellten, für das Unternehmen und andere Teams waren. Für die Front-End-Teams waren die Daten nur eine Methode zur Verfolgung und Behebung von Problemen in den Systemen. Sie waren sich nicht bewusst, dass andere Teams dieselben Daten auf völlig andere Weise nutzen könnten. Indem sie ihre Daten nicht vollständig nutzten, ließen sie Geschäftswert auf dem Tisch liegen.

Um den Front-End-Ingenieuren den Wert ihrer Daten zu vermitteln, musste das Unternehmen die Kultur und die Wertschätzung der Ingenieure für Daten ändern, um zu erklären, dass ihre Daten für verschiedene Zwecke verwendet werden könnten. Diese Wahrnehmung und Wertschätzung von Daten sind es wirklich, was die Data Engineers von den Front-End- und Back-End-Entwicklern unterscheidet.

Es ist wichtig, realistische Erwartungen an neue Technologien und Trends zu schaffen. Trends wie das maschinelle Lernen sind besonders anfällig für den Hype von Medien und Anbietern. Zalando begann damit, realistische Erwartungen zu schaffen, indem sichergestellt wurde, dass die Produktmanager und Produktleute verstanden, was maschinelles Lernen ist. Sie erreichten dies durch ihre Schulungsprogramme. Die Schulungsprogramme wurden von einer begeisterten Gruppe von Personen unterstützt, zu der Mikio, ein Projektmanager für KI-Ermöglichung, und das interne Schulungsteam gehörten.

„Ich habe tatsächlich herausgefunden, dass das Problem, das gelöst werden muss, bevor [wir nützliche Datenprodukte erstellen können], darin besteht, dass jeder, der daran beteiligt ist, besser versteht, wie man datenwissenschaftliche Projekte durchführt", sagte Mikio. Sowohl die Produktleute als auch die technischen Teamleiter müssen die Unterschiede kennen, die durch die neuen Techniken des maschinellen Lernens entstehen, und dass „man ein reines Ingenieurprojekt anders durchführen würde als eines, das maschinelles Lernen beinhaltet".

Auch das obere Management musste den Wert des maschinellen Lernens verstehen. Mikio und das interne Schulungsteam lieferten diesen Hintergrund in Form von halbtägigen Workshops, die sich an die SVPs und VPs des Unternehmens richteten. Dies half, den Hype von der Realität zu trennen. Die Workshops halfen ihnen, den Unterschied zwischen maschinellem Lernen und anderen Analysen zu verstehen und die potenzielle strategische Auswirkung des maschinellen Lernens auf das Geschäft zu erkennen. Das Training betonte, dass die richtigen Daten zuerst beschafft werden mussten, bevor die Data-Science-Teams sie nutzen konnten. Sie sprachen über die Notwendigkeit von langfristigen historischen Daten, um die bestmöglichen Ergebnisse aus den Algorithmen des maschinellen Lernens zu erzielen. Da man Daten nicht zurückgehen und neu erstellen kann, betonten die Workshops die Notwendigkeit, über die zukünftigen Verwendungen von Daten nachzudenken, wenn man entscheidet, ob man die Daten langfristig speichern soll oder nicht.

Um sicherzustellen, dass das Wissen nicht auf das obere Management beschränkt blieb, gab es einen separaten Workshop, der sich an nicht technische Personen im Unternehmen richtete. Ihr Fokus lag darauf, das maschinelle Lernen auf einer höheren Ebene zu betrachten und die datengesteuerten Möglichkeiten zur Problemlösung hervorzuheben. Am Ende nahmen über 300 Personen an den Workshops teil. Dies half den nicht technisch versierten Personen, Daten und maschinelles Lernen in ihre strategischen Pläne zu integrieren.

Es gab auch technischere Sitzungen, die sich an Back-End-Ingenieure richteten. Dies ermöglichte es Back-End-Ingenieuren, die sich für maschinelles Lernen interessierten, ihr Verständnis dafür zu vertiefen. Die Sitzungen wurden von intensiveren Schulungen gefolgt, in denen sich die Back-End-Ingenieure die Grundlagen des maschinellen Lernens aneignen konnten. Sie konnten dann anfangen, zusammen mit den Data

Science-Teams an Projekten des maschinellen Lernens zu arbeiten. Durch das Angebot schrittweise zunehmender Komplexität konnte das Unternehmen alle seine Mitarbeiter bedienen, während es die oberflächlich Lernenden von jenen aussortierte, die bereit waren, Zeit und Mühe ins Lernen zu investieren.

Definitionen von Jobtiteln

Bei Zalando gibt es eine ganze Berufsfamilie, die als *Forschungsberufsfamilie* bezeichnet wird, die sowohl Data Scientists als auch Forschungsingenieure umfasst. Die Stellenbeschreibung für Data Scientists folgt der Definition, die in diesem Buch festgelegt ist. Ihre Definition eines Forschungsingenieurs ähnelt der eines Ingenieurs für maschinelles Lernen, der in der Regel viel besser im Programmieren ist als seine Data-Scientists-Kollegen.

Es gibt eine weitere Berufsfamilie für Software Engineers. Data Engineers sind Teil dieser Berufsfamilie, zusammen mit Front-End-Ingenieuren und Back-End-Ingenieuren. Data Engineers sind spezialisiert auf Big-Data-Technologien und Infrastruktur. Dies ermöglicht es den Data Engineers, die Data Scientists in ihren Bemühungen zu unterstützen. Einige Back-End-Ingenieure haben auch einen starken Hintergrund in Big Data und ein Interesse an Daten.

Es gibt kein spezifisches Operations Team oder einen Operationstitel, weil Zalando DevOps macht. Die Teams selbst sind verantwortlich für das Deployment und die Unterstützung ihres eigenen Codes. Ein SRE-Team leistet die erste Unterstützungsebene, und die Teams stellen die zweite Unterstützungsebene bereit.

Zalando hat einen Karriereweg für Einzelbeiträger, der bis zum Äquivalent einer Vice-President-Ebene führt. Die Principal Engineers sind keine Personalmanager, sondern pflegen die technische Expertise und bieten technische Führung im Unternehmen. Die Principals werden in größere Projekte einbezogen, um die Architektur zu validieren und die technischen Lösungen zu überprüfen. Durch einen hochrangigen Karriereweg werden Ingenieure nicht gezwungen, in das Personalmanagement einzusteigen, um das Gefühl zu haben, dass sie in ihrer Karriere vorankommen.

Reibung reduzieren

Im Jahr 2015 erlebte Zalando sowohl organisatorisch als auch technisch eine Menge Reibung. Es wurde zu viel Zeit damit verbracht, über Ressourcen und Zeit zwischen den Teams zu verhandeln. Zum Beispiel benötigten die Data-Science-Teams ständig die Hilfe des Engineering-Teams. Die Reibung wurde durch eine monolithische Codebasis, die in einem einzigen Rechenzentrum lief, verstärkt.

Ein besserer Zugang zur Expertise eines Back-End-Ingenieurs löste einige der Schwierigkeiten für die Data-Science-Teams. Data Scientists waren gut darin, kleine Prototypen zu erstellen. Es gibt jedoch einen erheblichen Unterschied zwischen einem Prototyp und Produktionsqualität-Code oder -Modellen. Die Data Scientists konnten einen Prototyp erstellen, benötigten aber ein anderes Team, um den Code auf Produktionsqualität zu härten. Das andere Produktionsteam hatte seine eigenen Prioritäten und Aufgaben. Dies bedeutete in der Regel, dass die gesamte Zeit und Ressourcen des Produktionsteams bereits vergeben waren. Das Data-Science-ist und Produktionsteam mussten die Anfragen nach ihren Ressourcen verhandeln und priorisieren.

Zalando erkannte, dass diese Einschränkung, verschärft durch die starke Top-down-Struktur, das Wachstum hemmen würde. Die daraus resultierende Reibung von Verhandlungen und ständiger Priorisierung führte zu einer Unfähigkeit, die Organisation zu skalieren.

Zalando begann, Menschen aus verschiedenen Berufsfamilien in einem einzigen Team zusammenzuführen, um die Reibung zu reduzieren. Diese Organisationsstruktur liegt nahe an der DataOps-Definition, die im Buch dargelegt ist. Jedes Team würde sowohl Data Scientists als auch Back-End-Ingenieure enthalten. Dies ermöglichte es dem Team, die gesamte Pipeline zu erstellen.

Das Team würde mit den Produktleuten zusammenarbeiten, um die Anforderungen zu verstehen, einen Prototyp zu erstellen und dann das endgültige Produktionssystem zu kreieren. Die Back-End-Ingenieure würden die Data Scientists bei den Codierungs- und Technologieentscheidungen unterstützen. Die Data Scientists würden Modelle oder Analysen erstellen. Jetzt kann das Team das gesamte Produkt liefern, ohne auf die Ressourcen oder Zeitpläne eines anderen Teams angewiesen zu sein.

Die ursprüngliche Entscheidung, die Teams zu kombinieren, kam vom VP of Engineering, Eric Bowman, der sich zuerst für einen technischen Wechsel zu Microservices und der Cloud entschied. Im Rahmen des Wechsels reorganisierte er die

Data-Science- und Engineering-Teams in autonome End-to-End-Teams. Jedes dieser Teams würde nur an einem Teil des Dienstes arbeiten.

Das Zusammenführen von Mitarbeitern in End-to-End-Teams beseitigte größtenteils die Notwendigkeit, sich durch die Organisation zu bewegen, um ein Ziel zu erreichen. Jetzt hatten die Data Scientists direkten Zugang zu einem Back-End-Ingenieur und mussten nicht versuchen, die organisatorischen Grenzen zu überwinden, um die Zeit eines Back-End-Ingenieurs zu bekommen. Die End-to-End-Teams beseitigten die Engpässe und verbesserten die Geschwindigkeit und das Wachstum.

Projektmanagement-Frameworks

Die meisten Teams bei Zalando verwenden eine Form der Scrum-Methodik. Das Scrum-Framework legt einen größeren Wert auf regelmäßige Check-ins wie tägliche Stand-ups und wöchentliche Meetings. „Ich denke, das ist eigentlich ziemlich ähnlich zu dem, was man in der echten Forschung hat. Also als ich an der Universität war und Doktoranden betreute, würden sie sich auch einfach jede Woche treffen und schauen, was dazwischen passiert ist, um darüber zu sprechen, wohin man gehen soll", stellte Mikio fest.

Scrum kann für Data-Science-Teams schwierig zu verwenden sein, weil es „sehr schwer für Data Science ist, sich darauf [ergebnisorientiertes Framework] zu verpflichten, weil so viel unbekannt ist", sagt Mikio. Um das Framework besser zu machen, „definieren sie neu, was das Ergebnis am Ende des Sprints ist, und sie machen es auch mehr zu einer Art Forschung oder einfacher zu verwenden als Forschung". Zum Beispiel könnte das Ergebnis eines Sprints als „Bestimmen, ob ein neuer Algorithmus besser ist als die Basislinie" anstatt „Einsatz eines neuen Modells auf Basis dieses Algorithmus" definiert werden. Diese forschungsorientierten Ergebnisse ermöglichten es den Data Scientists, sich darauf zu verpflichten, in Zwei-Wochen-Sprints etwas zu tun.

Diese Interpretation von Scrum ermöglichte es Zalando, häufige Check-ins durchzuführen, um zu überprüfen, ob der Data Scientist nicht feststeckte oder nicht mehr glaubte, dass der Algorithmus lebensfähig war. Während die Data Scientists arbeiteten, konnten sie die möglichen Ergebnisse ihrer Sprintarbeit besser artikulieren. Während dieser Check-ins diskutierten sie, was anders gemacht werden könnte. „Aber irgendwann müssen Sie auch darüber nachdenken, ob Sie überhaupt weitermachen wollen."

KPIs

Zalandos KPIs für Data Teams drehen sich um das Produkt, für das sie verantwortlich sind. Zum Beispiel konzentrieren sich die KPIs des Empfehlungsteams auf den Kauf von Produkten, die durch die Empfehlungen des Teams gefördert werden. Andere Teams hätten ähnliche KPIs, die auf dem Datenprodukt oder Modell, das sie erstellen, und dem für das Unternehmen geschaffenen Wert basieren.

Verbesserung der Engineering-Fähigkeiten von Data Scientists

Der Übergang von Prototypen zu Produktionscode erforderte mehrere Änderungen in der Denk- und Handlungsweise der Data Scientists.

Es begann mit der Verbesserung der Software-Engineering-Disziplin rund um die Codierungspraktiken. Die Teams mussten sicherstellen, dass der Code den Best Practices des Software Engineering folgte, um langfristig wartbar zu sein.

Zu Beginn gaben sich die Data Scientists während der Erkundungsphasen bestimmten Praktiken hin, die während der Freigabe zur Produktion fortgesetzt wurden. Die Data Scientists setzten Codeänderungen direkt auf Produktionszweige um und mussten darauf hingewiesen werden, dass dies keine gute Software-Engineering-Praxis ist. Die Teams benötigten auch Code-Reviews. Anstatt diese Änderungen einfach vorzuschreiben, stellten sie sicher, dass die Data Scientists die Gründe verstanden, warum dies akzeptierte Best Practices in der Softwareentwicklung sind.

Der Kulturwandel erstreckte sich auch auf einige der feineren und stilistischeren Aspekte des Software Engineering. Zalando begann, die Data Scientists darüber aufzuklären, wie ein Code strukturiert sein sollte und warum. Es half den Data Scientists, über die langfristigen Auswirkungen der Codequalität nachzudenken.

Um zu überprüfen, ob der Code produktionswürdig war, setzte Zalando mehrere Prozesse in Gang. Es wurde sichergestellt, dass alle Codes in die Quellenkontrolle eingecheckt und einer Codeüberprüfung unterzogen wurden. Als Teil des Überprüfungsprozesses wird der Code auf Leistungsprobleme und ausreichende Unit-Tests überprüft.

Der gesamte Prozess ist darauf ausgerichtet, die Data Scientists zu betreuen. Zalando versteht, dass Veränderung ein Prozess ist, der Zeit braucht. Selbst Software Engineers mit vierjährigen Abschlüssen müssen lernen, wie man einen produktionswürdigen und wartbaren Code schreibt. „Ich denke, es ist ein Mentoring-Prozess, denn wenn der Data Scientist das gute Layout sieht, erklärt der Data Engineer, warum er das tut und was er tut. Data Scientists sind klug genug, um das zu tun, solange sie ein Interesse an der Code-Seite haben", schlug Mikio vor.

Integration von Operations Teams und Data Teams

Anstatt eine Geschäftsseite und eine technische Seite zu haben, organisiert Zalando seine Teams um einen Bereich, zum Beispiel ein einziges integriertes Team, das den gesamten Bereich des Warenkaufs abdeckt. Das Team umfasst die Geschäftsleute, die die Einkäufe tätigen, die Marketingbemühungen und die Data Teams, die die technischen Aspekte bearbeiten. Durch vollständig integrierte Teams bekommt das Geschäft genau das, was es will, und kann die Prioritäten bestimmen.

Das war nicht immer der Fall bei Zalando. Es gab eine Trennung zwischen den technischen und den Geschäftsabteilungen. Nach einer Umstrukturierung wurden beide Arten von Teams zusammengebracht.

Da die Data Teams Teil der Geschäftseinheiten sind, sind die technischen Leute nicht zentralisiert. Ein Mangel an Zentralisierung für Data Teams kann es schwierig machen, Best Practices weiterzugeben und technische Qualitätsstandards aufrechtzuerhalten. Zalando begann eine neue Organisationsstruktur namens *Gilden* zu nutzen, um die Data Teams in Kommunikation und Zusammenarbeit zu halten. Diese Gilden beinhalten wöchentliche Gespräche, um den Austausch von Informationen und Best Practices zu fördern.

Die Unterschiede zwischen europäischen und US-Unternehmen

Angesichts der Tatsache, dass Zalando ein europäisches Unternehmen ist, fragte ich Mikio nach den kulturellen, technischen und organisatorischen Unterschieden zwischen den beiden Regionen.

Mikio wies darauf hin, dass europäische Unternehmen einen anderen Ansatz zur agilen Implementierung verfolgen. Anstatt Trennungen oder Übergaben zwischen Abteilungen zu haben, haben europäische Unternehmen oft ein einziges Team, das verschiedene Jobtitel kombiniert. Sie sind eher bereit, Teams zu schaffen, die auf ein Produkt ausgerichtet sind, anstatt auf titel- oder funktionsbasierte Teams.

Teams in Europa sind oft kulturell vielfältiger als Unternehmen in den USA. In den USA bestehen Teams aus ein bis drei verschiedenen Kulturen, während ein europäisches Team 5 bis 7 verschiedene Kulturen haben kann. Ohne Monokulturen können Data Teams vermeiden, in einem Schubladendenken gefangen zu sein. Die komplementären Beiträge kultureller Unterschiede helfen Teams, produktiver zu sein und weniger oft zu stagnieren.

Die Allgemeine Datenschutzverordnung (GDPR) ist ein weiterer großer Unterschied zwischen europäischen und US-Unternehmen.[2] Die GDPR betrifft direkt die Data Teams, da sie für die Datenspeicherung und -verarbeitung verantwortlich sind. Mikio empfiehlt, von Anfang an über Kundendaten und Vorschriften nachzudenken. Die Teams können technische Strategien zur Einhaltung der GDPR überlegen, wie zum Beispiel die Anonymisierung oder Verschlüsselung von Daten. Teams müssen einen Plan haben, um die Daten einer Einzelperson zu löschen. Wenn man die Vorschriften zu spät im Designprozess berücksichtigt, kann dies schmerzhaft sein, da es Code-Umschreibungen und vielleicht sogar architektonische Änderungen erfordern kann.

Ratschläge an andere

Es ist wichtig, „eine klare Vorstellung davon zu haben, was man liefern möchte", empfahl Mikio. Die klare Vorstellung beinhaltet die Projektimplementierung und klare KPIs „damit sie gute KPIs haben, gegen die sie optimieren können". Diese klaren Ziele und Messungen haben bei Zalando einen Tugendkreislauf geschaffen, der sie mit der fortgesetzten Investition in maschinelles Lernen vertraut gemacht hat. „Ich denke, das eine, was für Zalando immer wahr war, ist, dass man viel Unterstützung dafür hat, Ressourcen in maschinelles Lernen zu stecken."

Die Grundlage eines jeden Data Teams sind die Daten selbst. „Ich denke, deshalb ist es superwichtig, gute Daten zu sammeln." Wenn ein Unternehmen gerade erst mit Daten beginnt, empfiehlt Mikio, nicht zu versuchen, alle Daten auf einmal zu sammeln.

---

[2]Die GDPR ist eine EU-weite Richtlinie, die den Datenschutz und die Privatsphäre regelt. Sie hat Gesetzeskraft und kann erhebliche finanzielle Strafen durchsetzen. Einige US-Bundesstaaten und andere Länder führen GDPR-ähnliche Vorschriften ein. Dieser Unterschied wird für Data Teams zur Norm werden.

Stattdessen sollten sich die Data Teams darauf konzentrieren, die „Daten auf eine Weise zu sammeln, dass diese eine recht hohe Qualität haben und gut gefunden werden können". Das erste Ziel des Data Teams sollte es sein, die richtigen Daten gut formatiert und auffindbar zu haben, sodass „wenn man eine neue Idee auf einige bereits gesammelte Daten ausprobieren möchte, es wirklich einfach sein sollte, dies zu tun." Diese Leichtigkeit der Analyse oder Verarbeitung von Daten hält ein Team davon ab, einen „einmaligen Hack auf die bestehende Infrastruktur" für Entwicklungszwecke zu erstellen, gefolgt von „dem, den wir am Ende skalieren", indem es für Produktionszwecke umgeschrieben wird.

Einige Best Practices müssen vorhanden sein, bevor ein Unternehmen zentralisierte Data Teams in Produktteams aufteilt. Für Zalando war es entscheidend, eine Data-Engineering-Kultur zu etablieren, bevor sie in verschiedene Teams aufgeteilt wurden. „Also, ich denke, das hat geholfen, den Ton anzugeben" für Teams, um die guten Data-Engineering-Praktiken fortzusetzen, die sie vor der Aufteilung gemacht haben.

Vor Kurzem begann Zalando die Frage zu stellen, „welche Dinge, die von einem Team gebaut wurden, für ein anderes Team nützlich sein könnten?". Diese Anfrage führt zur Erstellung von einem allgemein verwendbaren Code und gemeinsam genutzten Bibliotheken – Mikio wünscht, sie hätten früher begonnen. „Wir nehmen das, was für ein Team gut funktioniert, und bauen es organisch auf und machen es nützlich für andere Teams", sodass jedes Team nicht seine eigene Version von der gleichen Sache erstellt.

Solche Redundanzen beschränken sich nicht nur auf den Code, sondern erstrecken sich auch auf die Daten. Verschiedene Teams in verschiedenen Bereichen verarbeiteten die gleichen Daten auf ähnliche oder leicht unterschiedliche Weise. Die Teams hatten nur Zugang zu den gleichen Basisdaten. Es gab keine Möglichkeit, einen modifizierten Datensatz zu erstellen, der einen angereicherten oder aggregierten Datensatz zur gemeinsamen Nutzung über Teams hinweg freigab. Als Ergebnis erstellte jedes Team seine eigene Darstellung für die angereicherten oder aggregierten Daten. Es gab nicht einmal einen Mechanismus oder Prozess, damit jedes Team realisieren konnte, dass es jedes Mal die gleichen Daten neu erstellte.

Die Teams von Zalando haben jetzt wirklich ihre Ziele und KPIs verstanden. Sie haben gute Metriken, um zu wissen, wie ihre Produkte im Vergleich zu ihren KPIs abschneiden. Ein Fokus auf die Verbesserung ihrer KPIs förderte Verbesserungen und ermutigte Teams, neue Ansätze auszuprobieren. Die KPIs schufen „Proxies für die Offline-Bewertung neuer Modelle", um schnell und einfach zu sehen, ob ein neuer Ansatz besser war als der aktuelle Ansatz. Sie konnten sich „auf die Verbesserung auf der

Seite des maschinellen Lernens konzentrieren". Anstatt denken zu müssen „Ich muss die Daten finden, ich muss alles zusammenschleppen", gab es bereits Rahmenbedingungen für die Bewertung, die die Dinge einfach und automatisch machten. „Es wird wirklich einfach, eine neue Idee auszuprobieren und dann sehr schnell zu sehen sein, ob sie tatsächlich besser ist als das, was sie vorher hatten." Dies schuf einen Tugendkreislauf, in dem die Barriere für Experimente unglaublich niedrig war und mehr Experimente durchgeführt werden konnten, um die optimale Lösung zu finden.